水井钻进与成井技术

刘成璞　刘伯羽　冯　志　魏　涛
焦金锋　范瑞洲　彭　浩　杨　森　编著

兵器工业出版社

内 容 简 介

本书以供水管井钻进与成井技术为重点，以水井钻进与成井的相关知识、技术、工艺和设备等为主要内容，介绍了水井钻进的水文地质基础知识，阐述了井管类型选用与水井结构设计知识，从取心钻进与全面钻进两个方面系统介绍了水井钻进的工艺与关键技术，按照成井工艺流程介绍了水井成井技术方法，并围绕水井钻进与成井中的埋钻、卡钻、孔内落物、泥浆漏失等介绍了钻井事故预防与处理等相关内容，最后拓展介绍了旧水井修复技术。水井钻进技术涵盖冲击钻进、回转钻进、冲击回转钻进、取心钻进、钢粒钻进等常用水井钻进工艺技术，均融进取心钻进和全面钻进进行编写，是本书的重点。

本书可作为从事水井施工以及相关技术人员的参考书籍，也可供开设钻探工艺、水井钻井工程等专业的大、中专院校和科研单位参考使用。

图书在版编目（ＣＩＰ）数据

水井钻进与成井技术 / 刘成璞等编著. -- 北京：兵器工业出版社，2024.6
ISBN 978-7-5181-0971-5

Ⅰ．①水… Ⅱ．①刘… Ⅲ．①水井—钻进②水井—成井工艺 Ⅳ．①P641.72②TU991.12

中国国家版本馆CIP数据核字(2023)第199462号

出版发行：兵器工业出版社	责任编辑：樊　钰　田　茹
发行电话：010－68962596，68962591	封面设计：传奇天下
邮　　编：100089	责任校对：任　丽
地　　址：北京市海淀区车道沟10号	责任印制：王京华
经　　销：各地新华书店	开　　本：787×1092　1/16
印　　刷：北京银祥印刷有限公司	印　　张：16.75
	字　　数：367千字
版　　次：2024年6月第1版第1次印刷	定　　价：86.00元

（版权所有　翻印必究　印装有误　负责调换）

前言

水,是生命之源。凿井取水是一门古老的技术,历史悠久,源远流长。我国最先发明顿钻钻井技术,并保持着顿钻1001.42m的世界纪录,被称为我国的"第五大发明"。随着科技的进步,钻井技术博采众长,日新月异,有力支撑着人类对地下水资源的勘探与开发。进入21世纪以来,新技术、新工艺、新设备和新材料广泛应用,快速钻井、深井钻井、定向钻井等技术取得突破性进展,钻井取水已经广泛应用到社会的各行各业。

水井钻进与成井技术的军事应用以野战给水保障最为典型。地下水是战时可靠的给水保障水源,战场钻井是开采地下水保障部队使用最有效、最安全的技术措施。20世纪80年代,我军专门成立给水工程部队,主要进行"找水""打井"等技术工作。给水工程部队出色完成了"三北"地区水文地质普查和预设供水管井构筑、国际维和、抗旱救援等任务。随着高技术条件下战争对野战给水保障的水量、水质和时效性要求增加,军用钻井技术主要向快速钻进成井方向发展。作为从事军队院校野战给水专业教学和科研工作的专业技术人员,我们长期关注和跟踪军用钻井应用和民用水井钻进新技术,并结合课程教学、科研成果,整理编写了《水井钻进与成井技术》一书。本书以供水管井钻进与成井的相关知识、技术、工艺和设备等为主要内容,介绍了水井钻进的水文地质基础知识;阐述了井管类型选用与水井结构设计知识;系统介绍了取心钻进和全面钻进技术,相关内容涵盖冲击钻进、回转钻进、冲击回转钻进、取心钻进、钢粒钻进等工艺方法和技术措施;按照成井工艺流程介绍了水井成井技术方法;围绕水井钻进与成井中的常见工程事故等介绍了事故预防与处理技术,并拓展介绍了旧水井修复技术。其中,刘成璞负责内容统筹和第三章内容编写,魏涛负责第一章内容编写,刘伯羽负责第二章内容编写,冯志负责第四章内容编写,焦金锋负责第五章内容编写,范瑞洲负责第六章内容编写,全书由彭浩统稿、杨森校对。本书已在军队院校野战给水专业钻井课程教学中进行广泛试用,可作为从事水井施工以及相关技术工作人员的参考书籍,也可供开设钻探工艺、水井钻井工程等专业的大、中专院校和科研单位参考使用。

本书的编写借鉴了相关领域专家及其著作内容,借鉴了樊小舟编著的《水文地质钻探与水井成井技术》、刘春华等编著的《水井钻进技术与成井工艺》、刘志国编著的《水文水井钻探工程技术》,以及其他学者的著作,参考了普通高等教育《水文地质基础》《钻探与掘探》《钻井工程》等教材,借鉴了《供水水文地质手册》《地质钻探手册》《供水井技术规范》等相关文献和资料。在此,对引用和借鉴的相关学者、老师和专家表示衷心感谢。

由于编者水平有限,本书在成文和编写中难免存在疏漏之处,恳请广大读者批评指正。

编　者

2023 年 6 月

目　录

第一章　水井钻进水文地质基础 ·· 1

第一节　地下水的分类及特点 ·· 1
一、地下水的概念 ·· 1
二、地下水的分类 ·· 1

第二节　孔隙水 ·· 4
一、洪积物中的地下水 ··· 4
二、冲积物中的地下水 ··· 4
三、湖积物中的地下水 ··· 5
四、滨海三角洲沉积物中的地下水 ·································· 5
五、黄土中的地下水 ·· 6
六、冰碛物及冰川沉积物中的地下水 ······························ 6

第三节　基岩裂隙水 ··· 6
一、成岩裂隙水 ··· 6
二、风化裂隙水 ··· 7
三、构造裂隙水 ··· 8

第四节　岩溶水 ·· 10
一、岩溶发育的基本条件与种类 ···································· 10
二、岩溶含水介质的特征 ·· 11
三、岩溶水的运动特征 ··· 11
四、岩溶水的补给与排泄 ·· 11

第五节　井位及水位的确定 ··· 12

一、井位的确定 …………………………………………………………… 12
　　二、地下水位的确定 ………………………………………………………… 13
　　三、井深的确定 …………………………………………………………… 15
　　四、确定井位水位的方法 …………………………………………………… 17

第二章　水井结构与设计 …………………………………………………… 19

第一节　管井的结构 …………………………………………………………… 19
　　一、松散层管井结构 ………………………………………………………… 19
　　二、基岩管井结构 …………………………………………………………… 20

第二节　管井的参数 …………………………………………………………… 23
　　一、井管直径 ………………………………………………………………… 23
　　二、过滤器外径 ……………………………………………………………… 25
　　三、井孔直径 ………………………………………………………………… 26
　　四、井孔深度 ………………………………………………………………… 27

第三节　井管 …………………………………………………………………… 28
　　一、井管的种类和基本要求 ………………………………………………… 28
　　二、井管的技术规格和质量要求 …………………………………………… 29
　　三、井管的适用深度 ………………………………………………………… 37

第四节　过滤器 ………………………………………………………………… 38
　　一、过滤器设计原则与结构类型 …………………………………………… 38
　　二、过滤器设计 ……………………………………………………………… 39
　　三、滤料（填砾）设计 ……………………………………………………… 47

第五节　井管外部封闭 ………………………………………………………… 48
　　一、常用的封闭材料 ………………………………………………………… 49
　　二、封闭结构设计 …………………………………………………………… 51

第六节　管井堵塞、腐蚀和结垢的预防 …………………………………… 52
　　一、过滤器堵塞的预防 ……………………………………………………… 52
　　二、井壁管和过滤器腐蚀的预防 …………………………………………… 54
　　三、过滤器结垢的预防 ……………………………………………………… 55

第七节　管井的设计 …………………………………………………………… 56
　　一、管井在设计上的特点 …………………………………………………… 56
　　二、管井设计的一般要求 …………………………………………………… 56

三、管井布置要求 …… 57
　　四、井身结构设计 …… 57
　　五、过滤器选择 …… 59

第三章　水井钻进技术 …… 62

第一节　水井钻机分类及钻前准备 …… 62
　　一、水井钻机的分类 …… 62
　　二、水井钻机的组成 …… 63
　　三、水井施工钻前准备工作 …… 64

第二节　常用水井钻进方法 …… 66
　　一、钻井方法的分类 …… 66
　　二、常规钻进方法 …… 67
　　三、特殊钻进方法 …… 68
　　四、复合钻进方法 …… 68

第三节　钻井液及其使用 …… 68
　　一、钻井液类型及其应用 …… 69
　　二、泥浆性能参数 …… 72
　　三、泥浆处理剂 …… 77
　　四、泥浆性能的调整及净化 …… 82

第四节　取心钻进技术 …… 85
　　一、小径取心钻进 …… 85
　　二、大径取心钻进 …… 103

第五节　全面钻进技术 …… 107
　　一、小径全面钻进 …… 107
　　二、大径全面钻进 …… 121
　　三、扩孔钻进 …… 131

第六节　特殊钻进技术 …… 133
　　一、反循环钻进 …… 133
　　二、空气钻进 …… 150

第七节　复合钻进技术 …… 161
　　一、必备条件 …… 161
　　二、常用的几种形式 …… 162

第四章 水井成井技术 ... 163

第一节 疏孔、换浆和试孔 ... 163
一、疏孔 ... 163
二、换浆 ... 163
三、试孔 ... 164

第二节 电测井 ... 164
一、常用仪器 ... 164
二、常用方法 ... 165

第三节 安装井管 ... 171
一、井管质量检查与排列 ... 171
二、悬吊下管法 ... 172
三、浮板悬吊下管法 ... 175
四、托盘下管法 ... 176
五、二次下管法 ... 179
六、井管连接的方法和有关黏接技术 ... 182

第四节 填滤止水 ... 184
一、检查滤料质量标准 ... 184
二、回填滤料方法和注意问题 ... 184
三、管外封闭 ... 185

第五节 洗井和抽水试验 ... 186
一、洗井要求 ... 186
二、洗井方法 ... 187

第六节 下泵 ... 201
一、常见泵的类型 ... 201
二、泵型的选择 ... 205
三、泵的下入 ... 205
四、开泵抽水 ... 207

第五章 事故预防与处理技术 ... 208

第一节 井孔坍塌事故 ... 208
一、井孔坍塌的判断 ... 208

二、井孔坍塌的预防 ………………………………………………………… 208
　　三、井孔坍塌的处理 ………………………………………………………… 209
第二节　泥浆漏失事故 …………………………………………………………… 209
　　一、泥浆漏失的判断 ………………………………………………………… 209
　　二、泥浆漏失的预防 ………………………………………………………… 210
　　三、泥浆漏失的处理 ………………………………………………………… 210
第三节　孔斜事故 ………………………………………………………………… 212
　　一、孔斜的原因 ……………………………………………………………… 212
　　二、孔斜的判断 ……………………………………………………………… 213
　　三、钻孔弯曲事故的预防 …………………………………………………… 213
　　四、孔斜的纠正方法 ………………………………………………………… 214
第四节　埋钻事故 ………………………………………………………………… 216
　　一、埋钻的原因 ……………………………………………………………… 216
　　二、埋钻的征兆 ……………………………………………………………… 216
　　三、埋钻的预防 ……………………………………………………………… 216
　　四、埋钻的处理 ……………………………………………………………… 217
第五节　卡钻事故 ………………………………………………………………… 218
　　一、卡钻的原因 ……………………………………………………………… 219
　　二、卡钻的征兆 ……………………………………………………………… 219
　　三、卡钻的处理 ……………………………………………………………… 219
第六节　钻具折断与孔内落物事故 ……………………………………………… 221
　　一、回转钻进钻具折断事故 ………………………………………………… 221
　　二、冲击钻进钻具事故 ……………………………………………………… 225
　　三、孔内落物事故 …………………………………………………………… 228
第七节　井管安装事故 …………………………………………………………… 230
　　一、井管安装事故的预防措施 ……………………………………………… 230
　　二、井管安装事故的处理方法 ……………………………………………… 231

第六章　水井修复技术 …………………………………………………………… 235

第一节　旧水井改造 ……………………………………………………………… 235
　　一、处理基本原则 …………………………………………………………… 235
　　二、现场施工程序 …………………………………………………………… 235

三、旧水井分类 ………………………………………………… 236
　　　四、处理措施 …………………………………………………… 236
　第二节　管井出水量增大 …………………………………………… 243
　　　一、设计过程中 ………………………………………………… 243
　　　二、施工过程中 ………………………………………………… 250
　　　三、使用过程中 ………………………………………………… 255

参考文献 ………………………………………………………………… 256

第一章 水井钻进水文地质基础

第一节 地下水的分类及特点

一、地下水的概念

地下水有广义和狭义两种概念，广义的地下水是指赋存于地面以下岩石空隙中的水，包气带及饱水带中所有含于空隙中的水均属之；狭义的地下水仅指赋存于地面以下饱水带岩石空隙中的水，是水文钻井通常意义上所指的地下水。

二、地下水的分类

地下水的赋存特征对其水量、水质、分布等具有决定意义，其中最重要的是埋藏条件与含水介质类型。地下水的埋藏条件，是指含水岩层在地质剖面中所处的部位及受隔水层限制的情况，据此可将地下水分为包气带水、潜水及承压水。包气带水是指处于地表面以下潜水位以上的包气带岩土层中的水，包括土壤水、沼泽水、上层滞水以及岩层风化壳中季节性存在的水。潜水是指埋藏在地表以下第一层较为稳定的隔水层以上具有自由水面的重力水，常为无压水，受气候条件影响大，季节性变化明显。承压水是指地表以下充满两个稳定隔水层之间的重力水，承压水含水层上部的隔水层称为隔水顶板，下部的隔水层称为隔水底板，承压水受气候和地质条件的影响较大。按含水介质类型，可将地下水区分为孔隙水、裂隙水及岩溶水，而两者组合又可分为不同类型的地下水，如表1-1及图1-1所示。

表1-1 地下水分类

埋藏条件	孔隙水	裂隙水	岩溶水
上层滞水	局部黏性土隔水层上季节性存在的重力水	基岩裂隙浅部季节性存在的重力水	裸露岩溶层上部岩溶通道中季节性存在的重力水
潜水	各类松散沉积物浅部的水	裸露于地表的各类基岩裂隙中的水	裸露于地表的岩溶层中的水
承压水	山间盆地及平原松散沉积物深部的水	被覆盖的组成构造的各类基岩裂隙层中的水	组成构造盆地、向斜构造或单斜断块的被覆盖的岩溶层中的水

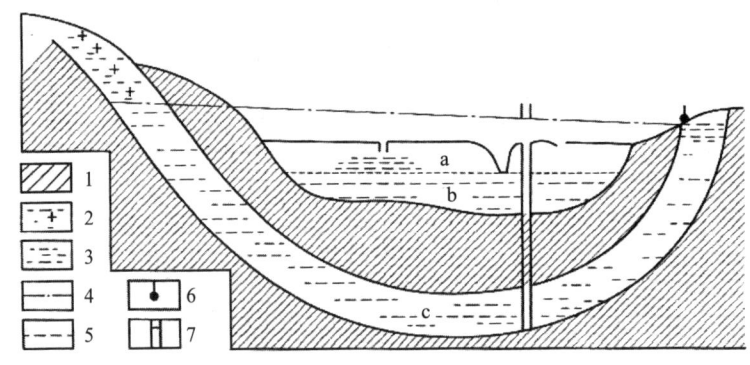

图1-1 潜水、承压水和上层滞水示意
1—隔水层；2—透水层；3—饱水部分；4—潜水位；5—承压水测压水位；6—上升泉；7—水井；
a—上层滞水；b—潜水；c—承压水

1. 潜水

潜水是指饱水带中第一个具有自由表面的含水层中的水。潜水没有隔水顶板，或只有局部的隔水顶板。潜水的水面为自由水面，称作潜水面。从潜水面到隔水底板的距离为潜水含水层厚度。潜水面到地面的距离为潜水埋藏深度。

由于潜水含水层上面不存在隔水层，直接与包气带相接，所以潜水在其全部分布范围内都可以通过包气带接受大气降水、地表水或凝结水的补给。潜水面不承压，通常在重力作用下由水位高的地方向水位低的地方径流。潜水的排泄方式有两种：一种是径流排泄，径流到适当地形处，以泉、渗流等形式泄出地表或流入地表水；另一种是蒸发排泄，通过包气带或植物蒸发进入大气。

潜水直接通过包气带与大气圈及地表水圈发生联系。所以，气象、水文因素的变动，对潜水影响显著。丰水季节或年份，潜水的补给量大于排泄量，潜水面上升，含水层厚度增大，埋藏深度变小。干旱季节排泄量大于补给量，潜水面下降，含水层变薄，埋藏深度加大。

潜水的水质变化很大，主要取决于气候、地形及岩性条件。湿润气候及地形切割强烈的地区，利于潜水的径流排泄，而不利于蒸发排泄，往往形成含盐量不高的淡水。干旱气候及低平地形区，潜水以蒸发排泄为主，常形成含盐量高的咸水。

一般情况下，潜水面不是水平的，而是向排泄区倾斜的曲面，起伏大体与地形一致，但常较地形起伏缓和。潜水面上各点的高程称作潜水位。将潜水位相等的各点连线，即得潜水等水位线图。相邻两等水位线间作一垂直连线，即此范围内潜水的流向。用此垂线长度除以两端的水位差，即得潜水水力梯度。

2. 承压水

承压水是指充满于两个隔水层之间含水层中的水。承压水含水层上部的隔水层称为隔水顶板；下部的隔水层称为隔水底板；顶、底板之间的距离，称为含水层厚度。

承压性是承压水的一个重要特性。如一个基岩向斜盆地，含水层中心部分埋没于隔水层之下，两端出露于地表。含水层从出露位置较高的补给区获得补给，向另一侧排泄区排泄，中间为承压区。补给区的位置较高，水由补给区进入承压区，受到隔水顶、底板的限制，含水层又充满水，水自身便承受了压力，并以一定压力作用于隔水顶板。静止水位高出含水层顶板的距离，便是承压水头。井中静止水位的高程就是含水层在该点的测压水位，当该测压水位高于地表时，便成了所谓的自流井。承压水受到隔水层的限制，与大气圈、地表水圈的联系较弱。当顶、底板隔水性能良好时，它主要通过含水层出露地表的补给区获得补给，这里的水实际上已转为潜水，并通过范围有限的排泄区排泄。

承压水在很大程度上和潜水一样，来源于现代水的渗入补给，如大气降水、地表水入渗。但是，由于承压水的埋藏条件使其与外界的联系受到限制，在一定条件下，含水层中也可以保留年代古老的水，有时甚至保留沉积物沉积时的水。例如，在海相沉积物中保留着当时的海水，在湖相沉积物中保留着当时的湖水。总体来说，承压水不像潜水那样容易补充、恢复，但由于其含水层厚度一般较大，具有良好的多年调节特性。

将某一承压含水层测压水位相等的各点连线，即得等水压线，即等测压水位线。在图上根据钻孔水位资料绘出等水压线，便得到等水压线图。这和潜水等水位线图一样，根据等水压线可以确定承压水的流向和水力梯度。在测压水位的高度上，并不存在实际的地下水面，等测压水位面是一个虚构的面，钻孔打到这个高度是取不到水的，必须打到含水层的顶面才能见到水。因此，等水压线图通常要附以含水层顶板等高线。

仅仅根据等水压线图，无法判断承压含水层和其他水体的补给关系。任一承压含水层接受其他水体的补给，必须同时具备两个条件：第一，水体（地表水、潜水或其他承压含水层）的水位必须高出此承压含水层的测压水位；第二，水体与该含水层之间必须有联系通道。承压含水层在地形适宜处露出地表时，可以泉或溢流形式排向地表或地表水体。也可以通过导水断裂带向地表或其他含水层排泄。当承压含水层的顶底板为半隔水层时，只要有足够的水头差，也可以通过半隔水层与其上下的水体发生水力联系。

承压水的水质变化很大，从淡水到含盐量很高的卤水都有。承压水的补给、径流、排泄条件越好，参加水循环越积极，水质就越接近入渗的大气降水及地表水，为含盐量低的淡水。补给、径流、排泄条件越差，水循环越缓慢，水与含水岩层接触时间越长，从岩层中溶解得到的盐类越多，水的含盐量就越高。有的承压水含水层，与外界几乎不发生联系，保留着经过浓缩的古海水，含盐量可以达到每升数百克。

3. 上层滞水

当包气带存在局部隔水层时，在局部隔水层上积聚具有自由水面的重力水，这便是上层滞水。上层滞水分布最接近地表，接受大气降水的补给，以蒸发形式或向隔底板边缘径流的形式向外排泄。雨季获得补充，积存一定水量，旱季水量逐渐耗失。当分布范围较小而补给不多时，不能终年保持有水。由于其水量一般不大，动态变化显著，只有在缺水地区才能成为有意义的小型水源或暂时性供水水源。

第二节 孔 隙 水

一、洪积物中的地下水

洪积物是集中的洪流出山口堆积形成的，分布于山与平原交接部位，或山间盆地的周缘，地貌上表现为以山口为顶点的扇形或锥形，扇、锥之间形成洼凹；此类扇、锥盆越近山口，坡度越陡，向外逐渐趋平而没入平原之中，因此称为冲出锥或洪积扇。

洪积物的地貌反映了它的沉积特征，即被狭窄而陡急的河床束缚的集中水流，出山口后分散，流速顿缓，并由山口向外递次变慢，水流挟带的物质，随地势与流速的变化而依次堆积。扇的顶部，多为砾石、卵石、漂砾等，不显层理，或仅在其间所夹细粒层中显示层理；向外，过渡为砾、砂为主，开始出现黏性土夹层，层理明显，没及平原的部分，则为砂与黏性土的互层。流速的陡变决定了洪积物分选不良，即使在卵砾石为主的扇顶，也常出现砂和黏性土的夹层或团块，甚至出现黏性土与砾石的混杂沉积物，而向下分选变好。

洪积扇上部，粗大的颗粒直接出露地表，或仅覆盖薄土层，有利于吸收降水及山区汇流的地表水，是主要补给区。向下，随着地形变缓、颗粒变细，透水性变差，地下径流受阻，潜水水位接近地表，形成泉与沼泽。径流途径加长，蒸发加强，水的矿化度增高，此带为溢出带，或称盐分过渡带，现代洪积扇的前缘即止于此带。再向下即没入平原之中，由于地表水的排泄及蒸发，潜水埋深又略增大，岩性变细，地势变平，蒸发成为主要的排泄方式而使水的矿化度显著增大，在干旱地带，土壤常发生盐渍化，是潜水下沉带或盐分堆积带。

二、冲积物中的地下水

冲积物是经常性水流形成的沉积物，河流的上、中、下游沉积特征不同。在山区河流的上游，卵砾石等粗粒物质及上覆的黏性土层构成阶地，赋存潜水。山区河流切割阶地，雨季河水位常高于潜水而补给后者，雨后潜水泄入河流。枯水期河水流量实际上是地下水的排泄量。

平原河流的下游坡降变缓，流速变小，河流以堆积作用为主，河床淤浅，洪水泛滥溢出河床后流速变缓，在河床两侧堆积形成"自然堤"。随着河床不断淤积与自然堤不断抬高，河床高出周围地面，成为"地上河"。我国的黄河是典型的地上河，天然淤堆与历史上为防止黄河泛滥修筑的人工堤互为因果，使黄河成为华北平原的一个"分水岭"。占据高位的地上河，经常冲决自然堤与人工堤而游动改道，形成许多掩埋及暴露的古河道，河床中多沉积中粗砂、粉细砂，向外地势渐低，依次堆积亚砂土、亚黏土、黏土等。

山区河道由于不断袭夺改道，原有古河道中留下沿谷条状分布的砂砾含水层。平原及盆地中被掩埋于深处的古河道，常构成承压含水层。冲积物中的含水层，实际上是舌状分布的粗粒条带，沿水流方向延伸很远，宽度及厚度有限，在剖面中多呈延伸不远的透镜体。

同一时期的冲积物，由于河流往复摆动改道，形成黏性土中一系列舌状砂带，各个舌状砂带间通过隔水性能差的部位，保持着千丝万缕的水力联系。从这一角度讲，冲积物中的含水层仍可以看作一个统一的含水层。冲积物中的承压含水层接受来自山前洪积扇补给区潜水的补给，最终排入地势低处的潜水或地表水体之中。

三、湖积物中的地下水

湖积物属于静水沉积，颗粒分选好，层理细密，岸边沉积粗粒，向湖心逐渐过渡为黏性土，构成含水层的粗粒物质，展布较广，厚度可达上百米，剖面上多呈层状或延伸相当远的透镜体，随地形、气候、湖盆规律等条件变化，湖积物含水层的规模及透水性不同。

潮湿气候下的湖泊，当没有河流穿越时，波浪力是唯一的分选营力，波浪反复摆动，将粗粒推向岸边，细粒沉于湖心。当湖泊距山较远时，只有组成湖岸的物质中没有粗粒成分，往往从湖岸开始就堆积粉细砂，向中心过渡为黏土。干旱气候下，平原湖泊在强烈蒸发条件下，可能在湖滨地带形成泥灰岩，向湖心过渡为石灰岩、石膏、岩盐等化学沉积。

丘陵山区的湖泊沉积，颗粒较为粗大，边缘地带为卵砾石或砂砾石，向湖心过渡为砂及黏性土。有时，洪积扇直接伸入湖泊之中，湖边为洪积物，向内渐变为分选较好的粗粒湖积物，这两种条件有利于形成粗粒含水层。

河流穿过不大的湖泊时，后者实际上构成河道中宽广的地段，流水条件下形成的沉积物与冲积物很少有区别，河流注入规模大的湖泊，沉积物由流水分选转为静水分选，在入湖处形成三角洲沉积。近山河流注入湖泊形成的三角洲沉积，常可形成良好的含水层。

四、滨海三角洲沉积物中的地下水

河流注入海洋，水流进入静止水体后的流速顿然变慢，且因脱离河道束缚而流散，随着流速远离河口而降低，沉积物的粒度也变细。

进入海中的水流仍有一定流速，水流两侧流速缓慢处形成自然堤，从而在开阔的海洋中建立起河道，河道堆积到一定高度，水流冲决自然堤而往复摆动，并不断向海中延伸，形成酷似洪积扇的三角洲。

三角洲的形态结构可划分为三个部分：河口附近主要是砂，堆积物直达水面，表面坡度平缓，为三角洲平台；向外渐变为坡度较大的三角洲斜坡，主要由粉细砂组成；再向外为原始三角洲，沉积淤泥黏土。滨海三角洲沉积一般属半咸水沉积，虽然其中包含有含水层，但若未经过淡水长期淋洗，矿化度过高，不能用于供水。

五、黄土中的地下水

我国西北及华北地区广泛分布的黄土，具有风成、洪积、冲积、湖积等多种成因。中更新世周口店黄土及上更新世马兰黄土的岩性、结构及透水性均有差别。周口店黄土一般呈暗黄色或棕黄色，有的地区微显红色，厚度为数十米，最厚时达200m，多为粉土质亚黏土，其中常夹十余层深棕至棕黑色古土壤层，古土壤层下约2m处分布有钙质结核层，垂直节理发育，多虫孔、根孔等大孔隙。节理及大孔隙是透水的主要通道，主要沿垂向发育，故黄土的垂向渗透系数常比水平方向大几倍。黄土固结程度较高，随着深度加大，空隙减少，渗透性变差。黄土地区总体上比较缺水，这是气候、岩性、地貌综合影响的结果。

此外，在大的河谷中还可见到黄土中夹有砂砾层或透镜体，其中含较丰富的地下水。位于黄土层底部的砂砾层，有的属于下更新世的沉积。黄土中含溶盐多，降水较稀少，地下水矿化度普遍较高。在最干旱的北部，地下水一般为矿化度 $3\sim10\mathrm{g/L}$ 的硫酸盐 – 氯化物水；相对湿润的南部，为矿化度小于 $1\mathrm{g/L}$ 的重碳酸盐水；在同一地区，水的矿化度随径流途径增长而显著增高。

六、冰碛物及冰川沉积物中的地下水

冰碛的特点是大小混杂，分选极差，粗粒物质棱角分明，大的漂砾直径达几米、几十米，与细粒的黏土混杂存在。大小石块随冰川移动，帮助冰川挖掘两侧及底部被节理切割的岩块，并磨蚀突出的岩石，黏土便是磨蚀的产物。冰碛物分选不良，含有大量黏土，一般不能构成含水层。

冰川消融后，融冰水以各种方式将冰碛物重新搬运分选，形成冰水沉积。融冰水汇成洪流、河流或湖泊，相应地可形成洪积物、冲积物及湖积物中的含水层。

第三节 基岩裂隙水

一、成岩裂隙水

成岩裂隙是岩石在成岩过程中受到内部应力作用而产生的原生裂隙。沉积岩固结脱水，岩浆冷凝收缩等均可产生成岩裂隙。沉积岩及火成岩的成岩裂隙通常多是闭合

的，含水意义不大。

陆地喷溢的玄武岩成岩裂隙最为发育，岩浆冷凝收缩时，由于内部张力作用产生垂直于冷凝面的六方柱状节理及层面节理，大多张开且密集均匀，连通良好，常构成贮水丰富、导水通畅的层状裂隙含水系统。

由于玄武岩岩浆成分不同及冷凝环境的差异，其成岩裂隙发育程度亦不相同，如我国内蒙古一带的第三纪玄武岩，致密块状与气孔发育交互成层，前者柱状节理发育，透水性好，后者则构成隔水层。

岩脉及侵入岩接触带，由于冷凝收缩，以及冷凝较晚的岩浆运动产生应力，张开裂隙发育，常形成近乎垂直的带状裂隙含水系统。

熔岩流冷凝时，留下喷气孔道，或当表层凝固时，下部未冷凝的熔岩流走而形成熔岩孔洞或管道。这类孔道洞穴最大直径可达数米，钻孔遇到时会出现掉钻、泥浆大量漏失等，往往可以获得可观的水量。

二、风化裂隙水

暴露于地表的岩石，在温度变化和水、空气、生物等风化营力作用下，形成风化裂隙。风化裂隙常在成岩裂隙与构造裂隙的基础上进一步发育，形成密集均匀、相互连通的裂隙网络。风化营力决定着风化裂隙呈壳状包裹于地面，一般厚数米到数十米，未风化的母岩构成隔水底板，故风化裂隙水一般为潜水。被后期沉积物覆盖的古风化壳，可赋存承压水，如图1-2所示。风化裂隙的发育受岩性、气候及地形的控制。单一稳定矿物组成的岩层（如石英岩），风化裂隙很难发育，泥质岩石虽易风化，但裂隙易被土状风化产物充填而不导水。由多种矿物组成的粗粒结晶岩（花岗岩、片麻岩等），由于不同矿物热胀冷缩不一，风化裂隙发育，风化裂隙水主要发育于此类岩石中。

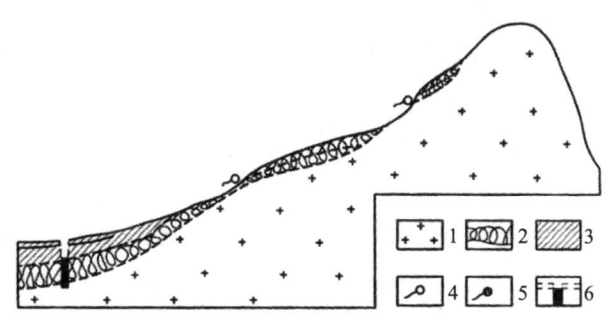

图1-2 风化裂隙水示意

1—母岩；2—风化带；3—黏土；4—季节性泉；5—常年性泉；6—井及地下水位

气候干燥而温差大的地区易形成导水的风化裂隙。如果地形条件也利于汇集降水，则可能形成规模稍大，能常年提供一定水量的风化裂隙水。

三、构造裂隙水

(一) 构造裂隙发育规律与岩层透水性

构造裂隙是岩石在构造运动中受力产生的,在岩石性质(内因)和构造应力(外因)的控制下,裂隙的张开性、密度、方向性及连续性均有显著区别。

根据力学性质,可将岩石区分为塑性的和脆性的两大类,塑性岩石以页岩、泥岩、凝灰岩、千枚岩等为代表,受力后发生塑性形变,破坏以剪断为主,常形成闭合的岩隙乃至隐蔽的裂隙。这类岩石裂隙密度较大,但是张开性差,延伸不远,缺少对地下水贮存和运动有意义的"有效裂隙",多构成隔水层。

块状致密石灰岩可作为脆性岩石的代表。此类岩石主要呈现弹性形变,破坏时以拉断为主,裂隙虽较稀疏,但张开性好,延伸远,导水能力好。

粗粒碎屑岩的裂隙发育取决于粒度及胶结物成分,钙质胶结者显示脆性岩石特征,泥质及硅质胶结者与塑性岩石相近。粗颗粒的砂砾岩,裂隙张开性优于细粒的粉砂岩。

应力对于裂隙性质有控制作用,与主要构造线方向一致的纵节理,以及垂直主要构造线的横节理,都是张应力作用下形成的,一般张开性好,为导水裂隙;剪应力造成扭节理,节理面比较平整封闭,多半不导水。

应力集中的部位,裂隙常较发育,岩层透水性也好。在同一裂隙含水层中,背斜轴部常较两翼富水,倾斜岩层较平缓岩层富水,断层带附近往往格外富水。

夹于塑性岩层中的薄层脆性岩层,往往发育密集而均匀的张开裂隙。褶皱中,塑性岩层沿层面方向流展,对夹于其间的脆性岩层施加一个顺层的拉张力,脆性岩层被拉断而形成张裂隙脆性岩层的夹层越薄,抗拉能力越小,张开裂隙就越密集。这样的夹层常是山区找水的理想富水层位。

随着深度加大,围压增加,地温上升,岩石的塑性加强,易于发生流变剪切,而裂隙张开性变差,因此裂隙岩层的透水性通常随深度增大而减弱。

(二) 裂隙含水系统

由于岩性变化和构造应力分布的不均匀,通常很难在整个岩石中形成分布均匀、相互连通的张开裂隙系统。夹于塑性岩层中的薄层脆性岩石,由于变形时应力分布均匀,整个岩层中形成密集均匀的张裂隙,构成具有统一水力联系的层状裂隙含水系统。在其中打井,井的出水量比较接近,水质与动态比较一致,所赋存的是层状构造裂隙水。

通常,同一岩层的不同部位,即使岩性与应力分布均匀,裂隙密度与张开性也有差别,在应力集中或岩性有利的部位,张开裂隙相互连通,构成裂隙含水系统。同一岩层中可包含若干裂隙含水系统。各个系统内部具有统一水力联系,水位受该系统最低出露点的控制,各个系统之间缺乏水力联系,水位各不相同。裂隙含水系统的水量大小取决于其规模,规模大的系统贮容能力大,补给范围广,水量丰富,泉的流量动态比较稳定,此类裂隙含水系统可作为较好的供水水源。

裂隙含水系统,实际上多由不同级次的裂隙组合而成,层状岩石一般可出现以下各级裂隙:①大裂隙,多为纵张裂隙或横张裂隙,间距为数十米或数百米,宽度较大,可穿切多个层次;②层面裂隙,褶皱轴部,尤其是背斜轴的岩层,由于伸张而沿层面脱开形成层面张裂隙,两翼岩层沿层面滑动形成层面扭裂隙,不平整的层面经过滑动,突出部分密接承力,其余部分在广大范围内张开连通,如图1-3所示;③小裂隙,延伸主要限于某一岩性层次的各个裂隙组。

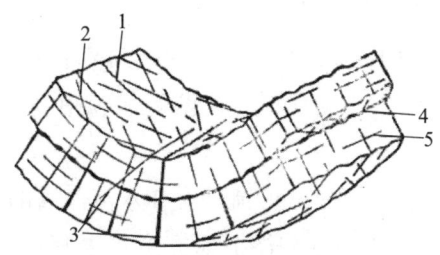

图1-3 层状岩石构造裂隙示意
1—横裂隙;2—斜裂隙;3—纵裂隙;4—层面裂隙;5—顺层裂隙

各级裂隙并构成统一含水网络。在应力集中的部位,不但大裂隙发育,层面裂隙也因强烈滑动而扩张,并带动层面之间的剪切裂隙扭张,不同级次的裂隙普遍扩容、连通,便在一定范围内构成含水裂隙网络,如同由毛渠到干渠的各线渠道连成的一个渠系。

有时,岩层中可能存在大量微细裂隙孔隙,与贮水能力有限而导水能力强的较大裂隙相结合,构成多级次裂隙-孔隙含水系统,可以提供持续而稳定的水量。

(三) 构造裂隙水的某些其他特点

发育构造裂隙的岩层,透水性常显示各向异性,某些方向上的裂隙张开性好,另一些方向上的裂隙张开性差,甚至闭合。

构造裂隙水可以是潜水,也可以是承压水。构造裂隙潜水,只要不是裂隙发育十分密集均匀,往往显示局部的承压性,井孔揭露含水裂隙时,水位将上升到一定高度,有时井孔还可自喷。构造裂隙水是在位置与方向均受到限制的空间上运动的,因此其局部流向往往与整体流向不一致,迂回绕行,有时甚至与整体流向正好相反,在平面及剖面上,局部流向多不垂直于等水头线,与孔隙水的流动明显不同。

(四) 断层带的水文地质意义

断层带是应力集中释放造成的破裂形变,大的断层延伸数十千米至数百千米,断层带宽达数百米，穿切不同岩层，常构成有特殊意义的水文地质体。

第四节 岩 溶 水

地下水对可溶岩石进行化学溶解，并伴随以冲蚀作用及重力崩坍，在地下形成大小不等的空洞，在地表造成各种独特的地貌现象以及特殊的水文现象。上述作用及由此产生的各种现象，称为岩溶（喀斯特）。赋存并运移于岩溶化岩层中的水称作岩溶水（喀斯特水）。水量丰富的岩溶含水系统，是理想的大型供水水源。

一、岩溶发育的基本条件与种类

可溶性岩层是发生溶蚀作用的必要前提，它必须具有一定的透水性，使水能进入岩层内部进行溶蚀。纯水对钙、镁类碳酸盐的溶解能力很弱，含有 CO_2 及其他酸类时，侵蚀能力才显著提高。

岩溶发育的一个绝对必要条件是水的流动。在水流停滞的条件下，随着 CO_2 不断被消耗，达到化学平衡状态，水成为饱和溶液而完全丧失其侵蚀能力，溶蚀作用便告终止。只有当地下水不断流动，富含 CO_2 的渗入水不断补充更新，水才能经常保持侵蚀性，溶蚀作用才能持续进行。

由此可以得出一个非常重要的结论，地下水的径流条件是控制岩溶发育最活跃、最关键的因素。地下径流越强烈，地下水的侵蚀性越强，通过的水量越多，水流溶解带走的 CO_2 也越多，在可溶岩中留下的空洞总体积就越大。从这个意义上说，可溶岩中的溶洞乃是水流的"化石印模"，它保存着地质历史时期地下水径流方向、强度以及持续时间的信息。

可溶性岩主要是指碳酸盐岩类，如石灰岩、白云岩、大理岩等。碳酸盐岩的成分与结构都影响其溶蚀强度。碳酸盐岩由不同比例的方解石和白云石组成，并含有泥质、硅质等杂质。纯方解石的溶解速度约为纯白云石的 2 倍，故纯灰岩的岩溶最为发育，白云岩次之，而硅质、泥质灰岩最难溶蚀。碳酸盐岩多是浅海沉积，沉积模式与碎屑岩相似。结构不同的碳酸盐岩，以生物礁岩最易溶蚀，它主要由生物碎屑组成，孔隙大且多。泥晶粒屑碳酸盐岩及泥晶碳酸盐岩次之。亮晶碳酸盐岩，尤其是经过重结晶作用的亮晶碳酸盐岩，孔隙度小，最不易溶蚀。经受白云岩化的白云质灰岩、灰质白云岩等，虽然增加了较难溶的白云石，但由于方解石白云岩化后体积变小，孔隙度增大，有利于发育分布均匀的溶蚀小孔，多形成岩溶中等发育的均一含水层。

厚层质纯的灰岩，构造裂隙发育很不均匀，各部分初始透水性差别很大，溶蚀作用集中于水易于进入与流动的裂隙发育部位，这是岩溶发育不均匀的一个重要原因。

薄层的碳酸盐岩，通常裂隙发育比较均匀，连通性好的层面裂隙尤其发育由于其层厚限制了水的流动，且一般含杂质较多，故岩溶发育比较均匀而不强烈，主要表现为溶蚀裂隙。

泥质灰岩的构造裂隙张开性差，不溶的泥质充填裂隙会阻碍水的循环流动，它的透水性与岩性成分都不利于溶蚀作用。

二、岩溶含水介质的特征

岩溶水在局部上联系很差，在大范围上具有统一的水力联系。岩溶水在总体上并非孤立的管道流，而是裂隙-管道水流系统。由于大泉都从溶洞流出，钻孔与坑道只是在揭露溶洞时才有比较可观的水量。此前人们一直认为，溶洞是含水介质的主要部分，管道流是岩溶水的主要存在形式。但近年来对岩溶水动态的深入研究发现，较大的溶洞只占含水空间的百分之几到百分之十几，较微细的裂隙才是主要的含水空间。

岩溶含水介质是多级次的空隙系统，典型情况下包含下列尺寸不等的空隙：①岩溶管道，通常直径数十米到数米，其中还可能包括体积十分巨大的溶洞；②各级构造裂隙，宽大者溶蚀显著，细小者溶蚀微弱；③成岩过程中形成的各种原生空隙与缝隙，包括粒间空隙、生物体腔孔、干缩缝、晶间孔隙，以及在成岩过程中与淡水接触、发育的各种溶蚀孔道；④充填溶洞的松散沉积物的孔隙。

三、岩溶水的运动特征

在尺寸大小悬殊的空隙中流动的岩溶水，运动状态相当复杂。裂隙网络与较小的溶蚀管道中的水作层流运动，而在巨大的干流通道中，洪水期流速高达每昼夜数千米，呈紊流运动。

岩溶水可以是潜水，也可以是承压水。然而，即使赋存于裸露的巨厚纯质碳酸盐岩块中的岩溶潜水，也与松散沉积物中典型的潜水不同，岩溶管道断面沿流程变化很大，部分管道往往完全充水而局部承压。

岩溶管道与周围裂隙网络中的水流并不是同步运动的。雨季，通过地表的落水洞、溶斗，岩溶管道迅速、大量地吸收降水及地表水，水位抬升快，在向下游流动的同时，还向周围裂隙网络散流。枯水期，管道中形成水位凹槽，而周围裂隙网络保持高水位，沿着垂直于管道流的方向汇流。

四、岩溶水的补给与排泄

在岩溶地区，降水通过落水洞、溶斗等直接流入或灌入，在短时间内，通过顺畅的途径，迅速补给岩溶水。流入岩溶地区的河流，往往全部转入地下。地下河系化的结果是成百甚至成千千米范围内的岩溶水，集中地通过一个大泉或泉群排泄。

岩溶山区往往地下水位深达百米或数百米，从而形成严重的缺水区。这是因为岩溶水集中排泄，广大范围内地下水面坡向一致，而地下水面的坡度远小于地形坡度。

灌入式的补给、畅通的径流以及集中排泄，决定着岩溶水水位动态变化十分强烈，远离排泄区的地段，地下水位年变化幅度可达数十米乃至数百米，变化迅速而缺乏滞后。

在我国，南、北方岩溶泉的动态有明显区别。南方岩溶泉对降水的反应灵敏，流量季节变化大，最大流量常为最小流量的上百倍。雨季与旱季分明时，可以参照水文分割法，将泉流量分割为"洪峰"及"基流"两部分，后者是含水裂隙网络汇集贮水空间中的水"补给"地下河的"基流"。

北方岩溶大泉动态稳定可能与岩溶含水介质特性有关。我国北方气候温凉少雨，山区植被土壤不甚发育，碳酸盐岩多被非可溶岩覆盖，岩溶发育强度远不如南方，含水介质以溶蚀裂隙为主，大的岩溶通道较少且充填，因此水流受滞而呈现良好的调节性。

第五节　井位及水位的确定

一、井位的确定

在了解地质、水文地质的基础上，应根据实际工作需求布置物探工作。在基岩出露地区，如果能够较充分了解岩性、构造和补给条件，可不开展物探工作，直接采用水文地质方法确定井位。在此种情况下，确定井位一般遵循以下原则。

1）对于倾斜脉状蓄水构造，一般是指断层、岩脉、接触带、透水夹层等脉状地质体，多因阻水作用而形成脉状阻水型等构造。在这一类蓄水构造上确定井位时，应考虑如下几个问题：①要认真查明强含水的透水裂隙主要分布在构造界面的哪一侧、哪一面上。对脉状阻水蓄水构造，在其地下水流的上游一侧蓄水富水；脉状透水蓄水构造、透水汇水的脉本身裂隙宽度大、空隙度高，是地下水最能富集之处；对断层或岩脉而言，常在低序次、低级别构造（断裂、褶曲、裂隙）发育的地方；在若干断层交会、斜接、反接和截接关系的交接部位，在构造的突然转折、尖灭、收敛的部位，裂隙或岩溶发育带等部位，都是地下水富集蓄存的空间场所，这是确定井位时首先要考虑的地方。②脉状蓄水构造及其强含水裂隙发育带的产状，一般都是倾斜的，对其走向、倾向、倾角的测量与判断非常重要，常常直接关系着打井的成败，要根据富水脉体的形态和产状具体确定井位。

2）对于开采厚度不大的含水层（带）或脉体，要求把井位定在含水层（带）的脉体倾斜方向，即上盘上，且距下隔水边界（底板）一定距离的地方。厚度越小、倾斜角越缓，则要求井位与含水层（带）底板间的距离越大，但距离过大并不好，这是由于含水层（带）埋藏过深，裂隙发育程度减弱，深部岩石的富水性也随之减弱。所定井位应在岩石、可溶岩、裂隙发育带、岩溶发育带等富水地层穿过蓄水构造。

对于厚度较大或产状陡斜的含水层（带），除少数直立的可在其中间布井外，一般均应靠近顶板（倾向方向）一侧布井。此外，对某些高度的逆冲压性断裂，布井时应尽量争取使井孔穿过倾斜较缓的相对张应力作用区，这样富水性较好。

3) 在扭性、张扭性或压扭性断层拐弯的地方定井时，要考虑断层相互扭动的方向，寻找张性区定井，张应力作用区范围内，是相对富水区，成井条件较好。

4) 在弱透水地层中的岩脉、断裂和透水夹层等形成脉状透水汇水蓄水构造上定井时，应尽量找比较大、比较宽、由宽变窄且有其他构造横切或斜切的地方，以及自行尖灭和地形低洼处定井。如果透水脉体不太宽，可切穿脉体。

5) 在地堑、地垒蓄水构造中定井，主要考虑两条断层的距离，其次是断块的岩性。若组成蓄水构造的两条断层相距较远，可与单一地层分析方法相同，一般都在断层附近选井；而地堑、地垒构造的中部一般不富水，不宜定井。若构成地堑的两条断层相距很近，使两条断层的影响带重合或部分重合，这些地方可以布井。

6) 工作区分布有若干条规模不同的断裂或岩脉，在地层岩性、地形地貌、补给条件相似的情况下，如果在透水地层中，构造规模大，富水条件比较好，可把井位选在大构造的富水部位；如果发生在弱透水地层中的构造，要特别注意构造之间的组合与补给条件的关系，分析是切割缩小补给面积，还是扩大补给面积，在这种情况下，井位宜选在补给条件好的构造迎水面一侧。但也有时因地层岩性、地形地貌、补给条件及各个构造力学性质和展布方向不同，而出现小构造比大构造成井条件好的情况。

在一般情况下，需要根据某一蓄水构造的已知条件（如井孔穿过较多、较厚、较好的含水层的合理预计深度作为已知条件），再经计算，才能确定选定的井位距某一蓄水构造的平面位置。

二、地下水位的确定

（一）上层滞水水位确定

上层滞水水位，一般稍高于隔水层顶板。其高出数值大小，主要取决于含水层排泄基准面的高程、隔水层产状、含水层厚度和分布面积大小等条件。

1) 当隔水层产状水平，含水层较厚且分布面积较大时，则上层滞水水位中间高而向四周渐低，中间部分水力坡度较缓，水位高出隔水层顶板数值大些；而靠近四周水力坡度变陡，水位高出隔水层顶板的数值小些。

2) 当隔水层倾斜，但倾角不大时，则上层滞水上游水位比较平缓，下游水位较陡。上层滞水从高处向低处流动排泄，遇到干旱季节时上游渐渐被疏干，上层水位边界逐渐向下游退缩。

3) 若隔水层为盆形或向斜构造，则盆底或向斜轴部的上层滞水水位高出隔水层顶板数值大些，而盆四周或向斜部水位高出数值小些。

这三种隔水层产状不同，则上层滞水不同部位的地下水埋深也不相同。因此，布井时要以隔水层顶板计算，一般情况下，井深要打穿含水层，再打入隔水层中一定深度终孔（可考虑 1~5m 范围），但不能打穿隔水层，否则会使井水漏失。

（二）区域水位确定

1. 区域水位的概念

在一个较厚的含水层且分布面积较大，或一个独立的水文地质单元中，地下水有一个大体连续的统一水面，这个水面不受微地形地貌影响，主要受地质构造控制，称为区域水位。

区域水位有两个含义：一是独立性，即指一个区域或水文地质单元内的地下水位与邻区水文地质单元的水位不一致、不连续、不统一，一般都有隔水边界限制；二是统一性，即指一个区域或水文地质单元内的水位是连续的、统一的，无隔水边界限制。

区域水位还要有含水层概念。一个区域内，可以埋藏一个含水层，也可埋藏几个含水层，其中间有隔水层分开。不同含水层的补给范围、补给区高度与排泄区高度都不一样，所以它们的水位一般也不一致。这可以从深井钻进、穿过不同深度、不同含水层时，水位有明显的升降得到证实。因此，区域水位必须说明是哪一个含水层的区域水位，一般在强透水岩层中表现得比较明显。

2. 区域水位的确定方法

（1）根据已有水井水位推算

位于强透水岩层中的已有机井水位，一般能代表区域水位。

（2）利用泉水或河流推算

泉是地下水的天然露头，可以利用泉推算同一水文地质区、同一含水层的地下水位，一般从强透水岩层常年有水流出的泉推算比较可靠。

若区域内河流与含水层有水力联系，则可利用其推算区域水位，以流经透水岩层常年不干的河流代表区域水位比较可靠。

（3）石灰岩单斜构造区

在强透水岩层之上覆有页岩、泥灰岩时，可利用强透水岩层与页岩、泥灰岩的接触面的最低标高，减去风化破碎带厚度得到该区的区域水位。推算水位时，首先要查明含水层与隔水层界面的最低点标高，这个最低点标高与打井地点标高之差，就是该井的地下水埋深。如果在石灰岩含水层与隔水层接触带上有泉出露，应以泉水面为推算标准。

（4）利用阻水断层、岩脉、侵入体等推算小区内水位

利用阻水断层、岩脉、侵入体等阻水体的最低点标高，减去风化破碎带的厚度，可代表阻水体上游小区的地下水位。

（5）根据季节性井泉动态资料推算区域水位

根据季节性泉水出露标高（H_0）和区域地下水位年变幅值（ΔH），推算预定井位的年最枯水位值高程（H），按经验公式（1-1）计算：

$$H = H_0 - \Delta H \tag{1-1}$$

在北方岩溶分布区，若无地下水动态观测资料，ΔH 可采用下列经验数值：区域地下径流的补给区 $\Delta H = 20 \sim 60 \mathrm{m}$；径流区（或补给径流区）$\Delta H = 10 \sim 20 \mathrm{m}$；排泄区附近或山前地区 $\Delta H = 2 \sim 10 \mathrm{m}$。若季节性泉水断流时间较短，$\Delta H$ 采用较小值；若断流时间较长，ΔH 采用较大值。

（6）根据已知点地下水位推算预定井的水位

在找水地区内，对所有的地下水点进行全面调查之后，可以大致推算预测井的水位，可分为下列几种情况。

1）当找水区内有许多地下水露头，在那些出露位置较低，多年来未干涸的水点，如较大的泉水、多年使用的民井、较深机井水位等，一般可以代表区域性地下水位的海拔。

2）当找水区位于山区与大河之间，区内天然露头水点较少时，可把少量的泉或深井水位同大河枯水季节的水面高程联系起来，作为区域地下水面的大致高程，再根据找水地点的地形高程，推算出当地地下水位。

3）当找水区位于大河拐弯处，或两条河流之间的河间地块，区内没有天然地下水点出露，这时可以把两条大河枯水期水位面中间略微向上凸起的曲线联系起来，作为区域地下水面大致高程，再根据找水地点地形高程，推算出当地地下水位。

4）当找水区内已有两个以上水位高程时，可用内插法直接推算出找水点的地下水位。

5）当找水区的外围有一个地下水点时，可用式（1-2）计算。

$$H = H_0 + LJ\cos\alpha \tag{1-2}$$

式中，H 为预定井水位（m）；H_0 为已知水点（泉）水位（m）；J 为预定井附近的区域地下水力坡度，当预定井位于已知水点上游时 J 值为正，位于下游时 J 值为负；L 为预定井位与已知水点的水平距离（m）；α 为计算剖面和区域地下水流向之间的夹角（°）。

在无水力坡度值时，北方岩溶水分布区的 J 值可采用下列经验数值。地下径流良好的山前排泄区附近，$J = 0.5‰ \sim 1‰$；径流条件中等的丘陵山区，$J = 1‰ \sim 5‰$；径流条件较差的补给区以及某些下降泉附近，$J = 5‰ \sim 10‰$。

在推算区域地下水位时应注意以下几点。

1）不同水文地质单元内，地下水位相差很大，不能互相推算。

2）在同一水文地质单元内的不同含水层，可能有不同的地下水位，不能互推水位。

3）阻水断层、岩脉等脉状阻水体的上下游水位相差很大，不能互推水位，更不能把上层滞水水位误认为区域水位。

三、井深的确定

水井深度的确定，在不同的地层、不同类型的蓄水构造和不同的地下水类型有不同的方法。主要考虑以下几个条件：①地下水位；②含水层厚度和底板埋深；③蓄水构造富水深度（例如断层在强透水石灰岩中穿过的深度等）；④现有打井设备最大钻进深度。

（一）上层滞水井深确定

在上层滞水蓄水构造中打井，井深应打穿含水层，再打入隔水岩层一定深度，一般可考虑 1~5m，但一定不能打穿隔水岩层，否则就会造成井水漏失。总井深为含水层厚度，加水位埋深，再加打入隔水层的深度，即：

$$H = H_1 + H_2 + H_3 \tag{1-3}$$

式中，H 为井的总深度（m）；H_1 为上层滞水水位埋深（m）；H_2 为上层滞水含水层厚度；H_3 为打入隔水岩层的深度（m）。

（二）潜水或构造水井深确定

在潜水含水层或各种蓄水构造中打井，井深的确定，可用井口地面高程减去附近区域水位高程，即为地下水埋深，也就是井的见水深度。见水后的深度，火成岩、变质岩地区要看裂隙发育的深度和程度：一般要求把裂隙发育带打穿，并打入弱风化岩石或新鲜基岩中一定深度终孔。

在石英岩分布区确定井深，可根据地下水位，预想利用含水层（带）的埋藏深度，以及井孔在水位以下穿过断层、岩脉的富水部位等具体条件来确定，如在单斜蓄水构造中，人工大口井见水后，一般再打 5~20m，机井见水后再打 80~120m。如果含水层不足 80m，可打穿含水层，并打入隔水层中 5~20m 终孔（做沉淀管用）；若根据断层、岩脉、接触带等透水蓄水构造定井，一般要求井孔在区域水位以下 80~120m 穿过富水构造部位，在此基础上再加深 5~20m 即可终孔。若属阻水断层或岩脉，则打到阻水体或打入阻水体一定深度即可终孔，不可将阻水体打穿。

在火成岩、变质岩地区，因深部风化裂隙不发育，一般情况下井深不宜过大，视情况在 80~150m 深度区间选取；如果构造条件较好，可在 150~300m 深度区间选取。

（三）承压水井深确定

承压水地区井深的确定，首先应确定区域地下水位，然后根据含水层埋藏深度或断层、岩脉穿过含水层的深度来确定。若含水层很薄，可打穿一个或多个含水层至隔水层一定深度（5~20m）；若含水层很厚，可以不打穿含水层；若利用透水断层或岩脉的富水构造，可以将它打穿，争取两侧进水；若是阻水断层或岩脉，则不能打穿。

在沉积岩地区，尤其是灰岩地层，井深应尽量大些，井孔应尽可能多地穿透若干区域地下水位以下的含水层，这是提高成井率的重要因素之一。在此类地层上打井，因定井过浅而导致失败的例子较多。

对于倾斜脉状蓄水构造（断层、岩脉、接触带、透水夹层等脉状地质体），确定井深时应根据倾斜蓄水构造的倾角，充分考虑到井孔应在区域地下水位以下适当深度，且岩溶裂隙发育带等富水地层穿过该倾斜脉状蓄水构造。

四、确定井位水位的方法

水井井位水位的确定一般按照资料分析、实地踏勘、物探验证和综合分析的程序进行。

（一）资料分析

施工单位在接受任务或委托后，需要对研究区地质及文地质资料进行收集、分析和梳理。资料分析是指通过收集，并分析与该区域有关的文字、图表、标本、样品、岩心等地质水源地质资料，以及在现有研究成果和前人勘察基础上宏观掌握该区域的水文、地质等情况。它一方面是设计施工单位技术和能力的反映；另一方面是考察其收集外单位资料的能力和手段；同时也是对设计施工单位对资料分析、判断、综合能力的考量。因此资料分析是后续一切工作的基础和前提，对以后工作起到事半功倍的作用。

（二）实地踏勘

实地踏勘是指在室内资料分析的基础上，到野外进行实地勘查的过程。在这个过程中，所做的工作最多，主要有以下几条。

1) 对研究区地形地貌、地质构造、地层岩性和地表水系等进行现场查看，在分析区域水文地质条件的基础上，对研究区水井施工的可行性做出初步判断。

2) 将收集资料拿到野外去检验、对比，对资料进行现场消化、解释，做到去粗取精、去伪存真，为准确利用资料服务。

3) 进一步调查研究区及外围井、泉分布状况，并对相关水井水位、水量、水质进行实地了解，在条件许可的情况下，要实测其水量、水位，并进行取样化验。

4) 初步确定井位方案。

5) 为物探验证提供参考路线及技术要求。

6) 对水井施工过程中水、电、路（"三通"）进行先期评估。

（三）物探验证

物探验证是指在地质设计的引导下，运用物探仪器，对研究区地层岩性、富水性及水质进行再了解，对地质资料进行验证，其目的是为综合分析提供物探支撑。已知井位旁边是进行物探验证的最佳地点。如果条件许可，应尽可能取得已知井位的物探资料，以便为分析判断提供可靠的技术支持。目前比较成熟的物探方法有电阻率测深法、激发极化法和瞬变电磁法等。

（四）综合分析

综合分析是指在资料分析、实地踏勘、邻近水井开采资料和物探资料分析的基础上，提出水井设计方案的过程。在此期间，要做好以下几个方面的对比工作。

1）收集资料与野外实地踏勘资料的对比。

2）地质资料与物探资料的对比。

3）邻近水井开采的现状与开采历史的对比。

4）现有开采技术水平与水井设计方案的对比。之所以要强调这一点，是因为有的设计方案，表面看上去是合理的，但与当前的技术水平不相符，且多半是超前的。

在以上对比分析完成后，就可以确定能否完成任务，进而提出水井的设计方案，供钻进施工执行。

第二章　水井结构与设计

第一节　管井的结构

水井，又称管井或供水管井，是汲取深层或浅层地下水的取水构筑物。管井的结构一般包括井口、井壁管、过滤器和沉淀管等，不同地层中管井的结构也不相同。

一、松散层管井结构

（一）浅管井

1) 井口（井头）部分包括井台及井盖。井台应高于地面，稳固结实，以便装置抽水机泵，并预防洪水流入和杂物掉入井中。

2) 井壁管（井身）上端井口部位，应从井口向下封闭3m，防止地表污水下渗、污染地下水源。

3) 过滤器的填砾高度，应超过地下水位最高位置。

4) 完整井应在底部安装2~4m的沉淀管。非完整井，底部滤水管应多深入含水层1~2m（井深贯穿含水层的称为完整井，井深未贯穿含水层的称为非完整井）。

5) 浅井除特殊原因外，均采用同管径的井管成井。

（二）深管井

1) 深管井一般采用两管段成井，上部为大直径管，适应于安装水泵，也称泵段管。通过变径管与下部安装直径较小的井管相连接。

2) 井口部分为了安泵需要，应设预制或现浇混凝土泵座，如图2-1所示。井口构筑泵房，如图2-2所示，对管井实行封闭管理。泵座下段为井管外封闭层，一般用黏土球或水泥浆封闭，垂直厚度应大于3m；自流水井，应在井管外浇注水平宽度不小于250mm的混凝土。泵座必须与井管外护管隔离，以防井管承重受力。

3) 井管外封闭层应自滤料顶部起算，封闭垂直厚度为5~10m。对不良含水层的封闭层，采用单层取水分段开采的，每层间封闭厚度上、下均不少于5m；多层混合开采的，上部不良含水层的封闭垂直厚度，不应小于10m，其余部分填黏土块。

4) 深管井的沉淀管，底部应封闭，且其长度常为4~8m。

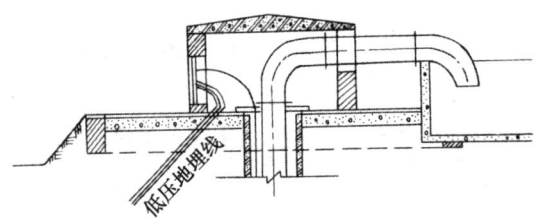

图 2-1 混凝土泵座示意

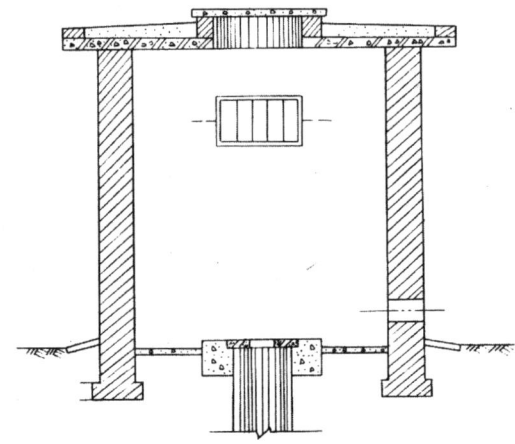

图 2-2 井口构筑泵房示意

二、基岩管井结构

基岩管井,上部为安泵段,除完整和稳定的基岩段可保留裸眼外,均应安装井管。下部井段可根据岩石稳定情况,确定是否安装井管。基岩管井结构类型一般有以下几种。

(一) 稳定基岩层管井

如建井段全属坚固或半坚固的稳定基岩层,含水层呈大小不等的裂隙状,视其埋藏深度可钻成一径到底或数次变径的完整或非完整的裸井孔,只需要在井口安装一段 4~5m 的护管,下端嵌入基岩层,并用水泥浆封闭,可不安装井管,如图 2-3 所示。

对于上部有部分松散非稳定的覆盖层,则应对该段井身护以井壁管或套管。为了不使地表污水沿井管外壁流入井内,还须将井管嵌入稳定基岩层不少于 1~2m。在嵌入段应采用水泥浆予以封闭,上段则可采用黏土块封闭。而下部的基岩段,如坚固稳定可仍为裸井孔(图 2-4a);如覆盖层部分较厚,且有可资开采的良好含水层时,则应对应含水层的位置,安装合适的过滤器,其技术要求与松散含水层相同(图 2-4b)。

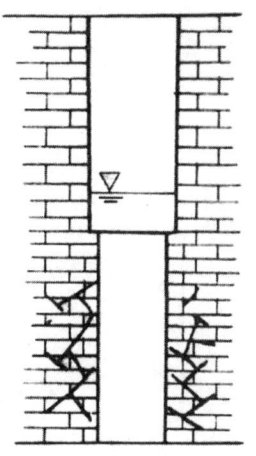

图 2-3 裸眼管井示意

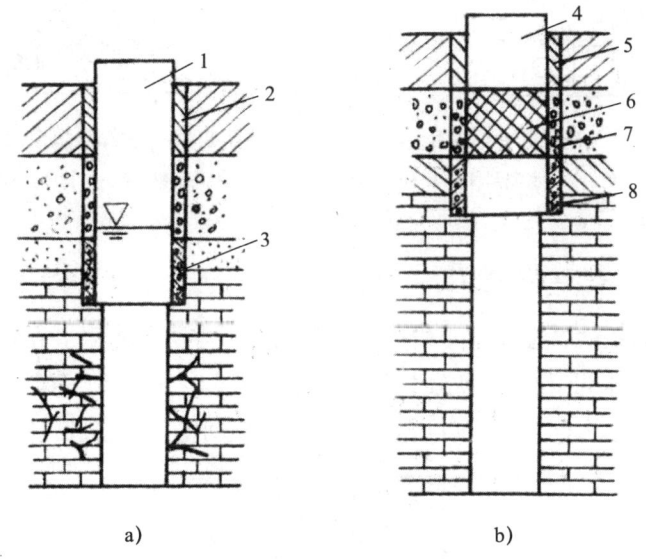

图 2-4 半裸眼管井示意
a) 用水泥浆封闭; b) 用过滤器安装
1、4—井管; 2、5—黏土封闭; 3、8—水泥浆封闭; 6—滤料; 7—滤水管

(二) 破碎基岩层管井

在地质断裂带和强烈运动区,常有岩层严重破碎的富水构造带。在这种岩层中建井,不仅破碎而且还常夹杂有松软的泥灰岩层,所以易于坍塌且成井较难。如用松散岩层钻进方法可成井孔时,其井结构可按松散岩层同样对待,如图 2-5 所示。如按常规法难于成孔或效果不佳时,则井的结构宜采用如图 2-6 所示的形式,改用分段边钻进边下套管护壁加固。为了使两种不同直径套管连接(搭接)严密稳固,在其重合处,必须最少搭接 2~3m。并在搭接段采用水泥浆或水泥砂浆封闭。根据

生产经验,在采用冲击法钻进时,套管分段一般为20~30m长,变径依次减小约50mm。

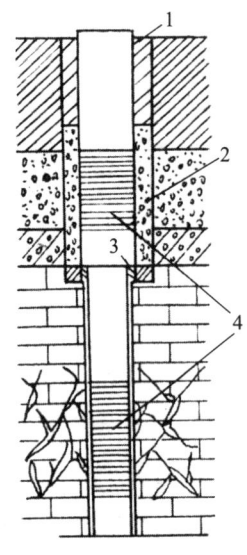

图2-5 无裸眼管井示意

1—黏土封闭;2—填砾;3—水泥封闭;4—过滤器

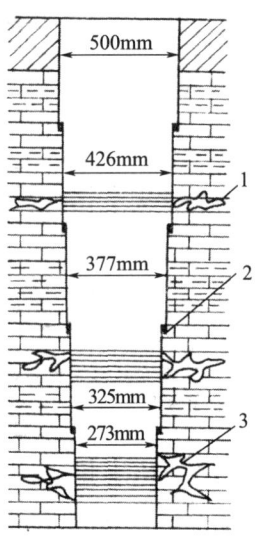

图2-6 破碎基岩取水管井的结构

1—溶洞裂隙;2—井管间封闭物;3—过滤器

(三) 溶洞基岩层管井

基岩层如为石灰岩,在其富水构造中,常会遇到溶洞含水层。在这种岩层中建井,多可得到较大的出水量。但在溶洞中多含有大量泥砂,故仍须安装井壁管和过滤器。而且滤料应尽量多填入溶洞中,以增大其稳定性和透水性,如图2-7所示。

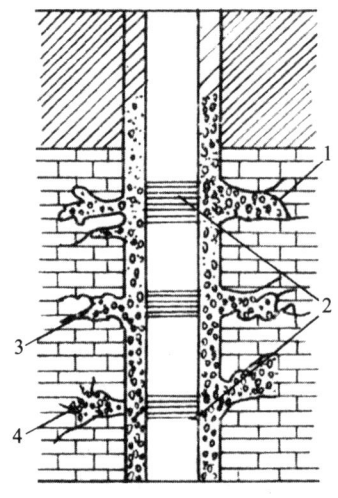

图2-7 溶洞基岩层管井示意

1—溶洞内的沙砾;2—过滤器;3、4—灰岩内的溶洞

第二节 管井的参数

一、井管直径

井孔直径与井管直径有密切的关系，井孔直径基本上取决于井管直径。而井管直径的确定，受含水层厚度、渗透性能，单井出水量，安装井泵规格类型尺寸等因素的影响。因此，井径直径，应在综合分析优化对比下确定。在具体确定过程中，主要是确定管井过滤器的外径。

（一）管井与出水量的计算

管井与出水量 Q 的关系，是指在井孔内水位降深 S 相同的条件下，不同井径 D 所反映出的不同出水量。从理论上讲，井径与出水量呈对数正比关系。即井径若增大 1 倍，出水量只增加 10%；井径增大 10 倍，出水量只增加 40%。但实际情况是在同样的井径条件下，根据裘布依理论公式计算的出水量与实测出水量出入很大。采用的井管直径为 100mm、150mm、200mm 三种出水量试验所得 Q-S 曲线，如图 2-8 所示。

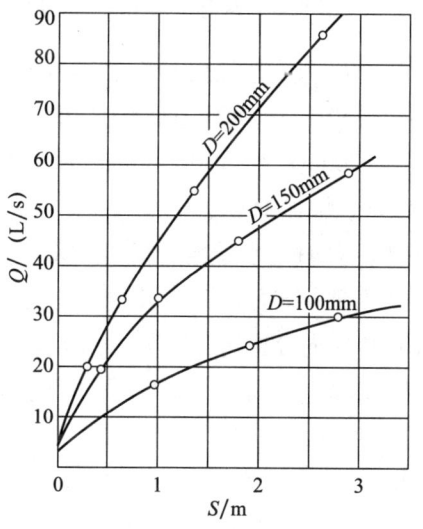

图 2-8 实测 Q-S 曲线

当选用 $S=1$m 及 $S=2$m 时，各井的实测出水量列于表 2-1。在同样条件下用裘布依理论公式计算出水量也列于表 2-1（渗透系数采用 210m/d，影响半径 300m，含水层厚度 34m，井管或过滤器摩阻系数为 0.048）。

表2-1 实测与理论计算出水量数值

出水量 Q/（m³/d）	降深 $S=1m$		降深 $S=2m$	
	实测	计算	实测	计算
井径 D/mm 400	1300	1172	2070	1685
600	2680	2480	4100	3820
800	3140	3780	6160	6180

将上列数据，按裘布依理论公式进一步计算的各种井径与出水量关系曲线如图2-9所示。

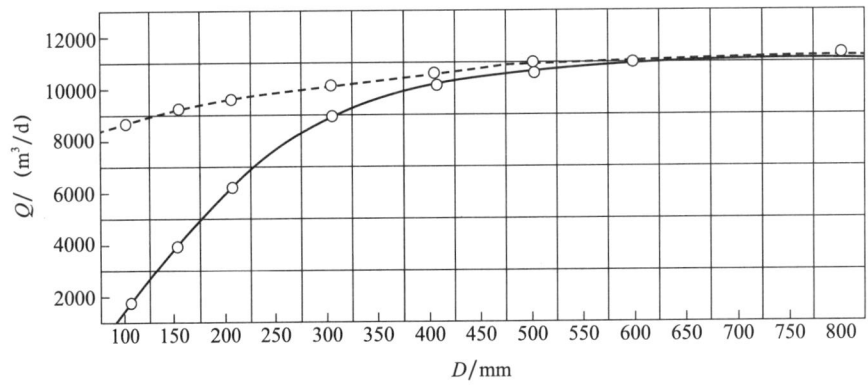

图2-9 计算的各种井径与出水量关系曲线

从图2-9可知，出水量增长率随井径增长而逐渐衰减，如井径从100mm扩大至150mm，出水量增加1倍；由150mm扩大到200mm，出水量又增加1倍，即出水量与井径几乎呈线性关系；但从200mm扩大到400mm时，出水量只增加66%，再从400mm扩大到800mm，出水量仅增加15%。

说明从小井径扩大到中等井径时出水量增加很快，继续扩大，则出水量的增长率就逐渐减小。这是因为当井径扩大到一定程度后，井内竖向流速变小，沿滤管的水头分布基本上趋于常数，因而含水层中竖向分速趋近消失，水流基本按照二维流的规律运动。

管井的口径，应根据当地水文地质条件、井的设计出水量、水泵的规格、井管规格等条件而定。一般含水层富水性越强，井的口径也应越大，反之越小。在作业中，一般在中等埋深的松散含水层中，井管直径与适宜的出水量如表2-2所示，可供在初选时参考。

表2-2 井管直径与适宜的出水量参考

井径/mm	150	220	250	350	400	500	600
适宜出水量/（m³/h）	20	40~80	80~100	150~200	200~300	300~400	400~500

（二）管井直径与井泵规格外形尺寸

浅管井选用管径较大，一般安装离心泵和潜水电泵，按单井出水量50~80m³/h配泵，QJ、NQ型潜水泵最大外径为184~223mm，考虑到安装水泵方便，井管内径应比泵体外径大50~100mm，则相应井管内径应选用内径300mm或350mm；如果单井出水量较大为100~150m³/h泵体外径则为217~275mm，井管内径则应选择内径300~400mm的井管，这是目前浅管井常用的井管规格。

深管井一般采用分段管柱成井，近井口的上段井管，为了安装井泵，用直径大的井管（或称为上泵段），常选用内径300~400mm，可以安装出水量100m³/h以上的潜水泵和深井泵。井壁与泵的间隙可达到50~100mm。

下段井管直径主要决定于含水层性质和设计出水量的要求。目前常用的水井钻机，终孔设计直径一般小于500mm，如果安装填砾过滤器，一般常用的最小井管外径为260mm，内径200mm。

二、过滤器外径

在对管井井管直径的确定过程中，主要应先确定过滤器的外径，而过滤器又可分为非填砾和填砾两大类。对于前者，因过滤器直接与含水层相接触，故过滤器的功用起着名副其实的过滤作用。而后者，过滤器实质上仅起着支撑人工滤料的支撑骨架作用。

（一）非填砾过滤器外径

对于非填砾过滤器，如以穿孔过滤器为例，其主要特征是过滤面积与进水面积相等，故这种过滤器的直径（外径）应为：

$$D \geqslant \frac{Q_t}{\pi p L v} \tag{2-1}$$

式中，D 为过滤器的外径（m）；Q_t 为管井的设计出水量（m³/s）；p 为过滤器的开孔率，以小数计；L 为过滤器的有效长度（m）；v 为入管流速（从孔眼中平均进入，m/s）。

关于入管流速 v，根据试验和生产观测，发现入管流速必须要有一个极值限度。如超过此限，就有可能增大进水阻力和扰动过滤器周围的含水层，从而使其产生涌砂。为安全起见，一般采取小于极值的所谓（最大）允许入管流速。此流速与含水层的粒度大小密切相关，在设计中可参考表2-3所列值。

表2-3 允许入管流速

含水层的渗透系数/（m/d）	>120	81~120	41~80	21~40	<20
允许入管流速/（m/s）	0.030	0.025	0.020	0.015	0.010

（二）填砾过滤器外径

对于填砾类过滤器，也可采用式（2-1）计算过滤器的外径。但按填砾过滤器的整体结构考虑，其外径应为滤料的外表面。但为安全计，一般 D 指过滤器骨架管的外表面，即计至缠丝等的外表面。而其开孔率则为缠丝等的缝隙率（扣除垫条的遮蔽部分）。

需要指出，式（2-1）虽很简单，但在实用中还应注意下列几点。

1）该式一般只作为对初选的管径作粗略校核之用，不宜采用反算。因为除确定过滤器的直径外，还要考虑配泵、井管的流速等要求，有时还要考虑特殊水质的影响和井管规格的限制。

2）对开孔率或孔隙 p 的采用，应视具体情况而定。如果过滤器为多层结构，且几层重叠在一起（如直接在穿孔管上包网），p 则为穿孔管的开孔率与滤网孔隙率的乘积。例如穿孔管的开孔率 $p_1=15\%$，滤网的孔隙率为 $p_2=60\%$，则过滤器的整体孔隙率为 $p=0.15\times0.6=9\%$。如在二者之间垫有垫条（或称垫筋）将滤网架起，则过滤器的孔隙率便改为 $p_1=\alpha p_2=(0.8\sim0.9)\times0.6=48\%\sim54\%$（$\alpha$ 为垫条的遮蔽系数）。由此可见，两种情况仅差一垫条，其孔隙率便相差 5~6 倍。因此，垫条是十分重要、必不可少的技术环节，不允许不垫条。

当过滤器的外径综合分析校核计算确定后，其余井壁管则可视管井的设计深度、岩层的可钻性和拟选配井泵的规格尺寸，将其直径选定与过滤器同一直径或变径。一般对中等松软冲积层，当井深超过 150~200m 时，对上部安装井泵段，宜按井泵安装需要，适当放大 50~100mm。至于对基岩裂隙层，则要按岩层可钻性的变化，具体分级变径。

三、井孔直径

由于井管必须在井孔中顺利下入，因此井孔直径必须要大于井管外径。在钻进至终孔过程中，虽然要经过疏孔工序，但井孔壁难免留有"探头"的突出物，还有允许范围的孔斜。因而，只对非填砾类的管井，其井孔直径最小应比井管外径大出 100mm，即：

$$D_1 \geq D + 100 \qquad (2-2)$$

式中，D_1 为非填砾类过滤器管井在过滤器部分的井孔直径（mm）；D 为过滤器的外径（mm）；100 为最小富余量（mm）。

对于填砾类过滤器的管井，其井孔的直径还要充分考虑围填人工滤料的需要厚度。如滤料的厚度设计为 δ，则在过滤器部分的井孔直径最小应为：

$$D_{1,t} = D + 2\delta \qquad (2-3)$$

由式（2-3）计算所得的井孔直径 $D_{1,t}$ 仅能视为初拟者或最小者，能否满足设计要求，还需进行水力计算校核。在校核时主要应考虑地下水在井孔壁，当按管井设计出水量出流时的渗透流速（也称滤水流速），是否能避免产生管涌性涌砂，即在保证设计出水量 Q_t 的前提下，按不同含水层允许渗透流速 v_1 进行校核（图 2-10），计算得到井孔直径：

$$D_{1,s} = \frac{Q_t}{\pi L_1 v_1} \qquad (2-4)$$

式中，L_1 为井孔出水面的高度，在一般情况下，其值与过滤器的长度相近，可令 $L_1 = L$；$D_{1,s}$ 为按渗透流速所计算得的井孔直径；v_1 为渗透流速；其余符号同前。

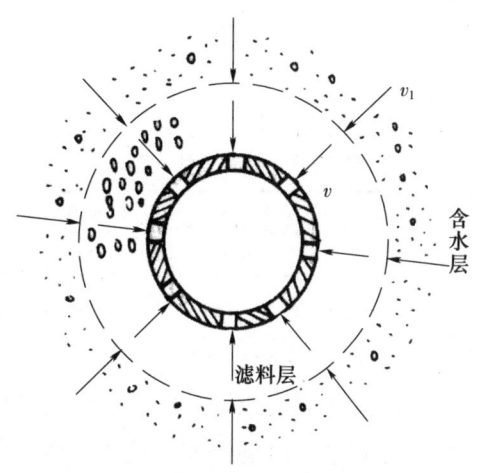

图 2-10 井孔渗透流速和过滤器入管流速分布示意

v—入滤流速；v_1—渗透流速

然后将所求得的 $D_{1,t}$ 和 $D_{1,s}$ 进行比较，挑选其中最大值作为设计井孔直径。这里所指的井孔直径乃指过滤器对应处，其余则可按井壁管的外径而定，并须考虑顺利下管和填砾的需要。一般井孔采用同径，如上部安装井泵段，在安装井壁管时需要的井孔直径大于过滤器处井孔直径时，则应按需要变径。

四、井孔深度

在一般情况下，井孔的深度主要根据含水层的埋藏深度和其厚度来定，或等于井壁管、过滤器和沉淀管各长度的总和。这里沉淀管的长度是比较易于确定的，井壁管的长度则要由过滤器在井孔的位置和长度而定。过滤器的位置，是与含水层的不同（承压和潜水）和管井的完整程度不同而有区别，而对其长度则应具体分析。

关于过滤器的有效长度 L，是指不包括未开孔不能进水的连接段，或指实际起过滤作用的长度。因为过滤器通常多由若干节滤水管组联而成，为了连接，每节滤水管的端头必须留有 15~25cm 的不开孔段。如设有过滤器的总长度用 L' 表示，则在确定过滤器的直径 D 时，式中乃是 L 而非 L'。如有混淆，则有减小过滤器直径（外）之虑。

在某种情况下，如因管材限制，井管直径已定，则应改计算过滤器的有效长度 L，由式（2-1）可得：

$$L = \frac{Q_t}{\pi D \rho v} \qquad (2-5)$$

然后再根据单节过滤器两端设计的连接长度，累积计算求得过滤器的设计总长度 L'。如单节过滤器的长度为 4.0m，有效过滤段为 3.5m，计算得 $L=20$m，则过滤器的总长度应为 $L'=20/35=5.7$ 节，需取 6 节即 24m。也有按各种含水层的不同渗透系数，选用合适的经验系数而采用如下所示的经验公式估算的，即：

$$L' = \frac{\alpha Q_t}{D} \qquad (2-6)$$

式中，α 为与含水层渗透系数有关的经验系数，可按表 2-4 查得。

表 2-4 经验系数 α 值

含水层的渗透系数 $K/$（m/d）	2~5	6~15	16~30	31~70	71~150
α 值	90	60	50	30	20

由式（2-2）计算得的过滤器长度，乃是在设计中的低限要求。在作业中，除大厚度含水层外（单层厚度大于 30m），一般对承压含水层应尽可能建成完整井，且多按含水层的厚度来定（多层开采取累计值）；对潜水含水层，则常按设计动水位以下的部分厚度而定。若因含水层的厚度有限，过滤器的长度小于计算值，则应适当调整管井的设计出水量或加大过滤器的直径，或二者兼之。

通常在冲积平原地区，很厚的单层含水层比较少见，常见多为数层强弱不同透水性相间互层组成的含水组，且在组内水力条件连通。对于这种情况，为了增加管井的出水量，则需要加长过滤器的长度。

对于单层厚度大于 30m 的巨厚强富水性的含水层，应根据当地试验资料，对比确定是否需要建成完整井或分段数个集中开采的非完整井井组。其过滤器的长度则应按含水层的特征和井的类型，以及计划开采的含水层位置而定。在中等富水性含水层的情况下，过滤器的长度一般多为 20~30m。

第三节 井 管

井管是构成水井结构的重要组成部分，井管按照管井结构分为井壁管、滤水管和沉淀管。一般将井壁管和沉淀管通称实管，滤水管称为花管。滤水管一般多在同类井壁管基础上设计和加工而成，也称过滤管或过滤器。

一、井管的种类和基本要求

（一）井管的种类

常用井管有钢管、铸铁管、混凝土管、无砂混凝土管、钢筋混凝土管，以及石棉水泥管与塑料管等。目前，主要使用钢管作为井管，随着新材料的发展，高强度、无污染的塑料管逐渐应用于管井之中。

1. **钢管**

钢管的优点是机械强度高,规格尺寸标准统一,施工安装方便且成井较易。但易于锈蚀,使用寿命相对较短,而且造价高。

2. **铸铁管**

铸铁管较钢管耐腐蚀,抗拉、抗压强度也高,但性脆,抗剪和抗冲击强度低,管壁较钢管厚,质量较大,故适用深度较钢管小,而且造价也较高。

3. **混凝土管与无砂混凝土管**

混凝土管与无砂混凝土管,其优点是耐腐蚀,制作容易,造价便宜。缺点是机械强度较低,适用于浅管井。

4. **钢筋混凝土管**

钢筋混凝土管耐腐蚀,具有一定的机械强度,适用于中、深管井。缺点是井壁较铸铁管厚,质量较大,施工安装较复杂。

5. **石棉水泥管**

石棉水泥管的优点同混凝土管,而且质量轻,其缺点是性脆,抗剪和抗冲击强度低。

6. **塑料管**

塑料管耐腐蚀,质量轻,运输与安装方便,但造价较高。

(二) 井管的要求

1) 单根管,包括滤水管,要求端直。在连接成管柱后,要求轴线顺直,以便于施工安装和在管中安装设水泵。

2) 内外壁均应保持圆整和平滑,管壁薄厚要均一。

3) 井管的强度,要求在适用深度范围内,其机械强度要能承受各种岩层的外侧压力;能承受在安装和运输装卸过程中的抗压、拉、剪和冲击等各种应力。

4) 滤水管在确保合理的强度前提下,要具有最大的滤水面积,以提高其透水性。

二、井管的技术规格和质量要求

(一) 钢井管

钢井管可分为焊接与无缝两种。在焊接钢管中,又可分为直缝焊接和螺旋缝焊接两种。焊接钢管规格参考 GB 3092—1993,无缝钢管规格参考 GB 8162—2018,结构性能参考 GB/T 700—2006。钢井管使用碳素结构钢 A3,新标准为 Q235,当壁厚小于 16mm 时,屈服点应力值为 $235N/mm^2$,抗拉力范围为 $375 \sim 460N/mm^2$。弯曲偏差不大于 $\pm 1/1000$,井管壁厚范围一般为 $(8 \sim 10)mm \pm 1mm$。关于钢制井管的技术规格如图 2-11 及表 2-5 ~ 表 2-11 所示。

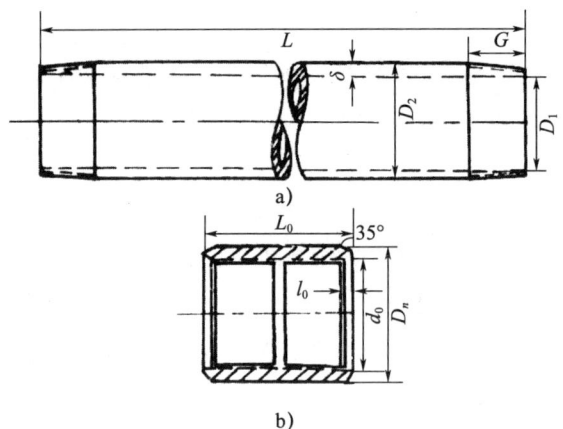

图 2-11 钢制井壁管
a) 井壁；b) 井箍

表 2-5 钢制井壁技术规格

规格	井壁管						管箍				
	内径/mm	外径/mm	壁厚/mm	管长/mm	丝扣长/mm	每米质量/(kg/m)	外径/mm	长度/mm	镗孔		质量/kg
									直径/mm	长度/mm	
150	153	168	7.5	3000~6000	66.5	31.6	186	194	170	12	8.4
200	203	219	8		73	41.0	236	203	221	12	10.8
250	255	273	9		79.5	58.6	287	216	275	16	12.9
300	305	325	10		86	77.7	340	229	327	16	17.3
350	355	377	11		86	99.3	391	229	379	16	18.7
400	404	426	11		86	112.6	441	229	428	16	22.4

表 2-6 热轧无缝钢管规格质量

外径/mm	壁厚/mm					
	7	8	9	10	11	12
	每米质量/(kg/m)					
146	24.00	27.23	30.41	33.54	36.62	39.66
152	25.03	28.41	31.74	35.02	38.25	41.43
159	26.24	29.79	33.29	36.75	40.15	43.50
168	27.79	31.57	35.29	38.97	42.59	46.17
180	29.87	33.93	37.95	41.92	45.85	49.72
194	32.28	36.70	41.06	45.38	49.64	53.86
203	33.83	38.47	43.05	47.59	52.08	56.52
219	36.60	41.63	46.61	51.54	56.43	61.26

续表

外径/mm	壁厚/mm					
	7	8	9	10	11	12
	每米质量/(kg/m)					
245	41.06	46.76	52.38	57.95	63.48	68.95
273	45.92	52.28	58.60	64.86	71.07	77.24
299	—	57.41	64.37	71.27	78.13	84.93
325	—	62.54	70.14	77.86	85.18	92.63
351	—	67.67	75.91	84.10	92.23	100.32
377	—	—	81.68	90.51	99.29	108.02
402	—	—	87.21	96.67	106.06	115.41
426	—	—	92.55	102.59	112.58	122.52
459	—	—	97.87	108.50	119.08	130.61
467	—	—	101.10	112.20	123.15	134.05
480	—	—	104.52	115.90	127.22	139.49

表2-7 焊接钢管规格质量

规格	近似内径/mm	壁厚/mm	外径/mm	每米质量/(kg/m)
100	106	4.00	114.00	10.85
125	131	4.50	140.00	15.04
150	156	4.50	165.00	17.81
200	207	6.00	219.00	31.52
250	259	7.00	273.00	45.92
300	309	8.00	325.00	62.54

表2-8 无缝钢管丝扣拉力

管径		丝扣规格		极限拉力/kN	允许拉力/kN
内径/mm	外径/mm	每英寸扣数	夹角(°)		
150	162	8	60	1330	330
150	166	8	60	2030	510
200	216	8	60	2690	670
250	266	6	60	3340	830
250	268	6	60	3920	980
300	318	6	60	4680	1170
300	320	6	60	5370	1360
350	368	6	60	5450	1360
350	372	6	60	7050	1760
400	418	6	60	6210	1550
400	422	6	60	8040	2010

表2-9 直缝卷焊钢管规格质量

规格	外径/mm	壁厚/mm	每米质量/(kg/m)
150	159	6	22.64
		7	26.24
200	219	6	31.52
		7	36.60
		8	41.63
		9	46.60
250	273	7	45.87
		8	52.28
		9	58.50
300	325	7	54.89
		8	62.54
		9	70.14
		10	77.71
350	377	7	63.87
		8	72.75
400	426	8	82.45
		9	92.50
		10	102.52
450	464	7	78.90
		8	90.00
		9	101.00
500	529	7	90.11
		8	102.80

表2-10 钢制缝丝过滤器技术规格

规格		150	200	250	300	350	400
内径/mm		153	203	255	305	355	404
外径/mm		168	219	373	325	377	426
厚度/mm		7.5	8	9	10	11	11
死头长度/mm	H_1	210	210	210	260	260	260
	H_2	100	100	150	150	150	150
孔径/mm		21	21	21	21	21	21
孔心纵距/mm		47.9	49.1	50.4	51.0	49.3	49.5
孔心横距/mm		22.2	22.2	22.2	22.2	22.2	22.2
每周孔数		11	14	17	20	24	27

续表

规格	150	200	250	300	350	400
每米行数	45	45	45	45	45	45
垫筋尺度（直径）/mm	6	6	6	6	6	6
垫筋根数	11	14	17	20	24	27
挡箍尺度（宽×厚）/（mm×mm）	16×6	20×7.5	20×7.5	20×7.5	20×7.5	20×7.5
缠丝号数	14	14	12	12	12	12
孔隙率（%）	32.5	31.7	30.9	30.5	31.6	31.2
每米质量/（kg/m）	39	49	67	87	110	126

表 2-11 接缝钢管滤水孔眼部分抗拉力

管径		滤水孔眼		抗拉力	
内径/mm	外径/mm	每圈孔眼数	圈孔直径/mm	极限拉力/kN	允许拉力/kN
150	165	10	18	630	160
200	216	12	18	840	210
250	267	12	21	1170	290
300	318	14	21	1490	370

（二）铸铁井管

灰铸铁采用 HT15~33（现 GB 9039—2018 标准）制作。铸造外表面如有皱纹，深度不得大于 3mm；管表面如有裂纹，横裂纹宽度小于 0.5mm 时，可以焊补；纵裂纹不允许裂透，管子两端和内外壁同一部位不允许有裂纹；管子内部沟槽或外表面重皮，其深度不得大于 4mm；管端螺纹上如有气孔，最大直径不得超过 15mm，深度不大于 5mm，数量不超过 2 个，距离必须大于 20mm，如孔径小，按总面积计不得大于 3cm²，不允许成片出现；管壁上小于 50mm 的孔，可以补焊再加工平整；管子内表面允许有不超过高度 4mm 的凸包，超过时必须铲除，但在管端 180mm 范围内不允许出现凸包；管内径偏差不超过 ±3mm，壁厚偏差不超过 ±2.5mm，长度偏差不超过 ±2.0mm，弯曲度不超过 2/1000。

各种铸铁井管及其质量规格如图 2-12、图 2-13 及表 2-12~表 2-14 所示。

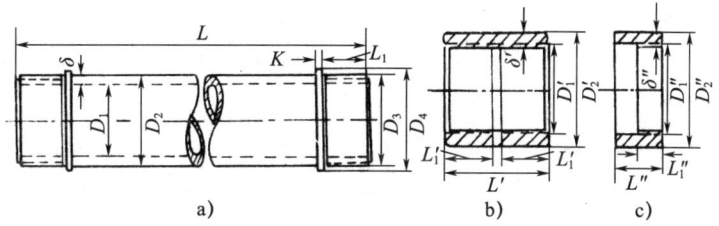

图 2-12 铸铁井壁管

a) 井壁管；b) 井箍；c) 保丝箍

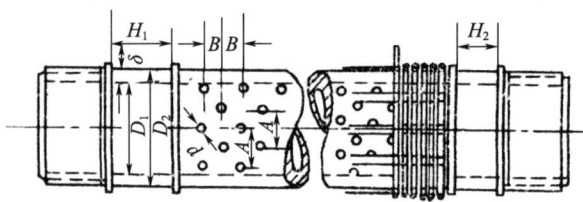

图 2－13 铸铁滤水管

表 2－12 铸铁井管、井箍和保丝箍规格

规格	井壁管							圆挡箍		质量 kg/m
	内径 D_1/ mm	外径 D_2/ mm	壁厚 δ/ mm	管长 L/ mm	丝扣外径 D_3/ mm	丝扣长 L_1/ mm	每25mm长扣数	外径 D_4/ mm	宽 K/ mm	
152	152	172	10	4000	178	55	8	196	15	41
203	203	225	11	4000	231	55	8	253	15	60
254	254	275	11	4000	281	60	8	307	20	74
305	305	329	12	4000	335	70	8	361	20	96
356	356	380	12	4000	390	82	5	418	25	112
406	406	432	13	4000	442	97	5	476	25	138
508	508	536	14	3000	546	110	4	586	25	185

表 2－13 铸铁滤水管技术规格

规格		6	8	10	12	14	16	20
内径/mm		152	203	253	305	356	406	508
外径/mm		172	225	275	329	380	432	536
厚度/mm		10	11	11	12	12	13	14
死头长度/mm	H_1	210	210	210	260	260	260	310
	H_2	100	100	150	150	150	150	150
孔径/mm		21	21	21	21	21	21	21
孔心纵距/mm		60.0	64.2	61.7	64.6	62.8	64.6	64.6
孔心横距/mm		22.5	22.5	22.5	22.5	22.5	22.5	22.5
每周孔数		9	11	14	16	19	21	26
每米行数		44	44	44	44	44	44	44
垫筋尺度（直径）/（mm×mm）		7.5×5	10×6	10×6	10×6	10×6	10×6	10×6
垫筋根数		9	11	14	16	19	21	26
挡箍尺度（宽×厚）/（mm×mm）		16×6	20×9	20×9	20×9	20×9	20×9	20×9
缠丝号数		14	14	12	12	12	12	12
孔隙率（%）		25.6	24.0	24.9	23.8	24.5	23.8	23.9
每米质量/（kg/m）		52	72	90	112	131	151	210

表 2-14 铸铁滤水管孔眼部分抗拉力

管径		滤水孔眼		抗拉力	
内径/mm	外径/mm	每圈孔眼数	圈孔直径/mm	极限拉力/kN	允许拉力/kN
150	172	10	18	540	90
200	222	12	18	740	120
250	273	12	21	980	160
300	326	14	21	1340	220
350	376	21	21	1360	290
400	428	22.5	21	1740	290
500	528	24	21	2330	

（三）塑料井管

1. 聚氯乙烯井管

当前商品供应的塑料井管，主要是硬质聚氯乙烯管，其原料采用无毒聚氯乙烯树脂，加入适量辅助剂，经双螺杆挤压制成。

质量标准：抗拉强度 45MPa，抗压强度 80MPa，工作内压力 0.8MPa，扁平压至外径 1/2 时无裂缝，软化点不小于 7℃。

聚氯乙烯井管规格、物理性能如表 2-15～表 2-17 所示。

表 2-15 聚氯乙烯井管规格

外径/mm	外径公差/mm	轻型		重型	
		壁厚/mm	近似质量/（kg/m）	壁厚/mm	近似质量/（kg/m）
50	±0.4	2.0～2.4	0.45	3.5～4.1	0.77
63	±0.5	2.5～3.0	0.71	4.0～4.8	1.11
75	±0.5	2.5～3.0	0.85	4.0～4.8	1.34
90	±0.7	3.0～3.6	1.23	4.5～5.4	1.81
110	±0.8	3.5～4.2	1.75	5.5～6.6	2.71
125	±1.0	4.0～4.8	2.29	6.0～7.1	3.35
140	±1.0	4.5～5.4	2.88	7.0～8.2	4.38
160	±1.2	5.0～6.0	3.65	8.0～9.4	5.72

表 2-16 聚氯乙烯井管物理性能

项目		指标
密度/（g/cm³）		1.40～1.60
腐蚀度/（g/m²）	HCl、HNO₃ 不超过	±2.0
	H₂SO₄、NaOH 不超过	±1.5

续表

项目		指标
（60±2）℃液压 允许应力130（10N/cm²）		保持1h不破裂、不渗漏
（20±2）℃液压 允许应力350（10N/cm²）		保持1h不破裂、不渗漏
尺寸变化率 （%）	沿长度方向，不超过	±4.0
	沿直径方向，不超过	±2.5
扁平		
丙酮浸泡		

表2-17 聚氯乙烯井管弯曲度

井管外径/mm	32以下	40~200	225以上
弯曲度（对长度比%）	不规定	≤1.0	≤0.5

需要注意的是，聚氯乙烯井管有一较大缺点，就是软化点低，所以要求在储存堆放时，一定要考虑隔热，应放置在阴凉通风处，夏天要严防烈日暴晒。

2. 聚丙烯井管与改性聚丙烯井管

聚丙烯井管物理性能、规格如表2-18、表2-19所示。

表2-18 聚丙烯井管物理性能

项目			指标
密度/（g/cm³）			0.90~0.91
轴向尺寸变化率（%）			$-2.0<L<2.0$
20℃液压试验（瞬时爆破向应力）/MPa			>21.75
0℃落锤冲击能力/J	Ⅰ型	公称外径/mm	50	3
			63	4
			75	5
			90	6
			110	7
	Ⅱ型		50	8
			63	
			75	
			90	
			110	
弯曲度（%）		外径/mm	<110	<2
			>110	<1

表 2–19 聚丙烯井管规格

外径公差/mm	壁厚及公差/mm			近似质量/（kg/m）		
	Ⅰ	Ⅱ	Ⅲ	Ⅰ	Ⅱ	Ⅲ
110±0.8	3.9+0.6	5.7+0.8	7.5+1.0	1.170	1.681	2.173
125±1.0	1.4+0.7	6.5+0.8	8.5+1.1	1.500	2.177	2.799
140±1.0	5.0+0.7	7.3+1.0	9.5+1.2	1.908	2.739	3.505
160±1.2	5.7+0.8	8.3+1.1	10.8+1.3	2.187	3.562	4.559
180±1.4	6.4+0.9	9.4+1.2	12.2+1.5	3.141	4.580	5.789
200±1.5	7.1+1.0	10.4+1.3	13.5+1.6	3.873	5.577	7.118

改性聚丙烯井管物理性能如表 2–20 所示。

表 2–20 改性聚丙烯井管物理性能

密度/（g/cm³）	1.1	
抗拉强度/MPa	23.8	纸卡耐热>150℃
抗弯强度/MPa	25.6	
抗冲击强度	>6（kN·cm）/cm²	20℃

塑料井管连接方式及强度试验如表 2–21 所示。

表 2–21 塑料井管连接方式及强度试验

连接方式	极限拉力		拉坏情况
	拉力/kN	伸长/mm	
平丝扣、梯形粗扣	81	—	夹头处断裂
梯形细扣	17	—	扣拉坏
平丝扣（长65mm）	6.5	1.0	脱扣
异径扣（大头234mm、长65mm）	56	1.6	脱扣
焊接（大头234mm、插入110mm）	58.5	1.6	断开
焊接	45.5	1.9	断开
铆接	22.5	2.6	铆钉剪断

三、井管的适用深度

为了便于选择使用，现将各种类型井管的特点适用范围和在一般松散冲积地层情况下的适宜深度，综合列于表 2–22 中。

表 2–22 各种类型井管的特点适用范围和适宜深度

井管类型	特点	适用范围	适宜深度
钢管	抗拉、抗压、抗挤压强度大，下管工艺比较简单，发生问题易处理；成本较高、抗腐蚀能力差	多用于深井，当水中含氯离子1000mg/L以上和含碳酸氢根的碳酸水时，不宜使用；硬度小的软水和二氧化硫水也有腐蚀作用	>400m

续表

井管类型	特点	适用范围	适宜深度
铸铁管	强度较大,成本较钢管低,抗腐蚀能力较钢管强;但抗拉强度小,质量大,滤水管加工困难,下管也不太方便	中深孔,在含有较高的氯离子和碳酸的水中,其抗腐蚀能力比钢管强	200~400m
水泥管	原料来源广,成本低,制造方便;但质量不稳定,强度较低,下管工艺复杂	浅孔或中深孔,在含有一定数量的二氧化碳和含量超过250~400mg/L的硫酸根以及硬度大的水中不宜使用	托盘法<200m
水泥管			悬吊法<400m
塑料管	质量轻,运输方便,防腐蚀性强,发生化学堵塞也易处理,下管工艺简单;但聚氯乙烯的毒性问题有待更好地解决	用于中深井,抗腐蚀性好,一般适用于各种水质	100~200m

第四节 过 滤 器

过滤器也称过滤管,是构成水井结构的重要组成部分。过滤器一般多在同类井壁管基础上设计和加工而成。但依据不同管井的结构,其结构也大不相同,应结合地层特点合理设计选用过滤器。

一、过滤器设计原则与结构类型

(一) 过滤器的设计原则

1) 过滤器在确保强度的前提下,要具有最大的滤水面积,使进水阻力最小,在入管流速允许范围内,提高单井出水量。

2) 为有效防止涌砂,要求滤水管孔隙尺寸与滤料颗粒直径以及含水层颗粒直径相适应。

3) 过滤器包括滤水管、垫筋、缠丝、包网、滤料,应由耐腐蚀或不易产生沉淀、淤堵和结垢的材料组成,尽可能延长使用年限。

4) 过滤器必须具有合理的强度,并要求制作容易、造价经济。

(二) 过滤器的结构类型

管井过滤器的结构类型繁多,大致可分为填砾过滤器与非填砾过滤器两大类。填砾过滤器优点很多,适用于各种含水层,防砂出水效果好。只有在卵石、砾石松散含水层与基岩破碎带、石灰岩溶洞等含水层,才采用非填砾过滤器。各种过滤器的使用含水层与管材如表2-23所示。

表 2-23　各种过滤器的使用含水层与管材

过滤器结构类型		适用的含水层岩性	适用的管材
填砾过滤器	穿孔过滤器	各种岩性	钢管
	缠丝过滤器		铸铁管
	无砂混凝土过滤器		混凝土管
			无砂混凝土管
	竹笼过滤器		钢筋混凝土管
非填砾过滤器	穿孔过滤器	卵石、砾石层	钢管
	缠丝过滤器	粗砂、卵石、砾石	铸铁管
			钢筋混凝土管

二、过滤器设计

(一) 非填砾过滤器

1. 穿孔过滤器

(1) 圆孔过滤器

所有的井管均适宜加工成这种形式的过滤器，不过其成型的方法与管材性质的不同而异。混凝土和钢筋混凝土的孔眼，只能在浇筑成型时用专门的管模预留；其余均可钻孔。孔眼的直径应随含水层的粒度大小而定，可按式 (2-7) 估算：

$$d \leqslant \beta d_{50} \tag{2-7}$$

式中，d 为圆孔眼的直径 (mm)，如 d 的计算值超过 2mm，则以该值为极限值；d_{50} 为过筛累积质量为 50% 时，含水层砂样的最大粒径 (mm)；β 为倍比系数，其值可取 3~4。

一般圆孔过滤器孔眼在井管壁上多按梅花形排列布置，如图 2-14 所示。小管径通常按等腰三角形布置，大管径则按等边三角形布置。

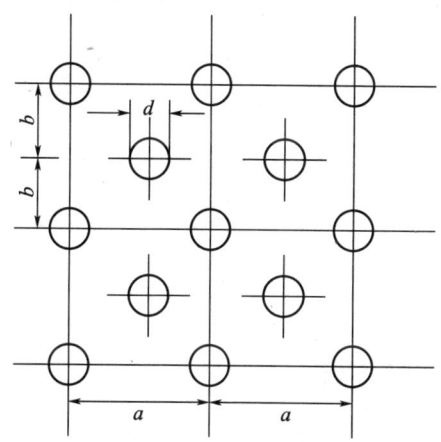

图 2-14　圆孔过滤器孔眼布置图 (展开)

等腰三角形要求：

水平孔距 $\qquad a=(3\sim5)d \qquad (2-8)$

垂直孔 $\qquad b=\dfrac{2}{3}a \qquad (2-9)$

等边三角形，水平孔距与上同，其垂直孔距为：

$$b=\sqrt{3}a/2 \qquad (2-10)$$

圆孔在过滤器上的开孔率，可用式（2-11）计算：

$$p=\dfrac{\pi d^2}{4ab} \qquad (2-11)$$

圆孔过滤器的优点是简单易行，其缺点则是易于被堵塞和阻力较大，同时对管材强度的影响也较大，故对提高其开孔率有一定限制。为了不使强度降低过多，对于不同管材的圆孔过滤器，其开孔率便随之有所不同。不同管材圆孔过滤器开孔率的大小在设计时可参考表2-24所列值。

表2-24 不同管材圆孔过滤器的参考开孔率

管材类别	钢管	铸铁管	塑料管	石棉水泥管	钢筋混凝土管	混凝土管
开孔率（%）	30~32	20~22	17~20	15~17	15~18	10~15

（2）条孔过滤器

条孔过滤器成型方法也与管材的性质有关。钢管可由烧割、刻磨或冲压而成；混凝土和钢筋混凝土管，是由特制管模预留而成；塑料和石棉水泥管多用合适砂轮刻磨而成。

条孔的优点是基本可以克服圆孔的缺点，故得到广泛的应用。由于其开孔率可较圆孔提高，特别是对混凝土和钢筋混凝土井管两种管材，因而大有逐步代替圆孔之势。条孔在过滤器上的布置形式可分为垂直式和水平式两种，如图2-15所示，其中以水平式较佳，但形成工艺较复杂。对于不同管材条孔过滤器的参考开孔率，如表2-25所示。

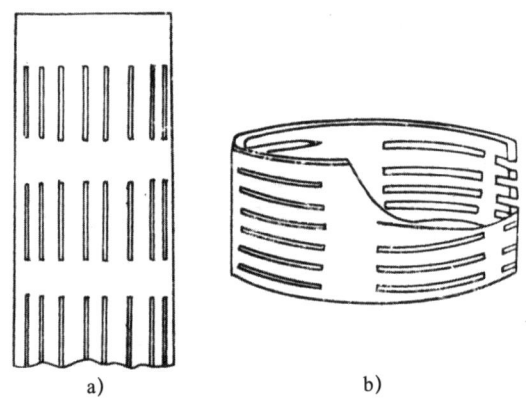

图2-15 条孔过滤器示意

a）垂直式；b）水平式

表 2-25　不同管材条孔过滤器的参考开孔率

管材类别	钢管	铸铁管	塑料管	石棉水泥管	钢筋混凝土管	混凝土管
开孔率（%）	30~35	22~25	20~22	17~20	17~20	12~17

条孔的布置展开图及其几何尺寸，可如图 2-16 所示并参考下列经验公式估算。

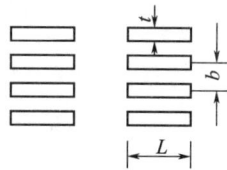

图 2-16　条孔布置展开图

条孔宽度 $\qquad t = (1.5 \sim 2.0) d_{50}$ 　　　　　　(2-12)

条孔长度 $\qquad L = (8 \sim 10) t$ 　　　　　　(2-13)

条孔间距 $\qquad b = (3 \sim 5) t$ 　　　　　　(2-14)

按式（2-12）计算得条孔宽度 t，当大于 10mm 时，则以 10mm 为条孔宽度极限。同样，间距也不宜超过 20~25mm。水平条孔一般多按带状布置，中间留出来开孔的"支柱"，以防过多地减弱过滤器的强度。垂直式的条孔，既可按环形带状布置，也可交错均匀布置，但后者对井管强度影响较小。

需要指出的是，穿孔式过滤器的强度总有一定程度的降低，因而在井管强度的设计或校核中，为安全计，常以穿孔管为校核对象，对强度高的井管多是如此考虑的。而对强度低的混凝土和钢筋混凝土穿孔管，则需要加强混凝土的标号和增加钢筋，以使其强度与井壁管相同。

2. 缠丝过滤器

（1）钢筋骨架缠丝过滤器

钢筋骨架缠丝过滤器如图 2-17 所示，它是由钢筋骨架（犹如内芯）和缠绕在其外周的线材构成的滤水缝隙。

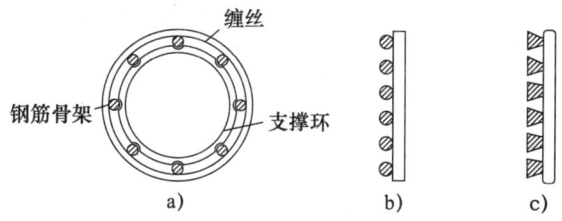

图 2-17　钢筋骨架缠丝过滤器示意

a）水平剖面；b）圆形缠丝；c）梯形缠丝

钢筋骨架由一组直径 8~10mm 和长 3~4m 的钢筋组成，两端均焊在长 250~300mm 的钢管段上。为使钢筋平直成围栅状，在其中间应每隔 400~500mm 加一道支撑环。缠丝可用直径2~3mm的镀锌铁丝（不锈钢丝最佳）或玻璃纤维增强聚乙烯丝。缠丝的截面以梯形者较理想，因可形成内大外小的"V"形通道，这样不仅可减小阻力且不易被堵塞。缠丝必须点焊在钢筋支架上，于是便可将钢筋与缠丝构成整体，又使强度大增。关于缠丝缝隙的宽度，可按式（2-15）计算。如按不同含水层岩性细分，则有：

均匀含水层 $\qquad t = (1.0 \sim 1.5)\, d_{50}$ （2-15）

非均匀含水层 $\qquad t = d_{30} \sim d_{40}$ （2-16）

式中，d_{30}、d_{40} 是含水层砂样过筛累积质量为30%、40%时的最大粒径（mm）。

钢筋骨架缠丝过滤器的孔隙率（犹如穿孔管的开孔率），可参照图2-18的结构关系，按式（2-17）计算：

$$p_1 = \left(1 - \frac{d_1}{m_1}\right)\left(1 - \frac{d_2}{m_2}\right) \qquad (2-17)$$

式中，p_1 为钢筋骨架缠丝过滤器的孔隙率（%）；d_1 为垫筋的直径（mm）；m_1 为垫筋中心距离（mm）；d_2 为缠丝的直径（mm）；m_2 为缠丝中心距离（mm）。

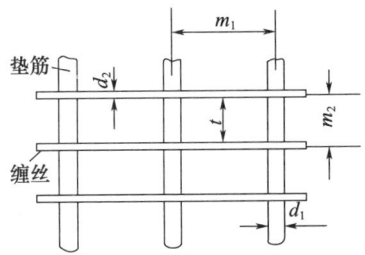

图2-18 钢筋骨架缠丝过滤器的割离体（展开）

钢筋骨架缠丝过滤器的技术规格，参照图2-19的整体结构列于表2-26中。

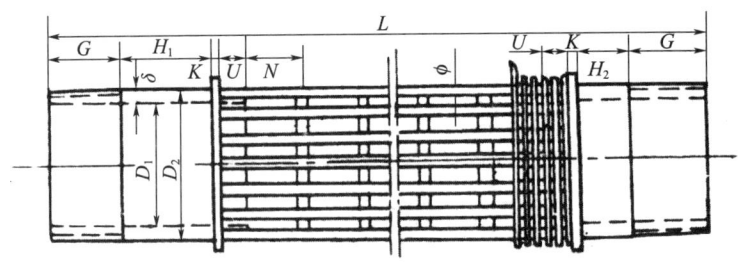

图2-19 钢筋骨架缠丝过滤器整体结构示意

表2-26 钢筋骨架缠丝过滤器技术规格

公称规格	6	8	10	12	14	16	18	20	22	24
内径 d_1/mm	153	203	255	305	355	404	426	505	558	608
外径 d_2/mm	168	219	273	325	377	426	450	529	582	632
壁厚 δ/mm	7.5	8	9	10	11	11	12	12	12	12
管长 L/mm	5000	5000	5000	5000	5000	5000	4000	4000	4000	4000

续表

公称规格		6	8	10	12	14	16	18	20	22	24
丝扣长 G/mm		66.5	73	79.5	86	86	86	86	86	86	86
每25mm 扣数		8	8	6	6	6	6	6	6	6	6
死头长度/mm	H_1	210	210	210	260	260	260	260	260	260	260
	H_2	154	152	150	153	153	153	153	153	153	153
内环间距 N/mm		297	296	295	289	289	289	300	300	300	300
内环直径 ϕ/mm		18	18	18	18	18	18	18	18	21	21
钢筋骨架直径 ϕ/mm		16	16	16	16	16	16	16	16	16	16
钢筋骨架根数		12	18	22	25	28	32	36	40	45	48
外挡箍直径 K/mm		18	18	18	18	18	18	18	18	18	18
缠丝号数		14	14	12	12	12	12	12	12	12	12
每米质量/(kg/m)		40	43.6	54.9	61.9	72.8	78.5	87	96	109.3	110.6

(2) 穿孔管缠丝过滤器

穿孔管缠丝过滤器与前面所述相似,只是将钢筋骨架改为穿孔管,如图2-20所示。为了架起缠丝使其充分发挥滤水作用,必须沿穿孔管外周,每隔50~70mm 支垫直径8~10mm 的纵向垫条(又称垫筋)。缠丝要求与前面相同,骨架管可采用圆孔式或条孔式穿孔管,但其孔眼的规格并不是根据含水层的粒度而定,而是按材料强度、进水均匀和减小进水阻力来定。圆孔直径可视过滤器的直径大小确定,一般可取直径15~20mm;条孔宽度可取10~30mm,长度为100~300mm。其开孔率与穿孔式过滤器要求相同。

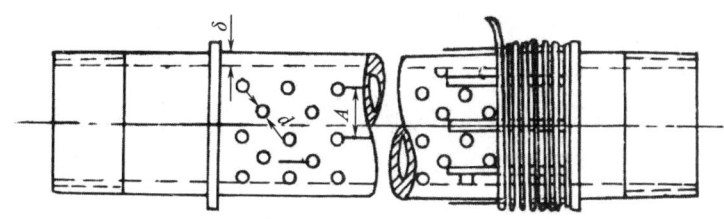

图2-20 穿孔管缠丝过滤器示意

对于钢筋混凝土穿孔管,如图2-21所示,其垫条可在穿孔管成型时,便与穿孔管浇筑在一起。这样既减少了工序,又可加强穿孔管的强度。

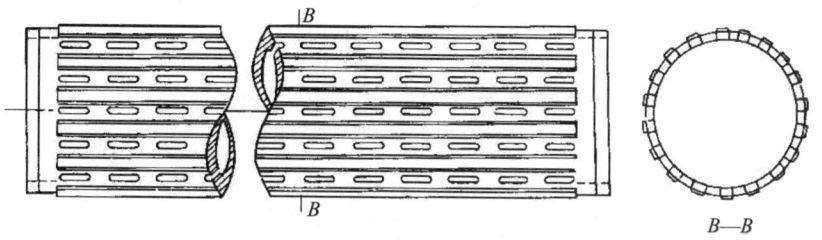

图2-21 钢筋混凝土穿孔管示意

(二) 填砾过滤器

由于人工滤料要比天然形成的滤水层均匀，且与含水层配合得当。不仅能有效地防止涌砂，还能增大管井的出水量。故在成井中，只要有合适的料源，对于各种含水层均可采用填砾类过滤器。填砾过滤器如图 2-22 所示。

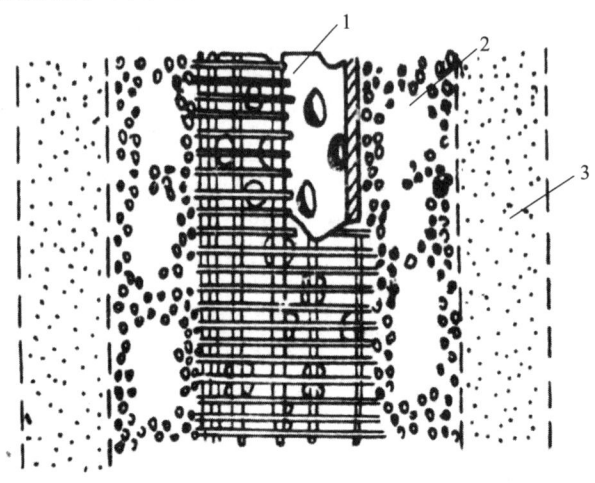

图 2-22 填砾过滤器示意
1—骨架管；2—砂砾滤料；3—含水层

1. 穿孔过滤器

不同材料的井壁管，均宜加工成圆孔或条孔的过滤器。圆孔或条孔尺寸与非填砾过滤器基本相同。所不同的，为圆孔、条孔尺寸不是由含水层的粒度确定，而是根据滤料的粒度、进入阻力小等因素确定。极限尺寸同非填砾过滤器的穿孔过滤器。

目前常用的为圆孔或条孔混凝土管填砾过滤器。在有细、粉砂的含水层地区，穿孔管外大都包一层尼龙网，以防止流砂入井。常用尼龙滤网规格，如图 2-23 及表 2-27 所示。

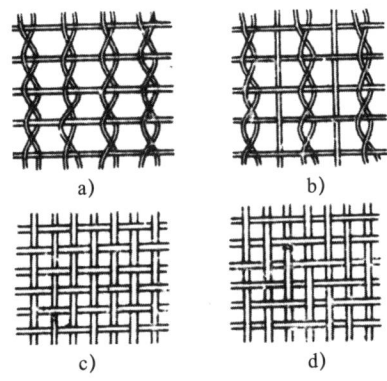

图 2-23 尼龙滤网规格示意
a) 全绞纱组织；b) 半绞纱组织；c) 平纹组织；d) 方平组织

表 2-27　常用尼龙滤网规格

类型	型号	孔宽近似值/mm	有效筛滤面积（%）
全绞纱组织	JQ19	0.345	42.96
	JQ20	0.322	41.36
	JQ21	0.303	41.48
	JQ22	0.294	41.87
	JQ23	0.278	40.88
	JQ24	0.266	40.61
	JQ25	0.255	40.75
平纹组织	JP20	0.285	32.48
	JP28	0.197	30.35
	JP32	0.202	41.76
	JP40	0.143	32.48
	JP48	0.122	34.33
	JP56	0.120	45.14
	JP64	0.097	38.93
	JP72	0.091	43.01
方平组织	JF30	0.216	41.98
	JF33	0.185	37.25
	JF36	0.159	32.90
	JF46	0.121	30.65
	JF50	0.103	26.50
	JF54	0.101	29.37

2. 缠丝过滤器

缠丝过滤器有钢筋骨架缠丝过滤器与穿孔管缠丝过滤器两类，其结构均与非填砾缠丝过滤器相同。不同的是，缠丝间隙不是由含水层的粒度决定，而是应等于或略小于滤料粒径的下限。考虑到缠丝的强度，最大间隙不大于 5mm，且随着间隙增大的同时，必须加大缠丝直径。目前常用的有圆孔或条孔金属管（钢管、铸铁管）、钢筋混凝土管填砾过滤器。

缠丝过滤器的孔隙率，与非填砾缠丝过滤器的计算公式相同。圆孔、条孔尺寸也与非填砾过滤器相同。

缠丝材料多用镀锌铅丝，但易腐蚀，寿命在 3~7 年。目前，推广使用聚乙烯尼龙丝围缠，直径为 1~3mm，孔隙率可达 25%~35%。缠丝过滤器有关资料如表 2-28 及表 2-29 所示。

表2-28 填入砾石和过滤器缠丝间隙的规格

含水层分类	筛分结果	填入砾石直径/mm	过滤器缠丝间隙/mm
砾石	颗粒>2.25mm，占85%~90%	10~13	5
砾砂	颗粒>1.00mm，占80%~85%	7.5~10	5
粗砂	颗粒>0.75mm，占70%~80%	6~7.5	5
粗砂	颗粒>0.50mm，占70%~80%	5~5	4
中砂	颗粒>0.40mm，占60%~70%	3~4	2.5
中砂	颗粒>0.30mm，占60%~70%	2.5~3	2
中砂	颗粒>0.25mm，占60%~70%	2~2.5	1.5
细砂	颗粒>0.20mm，占50%~60%	1.5~2	1
细砂	颗粒>0.15mm，占50%~60%	1~1.5	0.75

表2-29 缠丝孔隙率

缠丝间距/mm	缠丝直径/mm		
	2.0	3.0	4.0
0.75	27%	20%	15%
1.0	33%	25%	20%
1.5	43%	33%	27%
2.0	50%	40%	33%
3.0	60%	50%	43%
4.0	66%	57%	50%
5.0	71%	62%	55%

3. 竹笼过滤器

竹笼过滤器与缠丝过滤器相似，只是以编竹笼代替了缠丝，如图2-24所示。

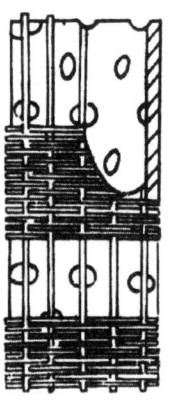

图2-24 竹笼过滤器示意

竹笼过滤器骨架管的开孔率和外径的确定，与穿孔管缠丝过滤器基本相同。有些地方因怕竹笼断折后滤料进入井内，或以防中、细粒度的含水层可能会发生的涌砂，在竹笼外圈再包一层尼龙滤网。

竹垫条为 30mm×20mm（宽×厚），其间距应大于纵条间距。竹笼纵条为 10mm×5mm（宽×厚），每两个条孔之间设纵条 1~2 条。横篾为 5mm×2mm（宽×厚）。

竹笼的进水缝隙有水平缝和斜缝，其宽度最大不宜超过 5mm，以保持竹笼的整体性和严密性，所用竹材必须选用生长三年以上的大毛竹破劈成所需规格，绝不能采用嫩细吊竹。竹笼包网所采用的尼龙滤网，其规格按滤料粒径下限选用。竹笼过滤器为近年来发展，河北、陕西等生产实践中效果很好。

4. 桥式过滤器

桥式过滤器由钢管冲压（或钢板冲压焊接）而成，冲出壁外呈"桥状"，立缝为开孔。特点是有较大的径向抗压强度；有效地阻挡含水层（填砾过滤器为滤料）颗粒进入井中；有效阻挡地下水流方向，增加渗透路径，减少地下水流速；根据含水层颗粒直径大小"桥孔"规格，可不包网，施工方便。

立缝宽度一般为 1.5~2.0mm，阻挡外层颗粒直径 d_{90}（最大颗粒的 90% 应大于 1.5~2.0mm），最大不超过缝宽的 3 倍。超过时，可加大立缝宽度的设计。桥式过滤器规格如表 2-30 所示。

表 2-30 桥式过滤器规格

规格项目	100	200	250	300	350	400
壁厚/mm	2~3	2~4	2~4	3~5	4~5	4~6
外径/mm	104~106	204~208	254~258	306~310	358~360	408~412
单节长/mm	500	500	500	500	500	500
节长/mm	5000	5000	5000	5000	5000	5000
缝宽/mm	1~1.5	1~1.5	1~1.5	1~1.5	1~1.5	1~1.5
缝长/mm	20	20	20	20	20	20
开孔率（%）	16~23	16~23	16~23	16~23	16~23	16~23
抗拉力/（N/mm²）	≥63	≥63	≥46	≥74	≥62	≥78
抗压强度/MPa	8~10	4~8	3~6	4~6	4~6	4~6

三、滤料（填砾）设计

填入过滤器外与含水层之间的砾石或粗砂通称填砾，对建井材料而言称为滤料。对填砾过滤器，滤料是关键。

（一）滤料的作用

1）对均质细砂含水层，围填滤料可采用孔（缝）隙较大的滤水管，以解决滤水管加工的困难。

2）钻孔中如有"崩节洞"存在，围填滤料可防止井壁坍塌挤坏井管。

3) 对于厚层承压含水层且泵位较高的深井，可采用变径，上部按泵体要求开孔，下部为小孔下细管，再围填滤料，比采用同管径便宜。

4) 结构松散的含水层，为防止剥落的细砂粒入井淤埋，围填滤料可以消除。

5) 在厚、薄层，粗、细、粒含水层交互存在时，如按某一砂层粒径设计滤水管孔（缝）隙，很难准确而相对应，可按细粒含水层设计围填滤料，这样仍不影响粗粒含水层过水能力。

（二）滤料的粒径

滤料的平均粒径可按下式计算选定：

$$D_p = Md_{50} \text{ 或 } D_{50} = Md_{50} \tag{2-18}$$

式中，D_p 为滤料的平均粒径，近似等于滤料的 D_{50}；D_{50} 为滤料过筛累计质量为50%时的最大颗粒直径；M 为倍比系数或称填含比，为滤料的 D_{50} 与含水层的 d_{50} 之比值，即 $M = D_{50}/d_{50}$；d_{50} 为含水层砂粒过筛累计质量为50%时的最大颗粒直径。

倍比系数 M 值，与含水层粒度大小、均匀系数、滤料的几何形状、围填厚度、设计要求井水中含砂量以及管井的工作条件等因素密切相关。因而，M 值绝不是一个简单的比值系数。

（三）填滤的厚度

为了保证填砾过滤器能经常有效地工作，必须有一定的填砾厚度，滤料厚度一般为 150~230mm。如果太薄，滤水管的周围就可能出现若干空洞而造成后患；如果太厚，会造成洗井困难。

（四）填滤的高度

填砾多由人工回填规格滤料，往往很难填实，因此为补充在洗井和抽水试验过程中，滤料沉实下移，要求适当增加填砾高度，一般要求过滤器的上端多填8m以上。为了防止过滤器下端涌砂，多在下端填滤料2m以上。对于含水层埋深仅数米者，则应视具体情况而定，井口处需留1.5~2m不填滤料。

（五）滤料的质量要求

作为滤料的砾石，必须质地坚硬，磨圆度好，具有较好的渗透力和阻挡砂粒的能力，不易因化学作用而遭到腐蚀破坏。尽可能选用石英砂砾石，长石次之。如必须采用石灰石，则应采用硅质含量高者。

第五节　井管外部封闭

在管井结构中，对井管外壁与井孔壁之间环状间隙的滤料围填和封闭隔离材料的填充，也是水井结构的重要组成部分。井管外部的封闭，绝非简单地填充空间，其目的应包括：①防止地表污水沿井管外渗入含水层中，从而使井水受到污染；②隔离水质不良和不计划开采的含水层（包括水压过低者），以防井水水质被恶化或开采含水层的水压和水量减小；③防止高压自流含水层的水可能沿井管外涌至地表。

一、常用的封闭材料

根据管井的封闭部位和重要性的不同，目前常用的封闭材料有下列几种。

（一）黏土块

宜采用天然无杂质具高塑性的优质黏土，其含砂量（粒径大于0.05mm）不应大于5%。施工填充前，黏土块的直径最大不应超过50mm，含水量为20%左右。黏土块适宜用于低压的承压含水层或无压的潜水含水层管井的井口部分，滤料层顶端至井口部分，或其他要求封闭程度较低的部分。

（二）黏土球

采用上述黏土，经人工浸泡拌和，视井管间隔的宽度制成直径为25~30mm的球形，阴干含水量至20%时使用。在使用前应取井孔泥浆做崩解时间试验。一般黏土球的合适崩解时间，约为黏土球由井口投下到沉至预定位置所需的时间加0.5h。其在泥浆中下沉的速度可用式（2-19）估算：

$$v = K\sqrt{\frac{\delta(\gamma - \gamma_1)}{\gamma_1}} \qquad (2-19)$$

式中，v 为黏土球下沉的速度（cm/s）；K 为黏土球的形状和大小系数，近似球形者其值变化在35~40；δ 为黏土球的直径（cm）；γ_1 为泥浆重度，采用井孔上下取样的平均值（N）；γ 为黏土球的重度（N）。

因考虑黏土球崩解沉实后，其体积必然缩小，故黏土球制作量应为设计量的125%。

（三）水泥浆和水泥砂浆

用于隔离需要严密封闭的含水层或有特殊封闭要求的其他岩层，则应采用水泥浆和水泥砂浆封闭。

1. 水泥浆

一般多用325~425号普通硅酸盐水泥或其他水泥，加适量的水配成合适的水泥浆。一般一纸袋（50kg）水泥应加水量，可用式（2-20）估算：

$$W = \frac{50 - 0.15873 v_c}{\dfrac{v_c - 1000 v_\omega}{v_\omega}} \qquad (2-20)$$

式中，W 为一纸袋水泥应加的水量（kg）；v_c 为设计水泥浆的容重（kg/m³），一般多采用 2000~2100kg/m³；v_ω 为清水的容重，近似取 1000kg/m³。50 为一袋水泥的质量（kg）；0.015873 为一袋水泥的体积（m³）。

配制 1m³ 水泥浆所需水泥的用量，可用式（2-21）计算：

$$C = \frac{v_g (v_c - v_\omega)}{v_g - v_\omega} \qquad (2-21)$$

式中，C 为配制 1m³ 水泥浆所需要的水泥用量（kg）；v_g 为 1m³ 的水泥质量（kg/m³），约为 3150kg/m³。

有时为了利于泥浆泵输送水泥浆，可在水泥浆中加入相当于水泥质量 1/10 的石灰，为了加速水泥浆凝固，还可在水泥浆中掺加 1%~2% 的氯化钙。

2. 水泥砂浆

如果空间较大，为了节约水泥用量，则可采用水泥砂浆。因为水泥砂浆常用提桶法注入管外空间，提桶示意如图 2-25 所示，所以配制得比泥浆要稠一些。通常配方可参考水泥、纯水、纯细砂按照 1:1:(0.4~0.5) 的比例配制。

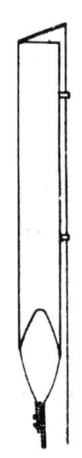

图 2-25 提桶示意

（四）棕头

对于高压自流水含水层，仅采用上述封闭材料，很难达到封闭目的。因此须采用如图 2-26 所示的特制棕头，视压力的大小可加一至数层，在其上再注入泥浆或水泥砂浆。棕头的结构是在井管的计划位置处，焊有一直径小于井孔直径 50mm 的钢钣托盘和绑扎棕头的吊环。盘上的棕头由棕片按长短逐层搭放，并依次用 3~4mm 的镀锌铁丝捆扎，最后再与吊环牢绑在一起。

如果材料方便，棕头改用优质半干海带制作，因经水泡胀后，其体积可增至原体积的 2~3 倍，且经久不腐，其封闭效果更佳。

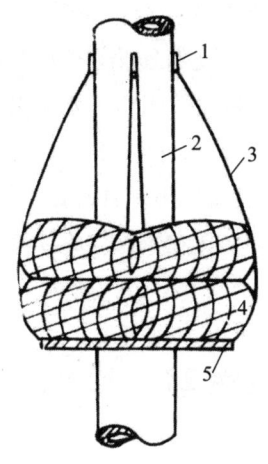

图 2-26 棕头结构示意
1—铁环；2—井管；3—铅丝；4—棕头；5—底托盘

二、封闭结构设计

（一）无压（潜水）和低压承压含水层

对于无压或低压含水层管井的井管外部空间的封闭，应根据不同情况和要求，采用不同的封闭措施。

1) 当管井开采仅为一整层含水层（组），滤料层连续填至含水层以上 8m 后，其上至井口的井柱段，没有需要严密隔离的岩层。对此情况，一般只要采用优质黏土块，一直填充到井口，便可达到封闭的要求。

2) 如开采的含水层在两层以上，且层间相隔距离较长，含水层的粒度相差较大，其所填滤料的粒度也相应不同。对于这种情况，应在两种滤料之间，填充以黏土块或黏土球。在上层滤料层之顶上，再填充以黏土块直至井口。

3) 如有被污染的含水层（多为距地表近的潜水含水层），或有碱苦含水层和不计划开采的含水层，需要严密封闭隔离时，则必须采用黏土球封闭。黏土球对应被隔离的含水层的层下，不少于 3~5m；层顶应高出不少于 8~15m（指黏土球崩解沉实后的尺寸）。对于饮水井或对水质有特别要求的用水井，则应换用水泥浆或水泥砂浆封闭。为了节约材料降低管井造价，其上段至井口仍应采用黏土块封闭。

4) 在井口部分，还应在井管周围挖一半径不小于 1~1.5m 和深 1.5m 的坑，再分层夯实回填黏土或灰土。在其面上再铺以厚 15~20cm 的混凝土。

（二）高压（自流）含水层

对高压含水层，尤其是水压较高（特别在开采初期），常会喷出地表成为自流井。

对未喷出地面者,其封闭措施与低压者相近。而喷出地表者,一要防止井水被地表污物污染;二要隔离有害含水层;三要隔离压力低的含水层,以防反补给,从而减小了水压和井的出水量;四要防止井管闸阀关闭后,水从井管外涌出地表。

对于这种情况,其封闭措施应视地下水喷出压力的大小,在最上含水层的顶部,采用 1~3 层棕头和水泥浆或水泥砂浆封闭,其高度不应少于 15m。井口周围浇筑的混凝土层应加厚至 25~30cm。为了控制和调节井的自喷量,在井管上口应安装合适的闸阀。

第六节 管井堵塞、腐蚀和结垢的预防

管井寿命短的原因大致可分为:过滤器堵塞、井壁管与过滤器腐蚀以及过滤器结垢等数种。有的是单因素的,有的则是数种原因共同造成的。在设计中应采取堵塞、腐蚀和结垢的预防措施及方法。

一、过滤器堵塞的预防

构成管井过滤器堵塞的原因很多也很复杂,特别在松散细粒度含水层中。使过滤器绝对不产生堵塞,是不可能的。但可以尽可能地针对产生的原因和机理,给予合理的设计、施工和管理,可使其在使用期限内,减轻至最小程度。过滤器被堵塞的原因,大致可以分为下列几个方面。

(一) 机械堵塞预防

所谓机械堵塞,即物理堵塞,是含水层的砂粒淤堵于过滤器的孔眼、缝隙或滤料的孔隙中所致。这主要是过滤器结构设计不当造成的。其预防的措施有以下几种。

1) 设计管井的过滤器时,必须要有该井或是相距最近、具代表性的含水层砂样筛分资料,绝不能按区域宏观的资料设计。如确无资料,则须先建勘探井或探采结合井,待取得准确资料后,再行成批设计。

2) 在为了避免滤料入井必须包网时,应选合格的滤网。条孔或缝式穿孔过滤器比圆孔式穿孔过滤器防堵塞效果好。

3) 过滤器的缝隙率、开孔率和孔隙率,在设计时宜在材料强度允许的前提下尽量提高。经验表明,过滤器的有效开孔率越大,则其使用寿命越长,且出水量大而稳定。

4) 过滤器的滤水面积或其直径的确定,既要考虑含水层颗粒大小情况,还要考虑在使用一段时间后,因各种原因而减小滤水面积和有效开孔率后的情况。

5) 缠丝以梯形截面较佳,因可构成内大外小的"V"形滤水缝隙断面,会使砂粒不易被卡住。

6) 缠丝一定要用锡焊或用树脂粘在垫条上,以防错位或受挤压而遮蔽住骨架管的

进水孔眼。

7)不论穿孔管的孔眼为圆孔还是条孔,均应检查进水口断面,并使之表面光滑,不仅可减小进水阻力,还可减少结垢。

8)管井的设计开采量绝对不能超过管井的合理最大开采量或超越井孔的渗透流速。如果超过合理降深则会使大量泥砂侵入滤料孔隙,从而产生涌砂,涌砂会被水中钙质沉淀物胶结在一起,堵塞过滤器。

(二)化学堵塞预防

当地下水的总硬度超过 330mg/L,总碱度超过 300mg/L,总铁含量超过 2mg/L,pH 值大于 8.0 时,便会在过滤器的周围使其沉淀为胶结物层,甚至形成胶结带。由于井中抽水形成井周围压力不平衡,特别在靠近过滤器周围压力减小更大,致使水中溶解的气体如二氧化碳、氧气和硫化氢等的平衡遭破坏后,其中一部分盐类便要沉淀下来。尤其是碳酸盐与硅酸盐类和多氧化亚铁显得更为突出,可使过滤器周围形成不透水的胶结物,且常与滤料黏结在一起。故在设计中,一定要根据地下水的化学成分进行,且要限制井的出水量。

如地下水中含有铁的化合物,如碳酸氢亚铁、硫酸铁和腐殖酸铁等,则会有铁细菌和硫细菌的繁殖。铁细菌摄食亚铁盐类作为食物,使其加工转换为氢氧化铁。一般酸性水(pH 值<7)适于铁细菌大量繁殖。铁细菌常和硫细菌及孢子型细菌共生在一起,可使溶解的铁、镁等氧化而沉淀。在随水流进入井中时,而被吸附在过滤器的孔(缝)和周围滤料中,并使之胶结而形成浅红色的沉淀物,从而堵塞过滤器的滤水孔隙。

对于总硬度和含铁量很高的地下水,要完全避免是比较困难的,只能减轻其沉淀胶结堵塞。因而在设计中,必须根据水质化验资料,明确提出定期清洗的时间、方法和化学药物与参考使用剂量等条件。

(三)电化学堵塞预防

因地下水中常含有各种溶解盐类和气体,特别对高矿化度地下水,在某种程度上是一种天然的电解液。于是在采用金属井管的管井中,就很容易产生电化学腐蚀(电解)作用。例如,铜为阴极而铁为阳极,便可在钢管和铜滤网之间产生电解电场,铁离子则被吸附在铜滤网上。这样便造成铜滤网被堵塞而钢管被腐蚀破坏。如水中含氧量高时,更会加速电化学堵塞与腐蚀过程。

为避免电化学堵塞的产生,对开采高矿化度地下水时,在中、浅管井的情况下,应尽可能采用非金属井壁管和过滤器材料。在深管井中,必须采用金属井管时,则应对井管做渗碳处理或涂以结合防腐的绝缘涂料。如有条件也可采用不锈钢丝或尼龙丝缠丝。

(四) 生物化学、电化学和水化学综合作用堵塞预防

这种堵塞作用很复杂，也很难截然分开孰重孰轻，但其堵塞速度，往往与井的使用情况有关。如为经常连续使用的供水管井，其新沉淀物便会被冲刷掉一部分，即可以减缓堵塞速度。

为减弱这种堵塞，在设计中应明确指出，管井在长期停止抽水期间，应每隔15~20天向井中投入少量盐酸，并隔1~2个月（最长一季度）抽水一次，每次抽水时间不应少于4h。

二、井壁管和过滤器腐蚀的预防

一般井壁管和过滤器的被腐蚀情况，大致可以分为两种：一种是咸水或高矿化度的强侵蚀性水的腐蚀；另一种是通常的化学和电化学的腐蚀。

(一) 强侵蚀性水的腐蚀预防

在强侵蚀性的地下水中，一般含氯根离子和硫酸根离子过高，常可达2000mg/L以上，因而其腐蚀性相当强。如果在设计时，对井壁管和制作过滤器选用不当，则管井在建成后会在很短时期内遭到腐蚀破坏。针对这种情况，在设计时一定要注意选用抗腐蚀的井管材料。

1. 过滤器缠丝的防腐蚀

当过滤器采用缠丝缝式类时，其所用的缠丝多为12~14号镀锌低碳钢丝。镀锌固然可以起到一定的防腐作用，但其镀锌皮厚度有限，很易在缠绕和运输过程中被碰伤。在非侵蚀性的水中，其使用寿命尚较长，好者可达20~30年之久。但在侵蚀性的水中，尤其在强侵蚀性水中，常只可耐数年；短者仅1~2年即被损坏。在侵蚀性的地下水中，适宜的缠丝材料，如表2-31所示。

表2-31 侵蚀性水中适宜的缠丝材料

地下水类型		适宜的缠丝材料
名称	化学成分	
侵蚀性水	1. 总含盐量超过1000mg/L 2. 氯根离子含量超过500mL 3. CO_2含量超过500mL 4. 水中含有H_2S 5. 水中含有溶解性氧 6. pH值<6.5	1. 玻璃纤维增加聚乙烯丝 2. 黄铜丝 3. 不锈钢丝 4. 编竹笼
强侵蚀性水	1. 总含盐量超过2000g/mL 2. 氯根离子含量超过1000mL	1. 玻璃纤维增加聚乙烯丝 2. 不锈钢丝 3. 编竹笼

2. 井管的防腐蚀

在强侵蚀性地下水中，其井壁管和过滤器骨架穿孔管，如其抗腐蚀能力差，在长期的侵蚀作用下，井壁管便会在薄弱处产生漏洞，致使咸水入侵井水水质变坏，也会使穿孔管孔眼扩大，严重者影响强度而破折。在不同侵蚀性的地下水中，适宜的井管材料，如表 2-32 所示。

表 2-32　不同侵蚀性地下水适宜的井管材料

安装井管的水环境	适宜选用的井管材料
侵蚀性水	1. 塑料井管 2. 石棉水泥井管 3. 水泥井管
强侵蚀性水	4. 渗碳钢井管 5. 涂料钢井管 6. 玻璃钢井管

（二）化学和电化学腐蚀预防

当水中含有 CO_2、O_2、H_2S、HCl、Cl_2 和 H_2SO_4 等成分时，过滤器和井壁管可能因其含量的多少，而产生不同程度的腐蚀（剥蚀）。

1. 化学腐蚀的预防

1）含有大量 CO_2 的酸性水，对一般镀锌铁丝缠丝和青铜丝缠丝过滤器腐蚀很快，而同时又可使碳酸钙在过滤器上大量结垢。对于这种地下水只宜采用不锈钢丝、玻璃纤维增强聚乙烯丝和编竹笼。

2）含 H_2S 较多的地下水中，只能采用非金属丝或不锈钢丝作为缠丝材料。

3）其他酸根离子含量高的水，使 pH 值 <7 而呈酸性水，对过滤器和井管的腐蚀是很明显的。

2. 电化学腐蚀的预防

电化学腐蚀是和电化学沉积堵塞同时发生的，一般是阴极引起腐蚀物的沉积，而阳极则是被腐蚀，其腐蚀物多是 $Fe(OH)_2$ 或 Fe_2O_3。

三、过滤器结垢的预防

管井由于抽水而引起含水层中压力的降低，越靠近井管也越明显，从而使地下水中某些溶解盐类的溶解度减弱而造成沉淀，常见者有 $Ca(HCO_3)_2$、$Fe(HCO_3)_2$、$Mn(HCO_3)_2$ 和 $Mg(HCO_3)_2$ 等。对于不论何种材料（金属和非金属）的过滤器，均可沉积于过滤器的孔（缝）隙中及周围，从而形成坚固的结垢。经分析，这些结垢物的成分，绝大多数是 $CaCO_3$ 和 $Fe(OH)_3$（氢氧化铁），而 $Mn(OH)_2$ 和 $MgCO_3$ 只有少量。

关于对结垢的预防措施，目前尚无十分有效的方法。在设计中多采用以下方法：

①增大计算过滤器滤水面积的安全系数；②提出较合理的设计出水量，以减少盐类的沉积；③密封井口，堵绝空气流通以防止氧化。

第七节 管井的设计

一、管井在设计上的特点

（一）目的有所差异，质量要求相对较低

水井的设计以获得足够大量、优质的地下水而不破坏地下水环境为目的，水文地质孔则以客观、公正地取准、取全水文地质资料为目的。水文地质孔的设计，有严格的规范、规程，对孔斜、封闭止水层位、抽水试验过程等方面有严格的要求。而水井则相对简单，只要水泵能顺利下入，将地下水抽至地面即可，质量要求相对较低。

（二）结构相对简单，钻进施工方便

由于有时要在一个钻孔中进行多层次的抽水试验，因而水文地质孔往往要多次进行封闭止水，下管作业就要有多次变径，钻孔结构就变得十分复杂，稍有不慎就会酿成钻孔事故，加大施工难度。而水井往往只有一个目的层位，需要特别隔离的含水层不多，因而钻孔变径次数少，结构简单，方便施工钻进。

（三）有加深和提前终孔情况，灵活性较大

水文地质孔的孔深、结构等一旦设计完成，很少或基本不能改变，必须克服一切困难完成。而水井不同，它常常在水量不足的情况需要加深，或是遇到极强含水层时需要提前终孔，因而其灵活性较大。

（四）工艺要求较高，时效性强

水文地质钻孔往往是设计和施工过程要求严格，但其成果的验证周期较长，有时因为时间较长，再加水文地质条件发生了改变，而无法得到验证。水井则不同，虽然设计和施工过程要求不是很高，但其成果在成井后很快就会得到验证，时效性很强。故水井的施工设计和施工工艺反而要求更高、更实用，来不得半点疏忽，稍不注意，就会前功尽弃，因而在设计和施工过程中必须高度重视，保质保量地完成施工任务。

二、管井设计的一般要求

（一）井位设计

管井设计应根据需水量、水质要求和建井地区的地质及水文地质条件进行。管井

设计前，应搜集建井地区的有关资料，并进行现场踏勘，位置选择应靠近主要用水地区，且井位与构筑物应保持足够的安全距离。

井群设计时，应根据建井地区的水文地质条件和需水量、水质要求，布置长期观测网，对地下水开采动态进行监测。

（二）管井结构设计

管井结构设计，应包括井身结构、井管配置及管材的选用、填砾位置及滤料规格、封闭位置及材料、井的附属设施等内容。

（三）管井井径设计

井径设计，应包括开口井径、井段数量及变径、安泵段井径、开采段井径、终止井径等内容。

三、管井布置要求

冲、洪积平原地区，井群宜垂直地下水流方向等距离或梅花状布置，当有古河床时，宜沿古河床布置。大型冲、洪积扇地区，当地下水开采量接近天然补给量时，井群宜垂直地下水流方向呈横排或扇形布置。当地下水开采量小于天然补给量时，井群宜呈圆弧形布置。当开采储存量用作调节时，井群宜近似方格网布置。傍河地区，井群宜平行河流单排或双排布置。大厚度含水层或多层含水层，且地下水补给充足地区，可分段或分层布置取水井组。间歇河谷地区，井群宜在含水层厚度较大的地段布置。

碎屑岩类地区，井群应根据蓄水构造及地貌条件布置。侵入体接触带富水段，可沿此带附近布置。断裂破碎带或背斜轴部富水段，可按线状布置。均质含水层，可按方格网、梅花状或圆弧形布置。

碳酸盐岩类地区，井群应根据蓄水构造及地貌条件布置。向斜构造盆地富水段，宜沿向斜轴布置。倾伏背斜轴部富水段，宜沿背斜轴布置。单斜构造深部富水段，宜垂直地下水流方向在径流或排泄区布置。断裂破碎带富水段，宜沿带布置。当岩溶河谷是岩溶含水层的排泄基准面时，宜在岸边布置。碳酸盐岩类与非碳酸岩类接触富水时，宜在碳酸盐岩一侧布置。

岩浆岩类地区，井群应根据其分布与裂隙发育程度布置。风化裂隙，宜按地形在富水地段布置。构造裂隙，宜按构造部位在富水地段布置。

四、井身结构设计

（一）井身结构设计步骤

井身结构应根据地层情况、地下水埋深及钻进工艺设计，并宜按下列步骤进行。

1) 按成井要求确定开采段和安泵段井径。
2) 按地层、钻进方法确定井段的变径和相应长度。
3) 按井段变径需要确定井的开口井径。

（二）井身结构设计要求

开采段井径，应根据管井设计出水量、允许井壁进水流速、含水层埋深、开采段长度、过滤器及钻进工艺等因素综合确定。安泵段井管内径，应根据设计出水量及测量动水位仪器的需要确定，并宜比选用的抽水设备标定的最小井管内径大 50mm。松散层地区非填砾过滤器管井的开采段井径，应比设计过滤器外径大 50mm。管井深度设计，应根据拟开采含水层（组、段）的埋深、厚度、水质、富水性及其出水能力等因素综合确定。沉淀管长度，应根据含水层岩性和井深确定，宜为 2～10m。

（三）井身结构设计规定

1. 基岩地区管井井身结构设计

基岩地区管井井身结构设计，应符合下列规定。

1) 当上部有覆盖层或不稳定岩层时，应设置井壁管。下部开采段岩层破碎时，应设置过滤器。
2) 当同时在覆盖层取水时，覆盖层段的管井设计应按松散层管井的要求进行。
3) 安泵段部位，应设置井管。
4) 井段长度、数量及其变径位置，应根据岩层情况、成井工艺和钻进方法确定。

基岩地区不下过滤器管井的开采段井径，应根据含水层的富水性和设计出水量确定，并不得小于 130mm。

2. 松散层地区管井井身结构设计

松散层地区管井封闭位置的设计，宜符合下列规定。

1) 井口外围，应封闭。
2) 水质不良含水层或非开采含水层井管外围，应封闭。

3. 基岩地区管井封闭位置的设计

基岩地区管井封闭位置的设计，宜符合下列规定。

1) 覆盖层不取水时，井管外围应封闭。
2) 覆盖层取水时，井口外围，应封闭；水质不良含水层或非开采含水层井管外围，应封闭。覆盖层井管底部与稳定岩层间宜封闭。
3) 非开采含水层井管变径间的重叠部位，应封闭。
4) 水质不良含水层（或上部已污染含水层）与开采含水层间，应封闭。

管井的设计，应有测量水位的孔眼，并应防止杂物的进入。管井的管材，应根据水的用途、地下水水质、井深、管材强度、无污染和经济合理等因素综合确定。

五、过滤器选择

过滤器类型,应根据含水层的性质按表 2-33 选用。

表 2-33 管井过滤器类型选择

含水层性质		过滤器类型
基 岩	岩层稳定	不安装过滤器
	岩层不稳定	骨架或缠丝过滤器
	裂隙、溶洞有充填	缠丝过滤器、填砾过滤器
	裂隙、溶洞无充填	骨架或缠丝过滤器、不安装过滤器
碎石土类	$d_{20} < 2mm$	填砾过滤器、缠丝过滤器
	$d_{20} \geq 2mm$	骨架或缠丝过滤器
砂土类	粗砂、中砂	填砾过滤器、缠丝过滤器
	细砂、粉砂	双层填砾过滤器、填砾过滤器

注:d_{20} 为碎石土类含水层筛分样颗粒组成中,过筛质量累计为 20% 时的最大颗粒直径。

过滤器制作材料的选择,应根据地下水水质、受力条件和经济合理等因素确定。当地下水具有腐蚀性或容易结垢时,过滤器应采用耐腐蚀材料制作,当采用抗腐蚀性差的材料时,应作防腐蚀处理。含水层颗粒组成较粗时,宜采用骨架过滤器。缠丝过滤器的缠丝材料,宜采用不锈钢丝、铜丝或增强型聚乙烯滤水丝等。

(一)过滤器长度设计

1. 均质含水层中过滤器设计

在均质含水层中设计过滤器时,其长度应符合下列规定。
1)含水层厚度小于 30m 时,宜取含水层厚度或设计动水位以下含水层厚度。
2)含水层厚度大于 30m 时,宜根据含水层的富水性和设计出水量确定。

2. 非均质含水层中过滤器设计

非均质含水层中的过滤器,应安置在主要含水层部位,其长度应符合下列规定。
1)层状非均质含水层,过滤器累计长度宜为 30m。
2)裂隙、溶洞含水层,过滤器累计长度宜为 30~50m。

(二)过滤管直径设计

设计过滤管直径时,应根据设计出水量、过滤管长度、过滤管面层孔隙率和允许过滤管进水流速确定。

(三)缠丝过滤器的结构选择

缠丝过滤器的选择,应符合下列规定。

1) 骨架管的穿孔形状、尺寸及排列方式，应按管材强度和加工工艺确定，孔隙率宜为 15%～30%。

2) 骨架管上应有纵向垫筋。垫筋高度宜为 6～8mm，垫筋间距宜保证缠丝距管壁 2～4mm，垫筋两端应设挡箍。

3) 缠丝材料应采用无毒、耐腐、抗拉强度大和膨胀系数小的线材。缠丝断面形状，宜为梯形或三角形。

4) 缠丝不得松动。缠丝间距允许偏差为设计丝距的 ±20%。

（四）缠丝过滤器的孔隙尺寸设计

缠丝过滤器的孔隙尺寸，应根据含水层的颗粒组成和均匀性确定，并宜符合下列规定。

1) 碎石土类含水层，宜采用 d_{20}。
2) 砂土类含水层，宜采用 d_{50}。

（五）缠丝过滤器的孔隙率设计

缠丝过滤器缠丝面孔隙率的设计，宜按式（2-17）计算确定。

（六）填砾过滤器设计

1. 填砾过滤器的滤料规格

填砾过滤器的滤料规格，可按下列规定确定。

1) 砂土类含水层：
$$D_{50} = (6 \sim 8) d_{50} \qquad (2-22)$$

2) 碎石土类含水层，当 $d_{20} < 2mm$ 时，
$$D_{50} = (6 \sim 8) d_{20} \qquad (2-23)$$

3) 碎石土类含水层，当 $d_{20} \geq 2mm$ 时，可不填砾或充填 10～20mm 的填料；

4) 滤料的不均匀系数应小于 2。砂土类中的粗砂含水层当颗粒均匀系数大于 10 时，应除去筛分样中部分粗颗粒后重新筛分，直至不均匀系数小于 10 时，取其 D_{50} 代入式（2-22）确定滤料规格。其中，D_{50} 为滤料筛分样颗粒组成中，过筛质量累计为 50% 时的最大颗粒直径。

填砾过滤器内架管缝隙尺寸，宜采用 D_{10}，D_{10} 为滤料筛分样颗粒组成中，过筛质量累计为 10% 时的最大颗粒直径。

2. 填砾过滤器滤料的厚度和高度

填砾过滤器滤料的厚度和高度，宜符合下列规定。

1) 滤料厚度应按含水层的岩性确定，宜为 75～150mm；
2) 滤料高度应超过滤管的上端。

3. 非均质含水层或多层含水层的滤料规格

非均质含水层或多层含水层中设计滤料规格时，宜符合下列规定。

1）分层填砾时，应分层设计过滤器骨架管缠丝孔隙尺寸和滤料规格，滤料的充填高度应超过细颗粒含水层的顶板和底板。

2）无须分层填砾时，应全部按细颗粒含水层要求进行。

第三章 水井钻进技术

第一节 水井钻机分类及钻前准备

一、水井钻机的分类

水井钻机一般可按组装形式、钻井深度、驱动设备类型和钻进方法等多种方法分类。

（一）按组装形式划分

水井钻机按组装形式可分为散装式、拖车式和车装式，以及履带行走式等类型。

（二）按钻井深度划分

水井钻机按钻井深度可分为以下几类。
1) 浅井钻机。钻井深度不大于300m。
2) 中深井钻机。钻井深度在300~800m。
3) 深井钻机：钻井深度在800~2000m。
4) 超深井钻机。钻井深度超过2000m。

（三）按驱动设备类型划分

水井钻机按驱动设备类型可分为以下几类。
1) 机械驱动钻机。主要由柴油机提供动力给转盘驱动钻杆，配有水龙头、方钻杆、提引器等，靠自身质量和绞车实现加减压。
2) 电驱动钻机。主要由交流电机提供动力给转盘驱动钻杆，配有水龙头、方钻杆、提引器等，靠自身质量和绞车实现加减压。
3) 液压钻机。通过液压提供动力给动力头驱动转杆，动力头既是水龙头又是提引器，在升降钻具时起到绞车功能，在钻进时起到加压与减压功能。

（四）按钻进方法划分

水井钻机按钻进方法可分为回转钻进、冲击钻进和冲击回转钻进等类型。在水井钻进中主要的钻进方法、类型如表 3-1 所示。

表 3-1 水井钻机按照钻进方法分类

钻进方法	主要钻机类型		适用范围
回转钻进	正循环钻进	泥浆泵正循环	各类地层，各类管井
	反循环钻进	泵吸反循环	第四系松散层地层，井深100m 以内的大口径浅井
		气举反循环	第四系松散地层，硬度不大的基岩地层，大口径管井
		射流反循环	第四系松散地层，井深一般在 50m 以内的浅井
冲击钻进	钢丝绳冲击钻进		卵砾石地层、基岩风化层，缺水地区大口径浅井，钻井深度一般在 200m 以内
	钻杆冲击钻进		
冲击回转钻进	气动潜孔锤钻进	气动潜孔锤正循环钻进	第四系胶结地层、卵砾石地层，各类基岩地层，尤其适应缺水或供水困难地区
		气动潜孔锤反循环钻进	第四系胶结地层、卵砾石地层，各类基岩地层以及不稳定地层，适应缺水或供水困难地区
	液动钻进		基岩地层，不受水文埋深限制，钻进深度大

二、水井钻机的组成

现代水井钻机是一套联合的工作机组，由动力机、传动箱、绞车、天车、游动滑车、水龙头、转盘、钻井泵、钻杆柱以及钻井液净化设备等组成，还有井架、底座等结构以及电力、液压和空气动力等辅助设备。

根据钻井工艺中钻进、洗井、起下钻具等各工序的不同要求，一套钻机必须具备下列系统和设备。

（一）钻具起升系统

钻具起升系统主要包括主绞车、辅助绞车、辅助刹车、游动系统（包括钢丝绳、天车、游动滑车和大钩等）以及悬挂游动系统的井架等。此外，还有起下钻具操作使用的工具及设备（包括吊环、吊卡、吊钳、卡瓦、大钳和立杆移动机构等）。

（二）旋转钻进系统

为了转动井中钻具以不断破碎岩石，钻机装备有转盘和水龙头，井下配有钻杆柱和钻具钻头。另外，定向井还需配备井下动力钻具。

（三）钻井介质循环系统

钻井介质循环系统包括钻井泵或空压机、地面高压管汇、钻井介质净化及控制设备等。

（四）动力系统

动力系统是用来驱动绞车、钻井泵或空压机以及转盘等工作机组的动力设备，按驱动类别的不同，一般为柴油机、交流电动机等。

（五）传动系统

传动系统的主要任务是把动力传递和分配给绞车、钻井泵或空压机以及转盘等工作机组，在传递和分配动力的同时具有减速、并车、倒车等各种功能。

（六）控制系统

为了使钻机各个系统协调工作，钻机上配有气控制、液压控制、机械控制和电控制等各种控制设备，以及集中控制台和各类参数的显示仪表等。

（七）钻机底座

底座是钻机的组成之一，包括钻台底座、机房底座和钻井泵底座等，车装钻机的底座就是汽车或拖拉机的底盘。钻机底座主要用来安装钻井设备，保证钻机能安全、可靠、正常地运行。

三、水井施工钻前准备工作

（一）井口准备工作

井口准备包括井场布置、井口管埋设、泥浆循环系统和基础处理等工作，其工作质量的高低，直接影响到水井施工的质量和速度。

1. 井场布置

井场布置就是在已确定的井位上，按照"安全、方便、有序"的原则，根据施工场地的大小和各种机械设备的使用要求以及在施工中的作用、活动影响空间等来合理、安全地安排布置。

井位距地下埋设的管线及其地下设施边线的水平距离不应小于5m，钻塔在安装和起落中，其外侧边缘与架空输电线路之间的最小安全距离应符合表3-2的相关技术规定。

表3-2 塔架安装最小安全距离

线路电压/kV	<1	1~10	35~110	154~330	550
最小安全距离/m	4	5	10	15	20

2. 井口管埋设

在松散地层中采用泥浆护壁钻进时，应在井口安设井口管，井口管外径应比开口钻头直径大100mm。井口管下入深度宜在潜水位以下1m处，潜水位较深时，下入深度可根据地层及水位具体情况确定，但不应小于3m。井口管应固定于地面，管身应保持垂直，其中心应与钻具垂吊中心一致。井口管外壁与井壁之间的间隙应用黏土或混凝土填实。

3. 泥浆循环系统

泥浆循环系统包括沉淀池、循环槽与泥浆池。沉淀池的规格一般为1m×1m×1m，设1个或2个；循环槽的规格一般0.3m×0.4m，长度约15m，每隔1.5~2.0m应安装挡板；泥浆池的规格一般6m×3m×2m。

4. 基础处理

钻机设备的地基必须按设备安全使用要求进行修筑或加固，钻机或钻塔基础应平整、坚实、牢固，具有足够的地基承载力。

（二）设备的运输与装卸

1. 设备的运输

1）装运钻杆、风管、水管等物件出现超长、超宽时，或装运易燃、易爆等危险物品前，应严格按国家相关法规办理有关手续。

2）移动式钻探设备长途拖运前，应仔细检查牵引连接、轮载螺栓、轮胎气压和制动装置等。

3）大型钻机设备宜使用起重机装卸。无起重机械时，可采用三脚架配合手动滑轮起吊装卸，也可设置装卸台或倒车坑等装卸。

4）两人以上抬运器材时，上肩的方向要一致，抬运的重物不宜过高，一般物件距地面200~300mm为宜。

5）严禁从装运车上随意向下抛扔和滚放物品。

2. 设备的安装

1）钻机设备机架与基台连接应平稳、牢固，保证施工过程中钻机的稳定性。整体起落钻塔时，操作应平稳、准确，辅助卷扬机或绞车应低速运行。

2）钻塔绷绳应对称安置，受力均匀，绷绳地锚应埋设牢固，并用紧绳器拉紧，绷绳与地面所成夹角应小于45°。

3）钻机天车中心、转盘中心与管井中心应在同一垂直线上；钻机设备应安装平稳，各相应的传动轮应平行对正，机座与基台应用螺栓牢固连接。

4）移动式钻机设备在安装定位和工作状态时，轮胎应离开地面且不得转动；钻机设备安装完毕后应进行全面检查，经过试运转后方可使用。

5）现场使用的电气设备应按规定设置接地或接零保护，钻机设备的传动系统和运转部位应安装防护罩或防护栏杆。

第二节 常用水井钻进方法

一、钻井方法的分类

水井钻井方法因破岩方式、钻井液循环类型、切削刃材料不同，分类方式也不同。目前钻井的分类方法有以下几种，如图3-1所示。

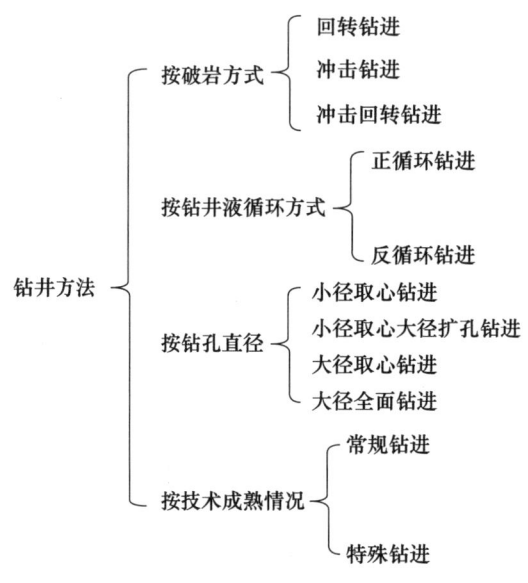

图3-1 钻井方法分类

（一）按破岩方式分类

随着钻井设备和钻进工艺的不断发展，水井钻进技术有了较大的改进。水井钻进最常采用的钻井方法是回转钻进，回转钻进是利用钻头回转破碎孔底岩石的钻井方法。钻进时，钻头受轴向压力同时接受回转力矩对岩石产生压入、压碎、切削、研磨，有时还伴有振动冲击来破碎岩石。回转钻进的回转力是由地面的钻机带动钻杆旋转传给钻头的。钻机的旋转动力主要有转盘回转式和动力头回转式两种方式。

（二）按钻井液循环方式分类

钻头破碎的岩粉、岩屑伴随钻井液的循环被排出到地面，钻井液的循环主要分为正循环和反循环。

（三）按钻孔直径分类

结合钻进过程中是否要求取心，将水井钻进方法分为以下4类（孔径大于91mm

且小于 200mm 的为小孔径，大于 200mm 的为大孔径）。

1. 小径取心钻进

这种钻进是在满足取水的前提下，采取较小孔径钻进，具有钻进效率高、成本低的优点，在基岩富水地区广泛应用。

2. 小径取心大径扩孔钻进

这种钻进是先用小径取心，提高岩心采取率，获取基础水文地质资料，然后用大径一次或多次扩孔到设计孔径，进行抽水试验工作。它的扩孔孔径最大可达到 600mm，甚至更大，具有钻进工艺复杂、工期长等特点。它适应性广，无论是基岩山区还是平原地区，均能取得很好的效果。

3. 大径取心钻进

这种钻进能够很好满足抽水工作的要求，具有钻进工艺简单、效率高的优点。它主要用于基岩地区的水井钻探，而对松散地层则不太适合。

4. 大径全面钻进

这种钻进也叫全断面钻进，具有效率高、成本低、口径大、一次成孔等优点，主要用于松散层地区，或是单纯为了抽水试验，开采地下水的水井的钻探工作。

（四）按技术成熟情况分类

按钻进方法使用的普及程度、技术的成熟度和应用条件等，可分为常规钻进方法和特殊钻进方法两种。常规钻进方法是指那些使用较早、工艺相对成熟和适应性较广的钻进方法，如硬质合金钻进、钻粒钻进、牙轮钻进等回转钻进方法。特殊钻进方法是指那些近年来才发展起来的、工艺还有待完善的和使用条件有一定要求的，如反循环钻进、空气钻进等。

随着空气泡沫钻进、潜孔锤钻进、反循环钻进技术，以及一机多用复合钻井的出现，大大增加了对地层的适应性，可以根据不同的含水层和岩性采用不同的钻进技术。如在一般岩层中，可采用正常的回转钻进技术，而当含水层埋深很大、供水困难、地层漏失严重，以及冻土地区，可以采用空气泡沫钻进技术。在坚硬岩石或卵石层，可用潜孔锤钻进技术等。

二、常规钻进方法

回转钻进是利用钻头回转破碎孔底岩石的一种钻进方法。钻进时，钻头受轴向压力同时接受回转力矩对岩石产生压入、压碎、切削、研磨，有时还伴有振动冲击来破碎岩石。回转钻进的回转力是由地面的钻机带动钻杆旋转传给钻头的。钻机的功率输出提供了钻头破碎岩石所消耗的功。回转钻进破碎下来的岩粉、岩屑伴随钻井液被排出到地面。

根据钻头的磨料不同，回转钻进的方法有硬质合金钻进、钻粒钻进、金刚石钻进等；按照钻井液的循环方式不同，回转钻进又可分为正循环钻进和反循环钻进。通常说的回转钻进一般是指正循环钻进。目前，用回转钻进法进行钻井，仍然是最有效、最广泛使用的常规钻进方法。

三、特殊钻进方法

所谓特殊钻进方法，就是与常规的钻进方法相比，在钻井液的循环方式和组成方面明显不同的钻进方法。目前主要有两种，一种是反循环钻进，另一种是空气钻进。

四、复合钻进方法

复合钻进方法是指运用两种或两种以上的钻探方法进行钻井施工的方法。其优点是能够针对不同地层情况选择针对性的快速钻进方法，提升钻进效率，确保钻井质量。其缺点是需要装备器材配套多、器材消耗大、钻井成本高。当前，有很多较先进的钻探方法，如空气钻进、反循环钻进等特种钻进方法，其均是从转盘钻进方法演变而来的，工艺方法复合运用具有一定的技术基础。目前最常用的复合钻进方法有以下几种。

1. **泥浆钻进与空气潜孔锤钻进复合**

即在第四系覆盖层用泥浆正循环钻进，钻至岩石地层更换使用空气潜孔锤钻进。

2. **泥浆钻进与小径取心钻进复合**

即在第四系覆盖层用泥浆正循环钻进，钻至岩石地层更换使用小径取心钻进复合钻进。

3. **空气钻进与泡沫钻进复合**

指用空气潜孔锤钻进至一定深度，空气上返排屑能力不足的情况下，辅助以泡沫提升排屑效果的钻井方法。

第三节　钻井液及其使用

钻井液又称冲洗液、冲洗介质、循环介质。它是指钻进过程中用于冲洗孔眼用的流体。常用的钻井液有清水、泥浆、乳状液、空气或充气液体和稳定的泡沫等，其中，泥浆是最常用的钻井液。所以，一般情况下，没有特别说明的钻井液均指的是泥浆。

在水文钻井中，为了取得可靠的水文地质资料，应尽可能地避免使用泥浆，以最大限度地减少破坏含水层的天然状况和进行复杂的洗井工作。为此，相关规范规定，在水文钻井中，原则上应采用清水钻进，少用或不用泥浆钻进。但是，在目前的水文钻井中，为了简化钻孔结构，减少施工程序，防止孔内事故，节省管材，提高钻进效率，仍然广泛采用泥浆作为钻井液进行钻进。

应用表明，多数用泥浆钻进的钻孔，只要采取必要的破壁、洗井等措施，就不会对成井出水造成不良影响。因此，应该在全面深入研究和掌握施工区地质、水文地质资料的基础上，严格限制泥浆黏度，保证泥浆质量，并严格进行下管前的破壁、换浆和分层、分段洗井等各项措施。

一、钻井液类型及其应用

（一）钻井液的类型

根据钻井液介质的不同，可分为水基、油基、合成基和含气四类，如图3-2所示。

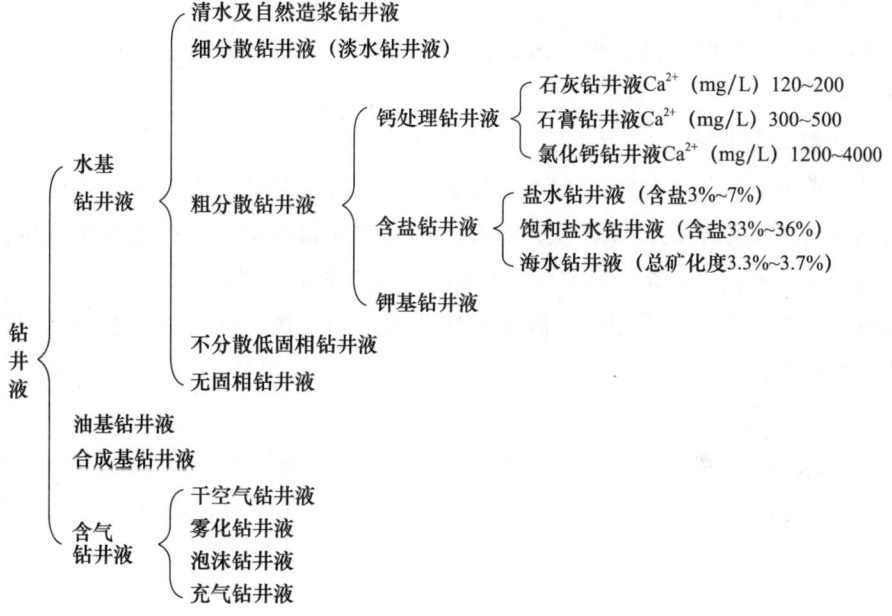

图3-2　钻井液类型

（二）钻井液的特点及应用

1. 清水及自然造浆钻井液

该钻井液也称无黏土钻井液，是水文钻井中相关规程和规范推荐使用的钻井液。它依靠清水与钻孔内地层的自然造浆能力形成钻井液，将钻屑带到地面并全部清除，始终保持入孔钻井液的无固相。

这种钻井液有利于提高钻进速度，使含水层的孔隙和裂隙不被堵塞，减少洗井的时间，准确获取钻孔的水文地质资料。

该钻井液主要适用于完整地层的钻进。

2. 细分散钻井液

该钻井液也称淡水钻井液，主要由膨润土+分散剂（纯碱、CMC、KHm、丹宁、烤胶等）配制而成。其特点是黏土颗粒在水中高度分散，并通过黏土高度分散来达到钻井液所需流变性的失水要求。

该钻井液主要用于较松散、胶结性较差的新近系及第四系中的钻进。

3. 粗分散钻井液

该钻井液也称钝化钻井液、抑制性钻井液，是在细分散钻井液的基础上，添加无机电解质结构剂，如 CaO、$CaSO_4$、$CaCl_2$、$NaCl$、KCl 等，使原已高度分散的淡水钻井液产生适度的絮而凝成颗粒较粗的胶体。

粗分散钻井液的优点是性能稳定，具有抗黏土、抗盐、抗钙侵的能力。因此它可以提高钻进效率，抑制孔壁坍塌、掉块，预防孔内事故，特别是对含油、气的渗透性损害小，能保持较高的产率。

按照电解质种类的不同，粗分散钻井液可分为钙处理钻井液、含盐钻井液和钾基钻井液。

（1）钙处理钻井液

该钻井液分为石灰钻井液、石膏钻井液和氯化钙钻井液。它是通过在钻井液中加入无机结构的钙基添加剂，如石灰、石膏、氯化钙而得名的。根据添加量多少，又可分为低钙、中钙和高钙泥浆。钙离子含量越高，其抑制性越强。

低钙钻井液主要用于第四纪松散层和煤系地层的钻进，高钙钻井液则可用于水敏性较强地层的钻进。

（2）含盐钻井液

该钻井液根据含盐分的多少又可分为盐水钻井液、饱和盐水钻井液和海水钻井液。其特点是黏度低、流变性能好，具有较高的抗黏土入侵能力，能克服黏土质岩层水化、膨胀、井壁缩径、坍塌，抗盐、抗石膏污染能力强。超深井钻进时，其热稳定性也好。

（3）钾基钻井液

该钻井液是通过钾盐，如 KCl、K_2CO_3 等泥浆提供 K^+ 而制成的钻井液。

该钻井液具有使黏土不易水化分散的特点，从而可防止黏土颗粒的吸水膨胀以维持井壁的稳定。它主要用于黏土质地层的防塌钻进。

4. 不分散低固相钻井液

该钻井液是利用高分子絮凝剂，尤其是具有选择性絮凝作用的絮凝剂处理钻井液，使钻井液中的岩屑等无用的固相颗粒絮凝成团块，再配合机械除砂方法将其去掉，从而使钻井液始终保持低固相。

（1）性能指标

1）固相含量（体积百分比）在 4% 以下。

2）密度小于 $1.08g/cm^3$。

3）固相中钻屑膨润土量所占比例不超过 2:1。

（2）配制

它主要由水、黏土、纯碱、中或高黏度羧甲基纤维素（CMC）、部分水解聚丙烯腈（HPAN）及水解聚丙烯酰胺（HPAM）配制而成。

（3）优点

1）固相含量小、密度小、黏度低、流变性及剪切稀释作用好，可以提高钻进效率。

2）动切力值大、失水量小、泥皮薄韧性好、护壁携砂能力强、防塌作用好，可以防止黏、卡钻事故的发生。

3）润滑性能好，减少钻具及泵的磨损，防止钻具振动。

4）性能稳定，使用周期长，适用于深孔作业。

5）减轻对农田和环境的污染。

（4）适应地层

它适应水敏性和容易坍塌的不稳定地层。

5. 无固相钻井液

该钻井液也称无黏土钻井液，是在低固相钻井液的基础上发展起来的，仅在清水中加入高分子聚合物（HPAN、HPAM 的水解物）、高分子纤维素（CMC、HEC）、生物聚合物、植物胶等配制而成具有一定的黏度、静切力的钻井液。

与清水相比，它具有较好的挟带和悬浮岩屑的能力，且能在井壁上形成致密的吸附膜，有一定的护壁和较好的润滑、减阻作用；与含有黏土的钻井液相比，它有较低的黏度，流动性也好，因而能提高孔底钻头的碎岩效率。

6. 含气钻井液

该钻井液是指含气体成分的钻井液，按照含气的类型与作用形式可分为以下4 种。

（1）干空气钻井液

该钻井液是干空气钻进（又称粉尘钻进）时，用单一的空气作为冲洗介质，是一种纯空气钻井液。

（2）雾化钻井液

该钻井液是雾化钻进时所用的钻井液，由气体和液体组成，呈雾化状态。一般情况下，水雾气水比为（2000~3000）∶1；泥浆雾气液比为 2000∶1。

（3）泡沫钻井液

该钻井液是泡沫钻进时应用的钻井液，由气体、液体和少量的发泡剂组成，具有连续稳定的泡沫形态，其气液比一般为（100~300）∶1。

（4）充气钻井液

该钻井液是气体与泥浆的混合物，加入少量泡沫剂，其气液比一般为（10~30）∶1，密度为 0.7~0.9g/cm^3。

二、泥浆性能参数

(一) 密度

密度是指单位体积钻井液的质量，其单位是 g/cm³。钻进时，通过调节钻井液密度来平衡地层压力，以防止井喷（涌）、井漏和井塌等事故的发生。钻井液密度的大小取决于钻井液中黏土、加重剂、岩粉等的含量。正常情况下的钻井液密度为 $1.05 \sim 1.15 \text{g/cm}^3$，水文钻井中的钻井液密度为 $1.05 \sim 1.08 \text{g/cm}^3$，但对于地层出现漏失、涌水和破碎带时，可根据具体情况进行调整。

密度常用泥浆密度计（比重计）进行测量。

(二) 黏度

黏度是反映钻井液流变性能的主要指标，是指钻井液流动时，内部各层间的摩擦阻力，与钻井液内部的固相含量和结构有关，可分为表观黏度和塑性黏度。

1. 表观黏度

表观黏度又称视黏度、有效黏度，是指塑性流体在层流条件下，流体内部阻力的总和。表观黏度只能相对地反映泥浆的稠度，不能排除结构黏度的影响，因此表观黏度包括该流体的塑性黏度和结构黏度。表观黏度用 s 或 Pa·s 表示。

2. 塑性黏度

塑性黏度是反映在层流条件下，分散相固体颗粒之间、固体颗粒与液相之间的内摩擦，它不随流速梯度的变化而变化，较真实地反映出泥浆在钻杆与孔壁之间的黏度。因此，塑性黏度比表观黏度较科学。塑性黏度用 Pa·s 或 mPa·s 表示。

3. 黏度对钻进的影响

在水文钻井中，钻井液黏度与钻进有很大的关系。黏度过大，会造成泵压升高、排量减少、钻速降低、岩粉不易沉淀、钻头易发生泥包、上下钻具时易发生抽吸或压力激动现象，对孔内安全不利；黏度过小，则不仅会造成挟带岩粉困难，而且遇到漏失地层时还不利于防漏。因此，在钻进实践中，应根据地层情况、钻孔深度等因素合理确定钻井液的黏度。在正常情况下，泥浆的黏度应尽可能低一点，为 18～20s。

4. 黏度的测量

（1）野外标准黏度计

野外标准黏度计也称漏斗黏度计，如图 3-3 所示。常用的是马氏漏斗和 CⅡB-5 型野外漏斗黏度计。是通过将一定量的钻井液（500mL）倒入漏斗，然后记下钻井液从下端的管子中流出的时间来进行钻井液黏度测定的。

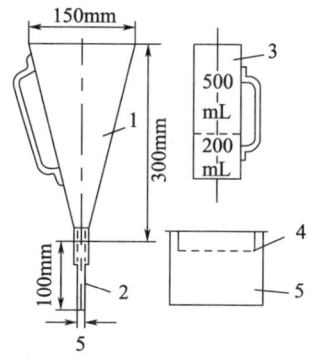

图 3-3 野外标准黏度计
1—漏斗；2—管子；3—量杯；4—筛网；5—泥浆杯

(2) 旋转式黏度计

把钻井液装在同轴内外圆筒之间，转动内筒而外筒不转（如斯托姆黏度计）或转动外筒而内筒不转（如范氏黏度计），利用钻井液的黏滞性，把力矩传给不转动的圆筒，带动钢丝或扭力弹簧扭转，从而测量钻井液的黏度。ZNN-D6 型 6 速旋转黏度计类似范氏黏度计，所测出的黏度为塑性黏度，如图 3-4 所示。

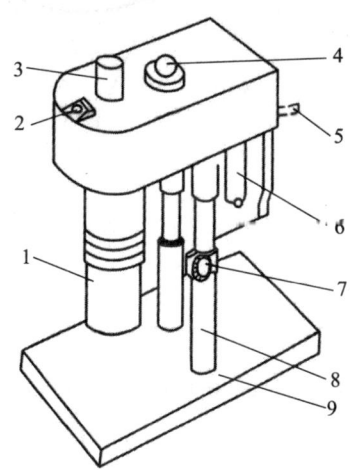

图 3-4 ZNN-D6 型 6 速旋转黏度计示意
1—外筒；2—读数窗；3—测量部分；4—变速部分；5—手柄；6—恒速机构；7—旋钮；8—支架；9—底座

(三) 含砂量

含砂量是指钻井液中不能通过 200 目筛孔或粒径大于 0.074mm 的固相颗粒所占钻井液体积的百分数。钻井液中的含砂量高时，就会加剧对水泵、钻具的磨损，使孔壁的泥皮松散；一旦泥浆停止循环，砂子又极易沉淀，造成埋钻等事故。所以，钻井液中的含砂量应该越少越好，一般不超过 4%。在采用金刚石钻进时，因其环状间隙小，所以含砂量都要求在 1% 以下。

测量钻井液含砂量的主要方法为泥浆含砂量杯和筛析法含砂量仪,如图 3-5、图 3-6 所示。

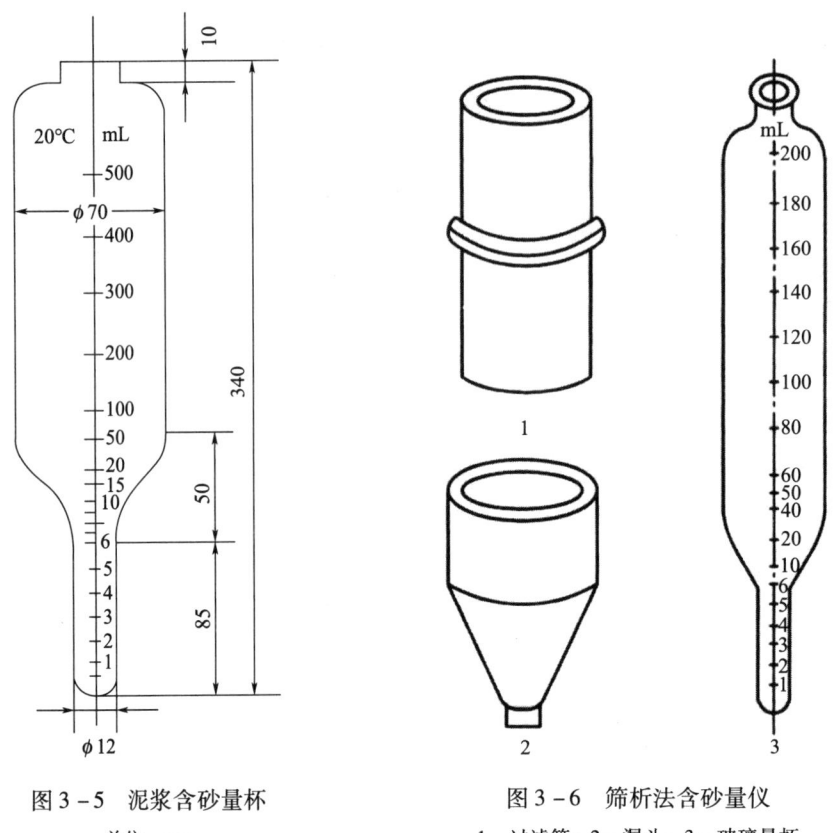

图 3-5　泥浆含砂量杯
单位:mm

图 3-6　筛析法含砂量仪
1—过滤筒;2—漏斗;3—玻璃量杯

(四) 失水量和泥皮厚度

当钻井液在孔内循环时,因受孔内压力差的作用,部分水分渗入岩层的孔隙或裂隙的现象,称为钻井液失水。在一定时间内,渗入岩层中水分的多少称为失水量。实验室模拟测量用常温常压(室温、690kPa)和高温高压(150℃以上、3.45MPa)失水仪测定 30min 滤失量,称为 API 失水量和 HTHP 失水量。失水量的单位为 mL/min。

钻井液在失水过程中,其黏土颗粒被留在孔壁上,在钻井液柱的压力作用下,孔壁上会形成一层泥皮,这种泥皮的厚度称为钻井液的泥皮厚度。泥皮厚度用 mm 表示。

在松散或易膨胀的岩层中钻进时,如使用失水量大的钻井液,会造成孔壁坍塌、掉块或缩径事故,或因泥皮厚而松散发生泥皮脱落等不良后果。因此,一般要求钻井液的失水量不超过 30mL/min。

目前,可用失水量测定仪对失水量和泥皮厚度进行测量,1009 型泥浆失水量测定仪如图 3-7 所示。在野外,也可以用野外滤纸对钻井液的失水量进行简易测量,如图 3-8 所示。

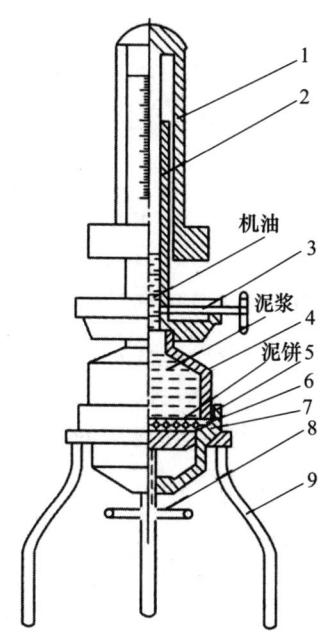

图3-7 1009型泥浆失水量测定仪
1—加压柱塞；2—套筒；3—放油螺丝；4—泥浆罐；5—滤板；6—胶垫板；7—下壳；8—顶杆；9—支架

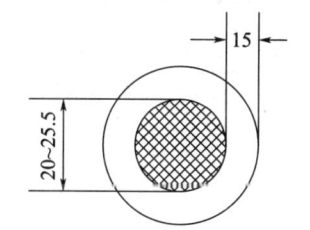

图3-8 野外滤纸测失水量示意
单位：mm

（五）pH值

pH值又称酸碱度。pH值不但对钻井液的性能有重大影响，而且也是调节钻井液其他性能的重要依据。钻井液的pH值往往会引起钻井液的黏度、切力、失水量等性能的变化。所以，实际工作中，根据钻井液的类型正确选择pH值就十分重要。一般情况下，钻井液的pH值要求控制在8~10。

测量pH值的方法比较简单，在野外常用pH试纸进行测量。

（六）触变性和静切力

钻井液静止时，黏土颗粒两端水化膜互相黏结，形成网状结构，稠化成胶状物质。当再次进行搅拌或振荡时，又恢复原有的流动性，这种性质称为钻井液的触变性。

要使静止状态钻井液开始运动,破坏单位面积网状结构所需的力,称为静切力,单位是 Pa。一般规定,静止 1min 后测得的静切力,称为初切力;静止 10min 后测得的静切力为终切力。钻井液触变性能的好坏,以终切力和初切力的差来表示;差值越大,触变性能越好。

钻井液的触变性对钻井有很大的影响。静切力大的钻井液,当停钻时,能形成一定的网状结构,有利于岩粉的悬浮,不会因岩粉的沉淀而引起埋钻等事故。同时,在裂隙地层钻进时,使用静切力大的钻井液可防止漏失。但是,静切力过大,也会引起钻具回转和水泵启动困难,钻井液中的岩粉不易净化,从而影响钻进效率。因此,一般要求钻井液的静切力为 0.98~3.92Pa。

目前常用的测量静切力仪器,主要有现场用的圆筒下沉式切力计和实验室用的旋转黏度计。圆筒下沉式切力计如图 3-9 所示。

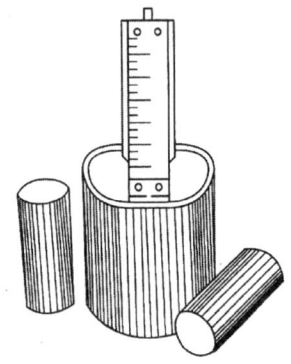

图 3-9 圆筒下沉式切力计

(七) 动切力

动切力也称屈服性,是反映钻井液在流动时内部凝胶网状结构的强度,其单位是 Pa。它比静切力大,其形成原因与影响因素与静切力相同。动切力的大小关系到钻井液挟带岩屑的能力。一般情况下,较大的动切力就可用较小的环空上返速度挟带粗粒径的岩屑。

(八) 泥饼黏滞系数

泥饼黏滞系数是用黏附系数仪测定钻井液失水量后滤饼黏附阻力(扭矩),用于预测钻井液压差黏附卡钻强弱的。它表示孔内钻杆柱沿泥皮表面移动或滑动时的摩擦力,是反映泥饼黏滞性和润滑性的系数。

(九) 胶体率和稳定性

钻井液的胶体率是反映钻井液中黏土颗粒分散水化程度的粗略指标,也是衡量钻井液稳定性能的标志之一。在测定时,先将 100mL 的钻井液倒入 100mL 的量筒中,然后盖上玻璃盖,静置24h,观察量筒上部澄清液体的体积。如果澄清液体是5mL,则该钻井液的胶体率就是95%,沉淀率为5%。一般情况下,要求钻井液的胶体为96%以上,优质钻井液的胶体为100%。

钻井液的稳定性,又称钻井液的沉降稳定性,是反映钻井液中黏土颗粒分散的均匀程度的指标。测量时,将钻井液流入稳定测试仪中,静置24h后,测量钻井液上、下两层的密度。若其密度差小于0.02,才算合格。

三、泥浆处理剂

在水文钻井中,常用水基钻井液。钻井液由基础材料及化学处理剂两部分组成。基础材料是指在配浆中用量较大的基本组分,如膨润土和水等。处理剂是指用于改善和稳定钻井液性能,或为满足钻井液某些性能要求需要加入的化学添加剂。

(一) 基础材料

1. 膨润土

膨润土是水基钻井液的重要配浆材料,分为钙膨润土和钠膨润土两种。钙膨润土加入纯碱转化为钠膨润土后方可使用。膨润土在钻井液中的作用如下。

1) 增加黏度和剪切力,提高井眼净化能力。
2) 形成低渗透率的致密泥饼,降低滤失量。
3) 对于胶结不良的地层,可改善井眼的稳定性。
4) 防止井漏。

2. 增效土

增效土是膨润土经化学改性后的升级产品。产品名称为低黏增效粉(LBM-1),是一种集造浆土与钻井液处理剂于一体的多功能"方便面"式产品,在复杂地层中的护壁效果十分显著。

水+3%LBM-1钻井液性能达到:表观黏度不超过$7.0mPa \cdot s$,动塑比$0.1 \sim 0.4$,API滤失量不超过15mL,相对膨胀降低率不低于50%。

配浆用水钻井液的性能与配浆水的水质密切相关,现场配制钻井液大都就地取水,因此,需事先了解配浆水的水质。若配浆水矿化度较高,应加入适量纯碱预先处理,以免影响膨润土的造浆量和处理剂的性能。

(二) 无机处理剂

1. 纯碱

纯碱是膨润土改型剂及碱度控制剂,又称苏打、碳酸钠。纯碱易溶于水,强碱性。其主要作用有以下几项。

1) 钠化作用。通过离子交换使钙膨润土转化为钠膨润土。因此配制钙膨润土浆加入适量纯碱,可使钻井液失水量下降,黏度、切力增大。

2)沉淀作用。钻水泥塞或钻井液受到钙、镁离子侵入时,加入适量纯碱可有效清除钙离子,改善钻井液性能。

3)调节 pH 值,但不如烧碱效果好。

2. 烧碱

烧碱是碱度控制剂,又称火碱、苛性钠、氢氧化钠。烧碱易吸潮,吸收二氧化碳后变化碳酸钠。其主要作用有以下几项。

1)调节钻井液的 pH 值。

2)分散作用。

3)沉淀作用。

4)促进植物胶溶解。

对泥页岩地层而言,加入过量的烧碱(即 pH 值大于 10),会加速泥页岩的水化膨胀、缩径造浆。从防止泥页岩水化膨胀角度,建议使用低碱度钻井液,pH 值不超过 9。

3. 氢氧化钙、石膏、氯化钙

氢氧化钙、石膏、氯化钙等是无机絮凝剂及页岩抑制剂,主要作用有以下几项。

1)提供钙离子,用于配制抑制型钻井液。氢氧化钙用于配制低钙钻井液,钙离子含量为 120~200mg/L;石膏配制中钙基钻井液,钙离子含量为 300~500mg/L;氯化钙配制高钙钻井液,钙离子含量大于 1200~4000mg/L。

2)胶凝堵漏。钻井液中加入大量钙离子,可提高黏度和剪切力,堵塞岩石的细小裂缝,减少漏失。

4. 氯化钠

氯化钠是无机絮凝剂及页岩抑制剂,主要作用有以下几项。

1)抑制作用。用于配制盐水钻井液,抑制泥页岩类地层水化膨胀。

2)防溶蚀作用。可配制饱和盐水钻井液,钻进岩盐、钾盐等地层,防止盐膏等溶蚀。

5. 氢氧化钾、氯化钾

氢氧化钾、氯化钾等是页岩抑制剂,主要作用有以下几项。

1)配制钾基钻井液。

2)抑制泥页岩水化膨胀。

3)与聚合物配合使用,可配制具有强抑制性的钾盐聚合物防塌钻井液。

配制钾基钻井液除考虑钾离子的含量外,还应控制钻井液的滤失量。

6. 硅酸钠

硅酸钠是页岩抑制剂,又称泡化碱、偏硅酸盐、水玻璃。其主要作用有以下几项。

1)使钻井液保持低固相和低密度。

2）抑制泥页岩水化膨胀。可吸附在井壁表面形成坚固的薄膜，防止滤液向地层渗透。

3）凝胶堵漏。加入钻井液或水泥浆中，可立即形成冻胶状物质。加入盐酸能够降低硅酸钠水溶液的碱度，加速硅酸钠的分解，生成更多的硅酸钠凝胶，达到速凝堵漏的目的。

硅酸钠还可用作水泥的速凝剂。

7. 加重材料

加重材料又称加重剂，用于提高钻井液的密度，平衡高压地层和稳定孔壁。常用的加重材料有以下几种。

1）重晶石粉（$BaSO_4$）。API 标准：密度大于 $4.2g/cm^3$，200 目筛的筛余量不超过 3.0%。一般用于加重密度不超过 $2.3g/cm^3$ 的钻井液，是目前应用最为广泛的加重材料。

2）石灰石粉（$CaCO_3$）。密度 $2.7\sim2.9g/cm^3$，用于配制密度不超过 $1.68g/cm^3$ 的钻井液。

3）铁石粉和钛铁矿粉。主要成分为 Fe_2O_3 和 $TiO_2\cdot Fe_2O_3$，密度为 $4.9\sim5.3g/cm^3$ 和 $4.5\sim5.1g/cm^3$。因密度大于重晶石，可配制密度更高的钻井液，有利于降低固相含量。另外，由于其硬度高，对钻具、钻头和泵的磨损也较为严重。在我国，铁矿粉是仅次于重晶石的加重材料。

（三）有机处理剂

1. 降失水剂

降失水剂又称降滤失剂，是通过在井壁上形成低渗透率、薄而致密的滤饼，降低钻井液的失水量。常见的主要有以下几种。

1）腐殖酸钠。降滤失，兼有稀释作用。

2）磺化褐煤。又称磺甲基化褐煤，具有降滤失、稀释作用。其热稳定性高（抗温 $200\sim300$℃），抗盐能力差（抗盐不超过 2%）。

3）羧甲基纤维素钠盐，又称 CMC。它的主要作用是降失水、增黏、抗盐。主要有 3 种型号：高黏度（Hv-CMC，$1000\sim2000Pa\cdot s$）、中黏度（MV-CMC，$500\sim1000Pa\cdot s$）、低黏度（LV-CMC，$100\sim500Pa\cdot s$）。

4）水解聚丙烯腈系列。它是优良的降滤失剂，热稳定性好（抗温 $200\sim300$℃）。主要产品有：水解聚烯腈钠盐（Na-HPAN）、水解聚烯腈钙盐（Ca-HPAN）和水解聚烯腈铵盐（NH_4-HPAN）。

5）淀粉类。它在淡水、海水和饱和盐水钻井液中均可使用。常用产品为羧甲基淀粉，推荐加量：淡水 0.3%～1.0%，盐水 1.0%～2.0%。

2. 降黏剂

降黏剂又称解絮剂和稀释剂。常用的有以下几种。

1）磺甲基单宁（sMT）、磺甲基栲胶（sMK）。栲胶的稀释性能较单宁差，但成本低；磺基单宁（或栲胶）及其衍生物较单纯的单宁（或栲胶）产品，其抗钙、抗盐和抗温能力、稀释能力和降切能力大大提高。

2）铁铬木素磺酸盐（铁铬盐 FCl·S）、无铬磺化木素等木素改性产品。其代表产品是铁铬盐，它在淡水、饱和盐水和高钙钻井液中均具有良好的稀释效果，抗温 170~180℃，在 pH 值 9~11 下使用效果较好。推荐加量：淡水钻井液 0.3%~0.5%，盐水钻井液 0.5%~2%。

3）聚合物稀释剂 XY-27。它在聚合物中稀释效果较好，但在实际使用中其固相承载力和抗污染能力均较铁铬盐差。

4）腐殖酸类。主要产品有腐殖酸钾、腐殖酸钠、磺化褐煤、硅腐殖酸等，主要用于不含其他处理剂的膨润土钻井液。

3. 增黏剂

增黏剂用于增加钻井液黏度，改善其流变性和稳定井壁。常用的有生物聚合物、羧甲基纤维素、80A51 增黏剂等。它的特点是增黏、降失水，抗污染能力强，提高钻井液的动切力。膨润土+生物聚合物+KCl 体系能大大降低水敏性岩石的分散与膨胀。该体系不仅在高温下性能稳定，而且在低温下性能良好，可用于永冻土带。生物聚合物与羧甲基纤维素等配合，可配制无固相钻井液。

4. 抑制剂

抑制剂又称防塌剂、页岩抑制剂。抑制剂能有效抑制泥页岩水化膨胀和分散，起到稳定井壁的作用。常用的有以下几种。

1）磺化沥青。主要作用是抑制、降滤失和减摩降阻，如低荧光沥青防塌剂（TEx）、磺化沥青（SAS）。低荧光沥青防塌剂（TEx）的性能指标为：荧光级别不超过 5，水溶物含量不少于 70%，油溶物含量不少于 15%，高温高压（150℃，3.45MPa）滤失量不超过 25mL/30min。磺化沥青无油溶物、水溶物含量及荧光级别的限制。

2）改性沥青。经过改性的沥青与腐殖酸钾的缩合物，具有抑制、降失水、减摩降阻的作用。改性沥青（GLA）的主要性能指标为：视黏度不超过基浆的视黏度，API 滤失量不超过 12mL，高温高压（150℃，3.45MPa）滤失量不超过 25mL/30min，相对膨胀降低率不低于 30%。沥青类产品的推荐加量为 1%~3%。

3）腐殖酸钾。它兼有降黏、降滤失作用。抗温 180℃，一般加量为 1%~3%。

4）聚丙烯酸钾，俗称大钾。它具有抑制、降滤失、增黏作用。主要技术指标：纯度不少于 75%，水解度 27.0%~35.0%，钾含量 11%~15%，岩心线膨胀率降低不少于 40%。

5）水解聚丙烯腈钾盐，俗称钾盐。它兼有降滤失作用。

6）水解聚丙烯腈铵盐（NH_4-HPAN）。它兼有降滤失、稀释作用。抗温 150～180℃，一般用量为 0.3%～0.5%。

5. 絮凝剂

絮凝剂多采用水解聚丙烯腈铵盐。它的相对分子质量不低于 300 万，水解度为 30% 左右。目前用相对分子质量大于 1000 万的聚丙烯酰胺配制无固相钻井液，其絮凝、增黏、降失水、堵漏效果较好，而且用量也小。

非水解聚丙烯酰胺（水解度小于 5%）为全絮凝剂。

6. 润滑剂

常用的润滑剂有以下几种。

1）腐殖酸钠。它在淡水钻井液中应用效果较好，其缺点是容易产生泡沫，抗污染能力差。

2）沥青类。它主要用于改善泥饼质量和提高润滑性，能够在井壁上形成一层油膜，减轻钻具对井壁的摩擦和冲击作用。

3）极压型。它能吸附在金属和黏土表面，形成致密的油膜，降低钻具与岩石之间的摩擦阻力。如极压型润滑剂（GLUB），它在淡水、海水和饱和盐水钻井液中均可使用。其主要性能为：淡水钻井液的摩擦系数降低率不低于 70%；海水钻井液的摩擦系数降低率不低于 60%；极压膜强度不低于 150MPa，荧光级别不超过 5 级。

7. 泡沫剂和消泡剂

常用的泡沫剂和消泡剂有以下几种。

1）DF-1 型泡沫剂。它的发泡能力强，抗盐、抗钙、抗温能力较好。

2）微泡剂。它的泡沫细腻，配制的钻井液具有可泵性。

3）DF-4 型消泡剂。它的消泡能力强，抗盐、钙污染，对难以消除的沥青类产品引起的泡沫十分有效，并有良好的润滑作用。

8. 植物胶

植物胶的特点是：增黏、降失水、无毒、可生物降解。

常用的产品是瓜尔胶、田菁及其改性产品。

植物胶类处理剂抗盐、钙及高温能力较差，易降解，使用时可根据需要加入防腐剂。

（四）其他处理剂

1. 堵漏剂

（1）惰性材料

1）颗粒状：核桃壳、玉米芯、橡胶粒、珍珠岩等，起"架桥"作用，又称"架桥剂"。

2）纤维状：锯末、棉籽壳、石棉粉等，在堵漏液中起悬浮作用，又称"悬浮拉筋剂"。

3）片状：如云母，起填塞作用，又称"堵塞剂"。

4）复合状：上述三种按一定比例混合，使用效果更理想。

(2) 随钻堵漏剂

随钻堵漏剂用于堵漏砂岩、砾石层、石灰岩以及破碎地层的孔隙和裂隙。

防塌型随钻堵漏剂（GPC）或801堵漏剂，主要以楠木粉为原料，遇水可以膨胀，其膨胀颗粒具有伸展性和可压缩性，堵漏速度快、效果好。该类产品还具有降失水作用，在破碎地层中应用，有利于加固孔壁，防塌效果明显。

(3) 高失水堵漏剂

高失水堵漏剂主要由颗粒状、纤维状及助滤剂等加工而成。它的堵漏原理是：将堵漏浆液（避免与钻井液混合）送至漏失层位，浆液中的水在压力作用下快速失去，从而在井壁形成一层致密、较高强度（2~4MPa）的滤饼。这种封堵剂在孔隙类地层中堵漏效果较好。

2. 乳化剂

乳化剂是表面活性剂的一种。它以其两亲结构作用于两种互不相溶液体的接触面，减少其界面张力，使油珠稳定地分散在水中；或使水珠稳定地分散在油中，形成稳定的乳化液。常用的乳化剂有聚氧烯辛基苯酚醚（OP型）、聚氧乙烯壬基苯酚醚（NP型）、聚氧乙烯蓖麻油（EL型）等。

3. 杀菌剂

杀菌剂又称防腐剂。用来控制和防止天然有机物类的钻井液材料，如淀粉、生物聚合物、田菁粉、魔芋粉等，在高温下微生物作用腐败降解而导致钻井液体系的破坏。常用的杀菌剂为甲醛、多聚甲醛。

4. 解卡剂

解卡剂是处理卡钻事故的润滑材料。钻井过程中，钻杆柱受压差作用，黏附于孔壁泥皮上，发生压差黏附卡钻。为使钻杆柱脱离孔壁，需向孔内卡钻段泵入洗涤剂、原油、表面活性剂等润滑材料进行浸泡，以降低黏附阻力，增加润滑能力，达到解卡目的。

四、泥浆性能的调整及净化

（一）钻井液性能的测定

在钻进过程中，钻井液性能会因地层的变化而不断发生变化。如钻进页岩时，易发生黏土侵入，使钻井液稠化，黏度、切力升高，密度和含砂量也相应增大。钻进砂层或砂质泥岩时，大量的细砂侵入钻井液，会使钻井液的含砂量增大，密度、黏度和切力也随之增高，泥皮松散易厚，失水量增大等。如果钻井液性能不能很快适应地层的变化，则往往会导致钻进效率下降，甚至出现孔内事故。因此，在钻进过程中，必须根据地层的变化，及时调整钻井液的性能，保证安全钻进。

在调整钻井液性能之前，必须对钻井液性能进行测定。按照 API 推荐的测试标准，需检验的性能参数包括：密度、漏斗黏度、塑性黏度、动切力、静切力、API 滤失量、HIHP 滤失量、pH 值、碱度、含砂量、固相含量、膨润土含量和滤液中各种离子的质量浓度等。

对于水文钻井而言，一般情况下，其检测参数主要是：密度、漏斗黏度、API 滤失量、pH 值、碱度、含砂量。

在正常钻进情况下，应每小班检测一次，遇到地层变化，钻井液改变时，应随时进行检测，以便为调整性能参数提供依据。

（二）钻井液性能的调整

在调整钻井液性能时，一般应遵循以下三点：一是要根据地层岩性和钻井液的具体条件选择处理剂，做到效果好、加量少、成本低、配制方便；二是要选用在本地区使用十分成熟的处理剂配方和加量，否则，就要进行小量的试验，以确定处理剂的配方和加量；三是调整某一性能参数时，要注意其他性能参数的指标变化，不能顾此失彼。

1. 密度

当钻进涌水地层时，为了防止井喷，要求钻井液有较高的密度，以平衡地层压力。其主要调整方法有以下几种。

1）增加钻井液中黏土的含量，或采用第四系黄土造浆，然后再用处理剂改善其性能。

2）加入加重剂。首先用稳定剂，如 CMC 处理原浆，使其切力保持在 $2.5 \sim 5.0$ MPa，失水量在 10mL/30min，以保证加重剂呈悬浮状态，且失水量不会因密度的提高而增大太多，然后再加入相应的加重剂进行调整。

2. 失水量

影响失水量的内在因素，主要是钻井液中胶质颗粒的浓度、黏土颗粒的水化程度及泥皮的性质等。因此，要降低失水量，就应从提高钻井液中胶质颗粒的浓度、水化程度和泥皮的致密性着手。其主要方法有以下几种。

1）加入少量的 Na_2CO_3 或 NaOH 处理多钙的黏土，改变黏土颗粒表面的性质，提高黏土水化、分散程度，从而降低钻井液的失水量。

2）加入有机及高分子，如煤碱剂、硝基腐殖酸、铬制品、Na – CMC、野生植物胶等。

3. 黏度和切力

黏度和切力的大小，取决于钻井液中黏土的浓度、分散度和颗粒间相互黏结形成的网状结构的能力，切力的变化与黏度、失水量有密切的关系。因此，在调整时，应同时兼顾其变化。

(1) 降低黏度和切力

1) 加入清水稀释,降低钻井液中黏土颗粒的浓度,但相对会增加钻井液的失水量,应引起注意。

2) 加入低固相的稀钻井液来降低稠化黏土颗粒浓度。

3) 用化学沉淀清除高价阳离子来降低黏度和切力。黏度升高往往是 Ca、Mg 等离子侵入产生聚结作用而造成的。因此,加入 Na_2CO_3 等电解质,可将 Ca、Mg 等高价离子凝结离子沉淀,从而使钻井液的黏度和切力下降。

(2) 提高黏度和切力

1) 增加黏土含量。

2) 新配制的钻井液可加入适量的 Na_2CO_3 或 NaOH。

3) 降低钻井液中稳定剂的浓度,如还偏低,可加入新配制的原始新钻井液来降低稳定剂浓度。

4) 加入 CMC 或野生植物胶。

5) 在失水量不大的情况下,可加入适量的石灰乳、水泥浆、食盐等。

(三) 钻井液的净化

在钻进过程中,由于岩屑或岩粉不断进入钻井液中,使钻井液的密度、黏度、含砂量等性能发生变化。因此,就需要在钻井液返出地面后及时除去钻井液中的岩粉,这项工作即称为钻井液的净化。目前主要有以下三种方法。

1. 稀释自动沉降法

该方法是利用岩粉颗粒在重力作用下自动沉降的原理清除钻井液中的岩粉。它的基本过程是,钻井液从孔口流入循环系统,经循环槽和沉淀池或箱时,岩粉沉淀下来,净化后的钻井液流入水源箱或泥浆池,再由水泵送入孔内。

为加速颗粒的沉淀,可以采取在循环槽中每 1.5~2.0m 设一挡板,也可以加长钻井液槽的长度,还可以通过增大钻井液槽的宽度来改变钻井液的流态,破坏钻井液的结构,从而使其中尽可能多的岩粉沉淀下来,达到快速净化钻井液的目的。

在不改变钻井液性能参数的前提下,加水稀释也是促使钻井液中的岩粉快速沉淀的行之有效的方法之一。

2. 机械除砂法

该方法是利用振动筛、离心分离机、旋流除砂器等设备进行除砂的,具有快速、高效的特点,是目前应用最为广泛的方法。

3. 化学絮凝除砂法

当使用孕镶金刚石钻头钻进时,所产生的岩粉是极其细小的,靠自重和机械除砂法难以达到清除岩粉的目的。实践证明,向钻井液中加入一些选择性絮凝剂并配合机械除砂，往往可以获得事半功倍的效果。分子量在 2.5×10^6 以上、水解度在 30% 左右的水解聚丙烯酰胺，就是一种较为理想的选择性絮凝剂。它可以使钻井液中的岩粉絮凝，从而使粒度变大并达到靠自重沉降和易被机械除掉的程度。

第四节 取心钻进技术

一、小径取心钻进

根据钻遇地层的软硬程度，小径取心钻进又分为松软地层和坚硬地层两种钻进类型。

（一）松软地层的钻进

在第四系松散层中的砂层、黏土、亚黏土、砂土及亚砂土，新近系的红黏土层等地层钻进时，易发生坍塌、漏失、缩径等复杂情况，给钻探取心带来困难，影响钻探质量。因此，在这些地段钻进时，应合理选择钻探设备、取心工具、配制优质钻井液、运用切合实际的钻进技术参数，才能达到取心效率高、钻进质量好的目的。

1. 钻进方法及钻机选择

一般用常规的回转钻进方法，钻机也选用性能比较稳定的 SPJ 和 SPC 系列钻机。

2. 钻头的选择

在松软岩层中，取心钻头主要是合金钻头和复合片钻头。当采用硬质合金钻头时，一般多采用肋骨钻头，如阶梯式肋骨钻头、螺旋式肋骨钻头和普通内外肋骨钻头。图 3-10 所示是 T310 小肋骨取心钻头，它在较软岩层中取心效果较好。对于破碎岩层或卵砾石层，经常用筒式取心钻头内壁焊径向短钢丝从而做成所谓钢丝绳筒式取心钻头。

在选择钻头时，一般要考虑三个方面的因素：一是钻头要有较大的底出刃，确保有较大的切入深度；二是要有较大的外出刃，以保证有较大的环状间隙，防止埋钻和糊钻事故的发生；三是要有合适的水口，对双管取心钻头，多采用底喷水眼，以防冲毁岩心。

（1）螺旋形肋骨钻头

它是在钻头体外焊上肋骨片，肋骨呈螺旋形。根据钻头直径大小，可焊接 3~6 片肋骨。肋骨底面与钻头底唇面一般在一个平面上。螺旋角顺钻头旋转方向与钻头底面成 150°，这种钻头不易糊钻，对于黏土、泥岩类地层非常适用。

（2）阶梯形肋骨钻头

它是在钻头体外直接焊肋骨片，肋骨片的底面比钻头底面高 10mm，可以焊成 2 级阶梯，每级差 10mm。采用 K_{531} 型小八角柱状合金时，每个肋骨片上加 2 块硬合金；如

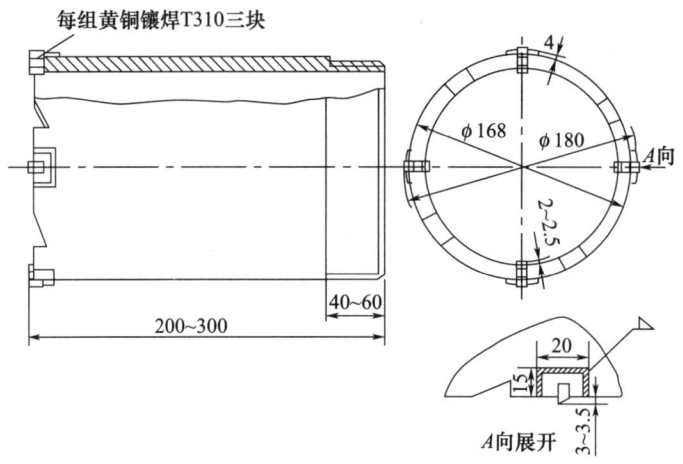

图 3-10 T310 小肋骨取心钻头

单位：mm

果采用 K_{534} 型大八角柱状硬合金，则每片肋骨加焊 1 块。这种分级破碎岩石的钻头，适用于作双管钻进的外管钻头。对钻进砂类、含砂黏土及页岩类地层特别有效。阶梯肋骨钻头修刮井壁效果好，但阻力较螺旋肋骨钻头大。利用这类钻头作双管钻头时，内外钻头的高度差视地层松散程度而定。一般砂土或亚砂土、亚黏土、黏土类地层，高度差以 40~50mm 为宜。

（3）内外型肋骨钻头

它是在钻头的内外部焊接肋骨片，以减少钻井液的阻力、钻头的糊钻和憋泵。肋骨片的厚度可减少到 5mm，均匀分布在内外钻头壁上。内肋骨片缩入钻头体唇面内 10mm，外肋骨片可以焊成阶梯状或平焊在钻头体外壁上。这种钻头在松散地层中除能减轻糊钻外，还有防止岩心滑落的作用。

3. **取心工具的选择**

软地层的取心，取决于地层的松散程度和取心的难易程度。一般情况下，使用普通单管取心工具，其连接方式如图 3-11 所示。对于松散、破碎的岩层，使用双管单动取心工具或井底局部反循环钻具，其上可以焊接接头或喷反钻具，以提高岩心的采取率和岩心的质量。

取心工具的连接，在直径较小或阻力不大时，一般采用丝扣连接；反之，用丝扣加焊接方式。在水文钻井及水井取心钻探时，一般连接钻铤，以改变钻具在井下的受力状态。当钻孔较深时，为防止井斜，在粗径钻具上部或钻铤上部加入一段扶正器。扶正器的外径与粗径钻具相同，其外形可以做成棱状或螺旋形棱状。

4. **钻进技术参数的选择**

（1）钻压

在松散的砂层、黏土和泥岩等软岩层取心钻进时，钻头的刀刃易于切入岩层，钻

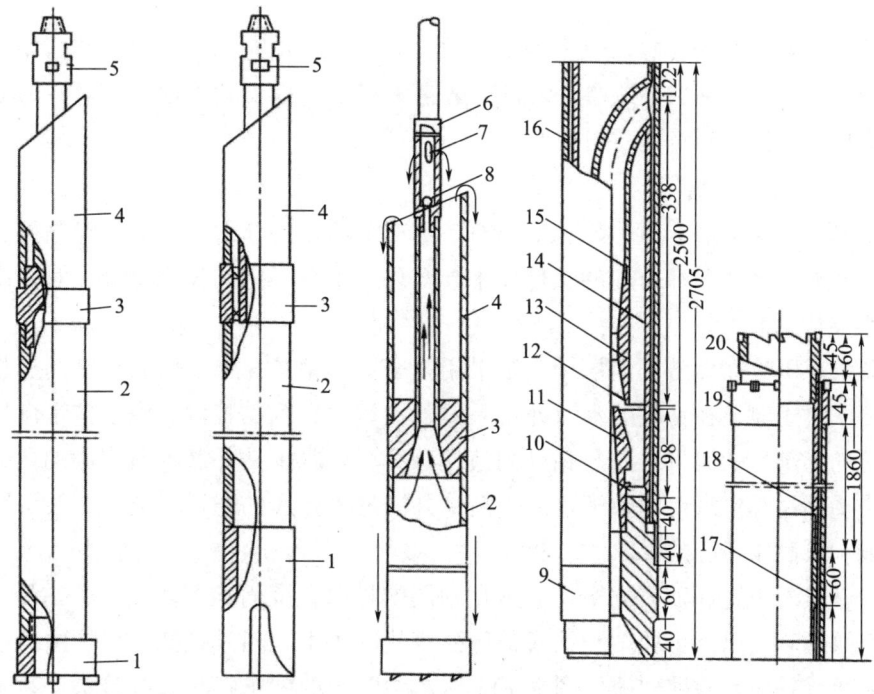

图 3-11 取心工具连接形式

1—钻头；2—岩心管；3—岩心管接头；4—取粉管；5—钻杆锁接头；6—无泵接头；7—回水口；8—球阀；
9—双管接头；10—锁母；11—喷嘴；12—导正环；13—承喷器；14—连接管；15—弯管；16—外管；
17—接箍；18—内管；19—外钻头；20—内钻头

单位：mm

压过大，刀刃切入过深，扭矩增大，易发生折断硬质合金和钻杆事故。因此，在这类地层钻进取心时，要根据所钻地层的性质和钻探设备的抗扭能力，选择合适的钻压。软岩取心钻头技术参数如表 3-3 所示。

表 3-3 软岩取心钻头技术参数

地层	钻头	技术要点	压力/(kg/颗合金)	转速/(m/s)	泵量/(L/min)
黏土类	合金肋骨钻头	大泵量、高转速	40~50	0.9~2.5	尽量大
砂类	普通合金钻头	轻压、中转速、中或大泵量	20~30	0.3~1.4	200~400

（2）转速

高转速对提高钻进效率是必需的，但还要考虑地层、设备性能及孔内的特定情况。一般的硬质合金钻头旋转的线速度为 1~1.5m/s。对于软岩层取上限，而相对较硬的岩层则取下限。

(3) 泵量

泵量的选取，对于岩心采取率的影响很大。确定泵量时，一是要根据所钻岩层的情况，对于易糊黏的黏土类地层，泵量可适当大点；二是要利于取心，对不易取心的松散的砂层类地层，泵量要适当小点。

5. 取心的技术措施

在软岩层中钻进取心时，除选对钻机，选准取心钻头和取心工具，配制好与之相适应的钻井液以及掌握好合理的钻进技术参数外，采取一定的技术措施，对提高取心率也有很大帮助。

一般情况下，在黏土类地层中，多采用弹子取心钻具。弹子取心钻具的操作是在钻进的回次终了时，在钻机的水龙处投一弹子（钢球）到钻杆内。弹子借水流的冲力到岩心管的上部，从而将岩心与钻杆内液柱分开，以减少钻井液柱对岩心的压力，防止岩心在提钻过程中滑落。弹子还能隔断钻井液进入孔底的通道，减少对钻头唇部的水力冲刷，有利于岩心的采取。

弹子钻具有单管和双管之分，它根据地层的松散程度而定。多数弹子钻具，投弹后仍能开泵循环，以减少埋钻和钻头被烧死事故的发生。同时也把钻杆柱中的钻井液放出，以免起钻时钻井液回溅。图 3-12 所示为常用的弹子钻具导径接头。黏土类地层硬度小、翻性大，切削具易于压入，并伴有钻井液的溶蚀、分解泥屑，排离孔底。当进尺较快时，如果泵量不足，常出现整泵、糊钻等现象。因此，钻进时多采用大泵量、高转速、勤活动钻具的操作方法。

砂类地层取心钻进的取心工具，多选用双层岩心管。一般情况下，双动双管钻具就能满足水文地质孔的取心要求。岩心管不宜太长，2~3m 即可。当钻进遇非常松散的流砂时，可采用内钻头带钢丝的单动双管钻具。

砂类地层结构松散，在钻头回转和钻井液冲刷下，很容易进尺。但是，井壁稳定、不坍塌是保证正常钻进的关键。为此，应使用良好的钻井液配合适当的泵量，防止钻井液冲垮井壁，多采用轻压力、中转速、较大的泵量，适用控制给进速度的操作方法。

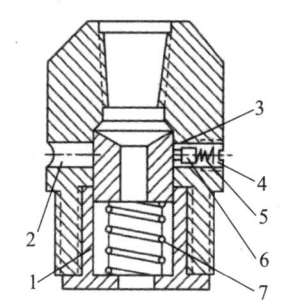

图 3-12 弹子钻具导径接头
1—弹簧座；2—排水孔；3—球阀座；4—小卡堵丝；
5—小卡弹簧；6—小卡；7—弹簧

（二）坚硬地层的钻进

坚硬地层一般是指第四系松散层中的卵石层、新近系及古近系中半成岩的钙泥质胶结的砂砾石层，以及基岩中较为坚硬的地层。

由于形成卵石和砂砾石的母岩多为石灰岩、白云岩、石英砂岩、花岗岩等较为坚硬的岩石，且其磨圆度相对较高、分选性较差，因而，卵石层和砂砾石层具有硬度高、分选性较差的特点。

1. 钻进方法及钻机选择

适合这类地层小径取心的钻进方法是冲击回转钻进。

冲击回转钻进是一种在回转钻进的同时加入冲击作用的钻进方法。它是在冲击和切削或冲击和磨削联合作用下破碎岩石的，是在钻头或岩心管上加装一个冲击器（也称潜孔锤），使钻头能同时产生冲击破碎岩石的作用，从而提高钻进效率。

冲击回转钻进由于所需的钻压较小、转速低，因而钻孔不易弯曲，孔内事故较少，原材料消耗降低，是当前一种优质、高效、低耗的钻进方法。它最适宜于钻进地层颗粒不均匀的岩层，如第四系松散层中的卵石层，新近系及古近系中半成岩的钙泥质胶结的砂砾石层；也适合钻进基岩中较为坚硬的岩层，在 6~9 级岩石中钻进效果尤为突出。冲击回转钻进不仅用于硬质合金钻进，而且也可以应用于金刚石钻进和牙轮钻进，适用范围在不断扩大。

冲击回转钻进的主要工具是冲击器。按工作介质的不同可分为液动和气动两种：工作介质为液体的叫液动冲击器；工作介质为压缩空气的叫气动冲击器，也叫潜孔锤。

液动冲击器动力源是水泵输送的高压流体，适用于坚硬地层取心。它的种类很多，而以阀式冲击器比较成功。阀式冲击器按其作用方式又可分为正作用、反作用和双作用 3 种。在我国，射流式和射吸式冲击器的研制已获得成功，并且投入了试验生产。

（1）阀式正作用液动冲击器

它是以液压推动冲击锤进行冲击，用弹簧复位的冲击器，其作用原理如图 3-13 所示。

它的工作过程是：高压液流流过冲锤活塞（6）的顶部后，由于活阀（5）封闭着冲锤活塞的中间水路而截断了高压液流的通道。当不断注入的高压液流达到一定的能量时，便推动冲锤活塞（6）向下运动，使冲锤碰撞铁砧（8）产生一次冲击作用。在活塞向下运动进行冲击的同时，也压缩冲锤弹簧（7），使其逐步储存能量，活阀（5）由于受到活阀座（3）的限制，在冲锤活塞（6）下行后便脱开接触，高压液流开始从冲锤活塞的中间水道流向孔底；冲锤活塞产生冲击作用后，因其顶部压力

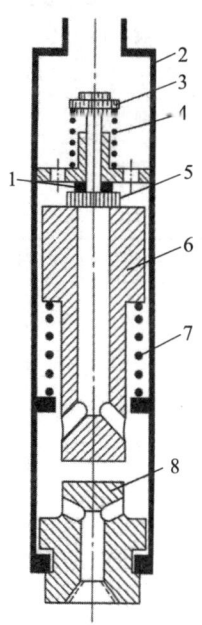

图 3-13 阀式正作用液动冲击器工作原理示意
1—缓冲垫圈；2—外壳；3—活阀座；
4—阀簧；5—活阀；6—冲锤活塞；
7—冲锤弹簧；8—铁砧

已被降低，被压缩的冲锤弹簧（7）便将所储存的能量释放出来，并把冲锤活塞推回到原来的位置。冲锤活塞上行至与活阀（5）相接触，其中间水道又被封死，截断高压液流，第二个周期复又开始。如此反复，形成连续的冲击作用。

从结构方面来看，正作用冲击器具有利用高压室上巨大的水锤能量做功，且工作性能比较稳定、结构简单以及便于缩小直径等优点。而其主要问题是在活塞向下运动进行冲击过程中，复位弹簧的反作用力抵消冲力太大，并以在冲锤冲击铁砧时达到最大。该冲击器结构简单，如果适当利用有效作用力，还是有一定发展前途的。

图 3-14 所示为 ZF-56 型高频冲击器结构示意。国内部分液动冲击器的技术参数如表 3-4 所示。

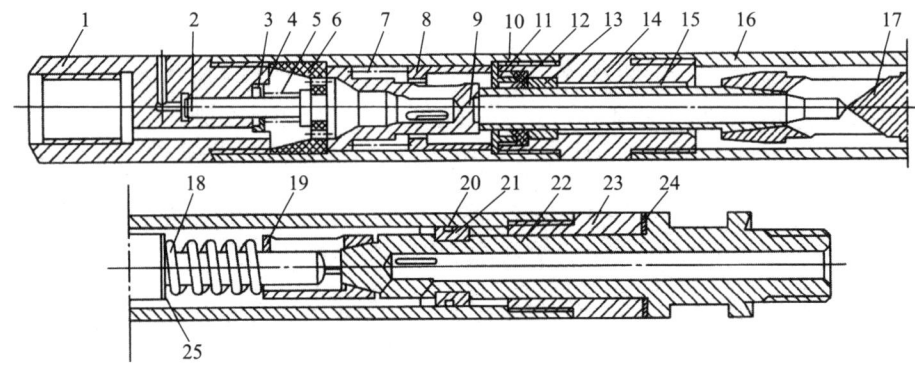

图 3-14 ZF-56 型高频冲击器结构示意

1—上接头；2—减耗阀；3—"O"形密封圈；4—压盖；5—减耗阀簧；6—减耗阀座；7—阀簧；8—限制座；9—活阀；10—阀壳；11—支承环；12—"V"形密封圈；13—铜套；14—中接头；15—活塞；16—外壳；17—冲锤；18—锤簧；19—下砧套；20—"O"形密封圈；21—卡瓦；22—联动接头；23—六方套；24—冲程调整垫；25—锤簧调整垫

表 3-4 国内部分液动冲击器的技术参数

型号	Ye-2	ZF-56	YZ-54	TK-56A	SH-54	SH-54	YS-74	SC-54	JSC-75	SC-89	SX54-Ⅲ
钻头直径/m	73	54	54	54	54	54	74	54	75	89	54
冲击器直径/mm	80~83	56	56	56	56	56	76	56	78	91	56
冲锤质量/kg	30	7	6	6	6	4.5	8	3~5	40	25	6
行程/mm	15~17	12~18	9~12	12~29	12~29	7~10	5~11	4~12	15~17	10~30	11.5~17
泵量/(m³/min)	0.08~0.10	0.045~0.095	0.055~0.115	0.06~0.18	0.06~0.18	0.05~0.09	0.05~0.12	0.06~0.10	0.12~0.20	0.18~0.30	0.08~0.14
泵压/MPa	1.47	0.75~1.2	0.6~1.3	0.7~1.5	0.7~1.5	1.0~4.0	0.6~4.0	2.0~4.5	1.96~5.3	1.0~4.4	2.0~4.5

续表

型号	Ye-2	ZF-56	YZ-54	TK-56A	SH-54	SH-54	YS-74	SC-54	JSC-75	SC-89	SX54-Ⅲ
冲击频率/Hz	>17	18.3~26	22~38	25~41.3	25~41.3	13.3~50	25~50	33~42	15~20	13.3~25	33~66
冲击功/J	7~80	4.7~14.6	4.8~14.7	4.4~17.2	4.4~17.2	5~17.6	5~40	5~25	6~68	6~75	5~20
冲击器质量/kg	55	20	17	20	20	20	32	30	70	50	18
冲击器长度/mm	2580	1500	1300	1660	1660	1265	1200	1500	1800	1480	1270
研制单位	华东地质探矿局	河北地质局	地质矿产部勘探所	原冶金部探矿所	原冶金部探矿所	辽宁地矿局	地质矿产部勘探所	长春地院	00269部队	长春地院	云南地矿局

（2）阀式反作用液动冲击器

它的作用原理与正作用相反，即利用液体压力增高，将冲锤从铁砧上提起并压缩弹簧。当分配机构（一般是活阀）打开液流通道而使液体压力下降时，冲锤在弹簧的弹力和冲锤的自重作用下，冲击铁砧，其作用原理如图3-15所示。

它的工作过程是：钻井液经钻杆进入外壳（2）内，高压液流开始作用于活塞冲锤（3）的下部，当其作用力超过压缩弹簧（1）的压缩力和活塞冲锤（3）的质量后，便迫使活塞冲锤（3）上行，同时压缩弹簧（1），使其储存能量。与此同时，铁砧（4）的水道被打开，液流开始流向孔底。此时，活塞冲锤（3）仍然以惯性继续上升，当其上升至死点时，活塞下部的高压液流畅通地流向孔底，并使压力降低。由于活塞冲锤（3）的自身质量和被压缩弹簧（1）释放出所储存能量的同时作用，促使活塞冲锤（3）急速向下运动，产生一次冲击作用。在产生冲击作用的同时，由于活塞与铁砧（4）相接触，而又封闭了液流流向孔底的通道。高压液流再次作用于活塞的下部，开始第二次重复动作。如此反复，形成连续的冲击作用。

反作用类型的液动冲击器必须用刚性大的动力弹簧，同时，为了保证有较高的冲击频率，必须供给较多的钻井液。弹簧还要经受钻井液的磨损和腐蚀。所以，这种弹簧必须严格设计和计算，并采用特殊的制造工艺。

（3）阀式双作用液动冲击器

它的主要特点是冲锤的正冲程和反冲程均由高压液流推动来完成，即高压液流通过控制阀的分配或射流元件的切换作用，使其在冲击器中反复变换流动方向，推动活塞上行或下行，产生往复运动，每往复一次，便产生一次冲击作用。它在结构上消除了最易疲劳破损的零件——弹簧。双作用液动冲击器各型号的结构虽然不大相同，但其工作原理基本一样，如图3-16所示。

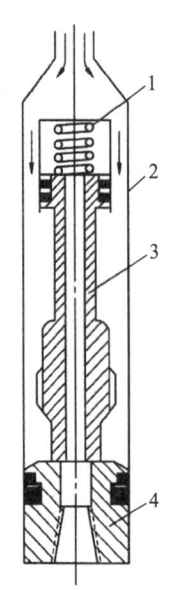
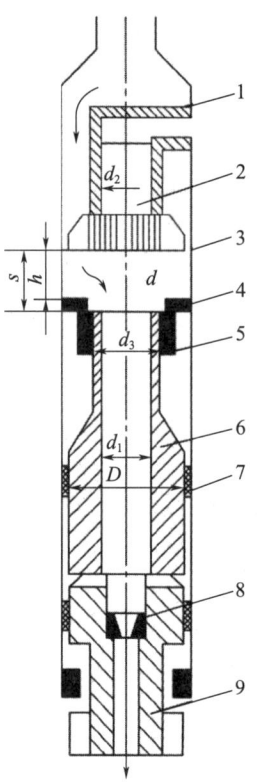

图 3-15 阀式反作用冲击结构原理示意
1—压缩弹簧；2—外壳；
3—活塞冲锤；4—铁砧

图 3-16 阀式双作用冲击器工作原理示意
1—带孔的活阀座；2—活阀；3—外套；
4—支撑座；5—导向密封件；6—塔形冲锤活塞；
7—导向密封件；8—节流环；9—铁砧

（4）射流式液动冲击器

它是利用射流元件作为液体控制装置的一种冲击器。它用一个双稳射流元件，将液体分配到活塞上下，使冲锤上下往复运动而不断地冲击铁砧，进行回转钻进。SC-89型射流式液动冲击器就是其中的一种，另外，还有云南地质矿产系统研制的SX54-Ⅲ型喷射式液动冲击器。

（5）射吸式液动冲击器

它是利用高压液流喷射时的卷吸作用，使活塞冲锤的上下腔产生交变压力差推动活塞往复运动。

2. 取心工具与钻头选择

（1）取心工具

在冲击回转钻进中，应尽量使用单动双管取心器或岩心管长度小于3m的单管卡簧取心器。对于气动冲击回转钻进中，为了提高岩、煤心采取率，一般用单动双管取心器。因为使用单管卡簧取心时，卡簧和钻头之间的间隙很小，岩心在单管内互相撞击、磨损，岩心碎块和岩粉容易使气路堵塞，造成气压骤然升高，甚至气体无法送到钻头底部，致使钻头烧坏，岩心取不上来。

（2）钻头

目前，我国冲击回转钻进中，多使用 PDC 钻头，部分使用硬质合金钻头。由于在冲击回转钻进时，钻头上同时作用着冲击力和剪切力，切削具承受着纵向和横向交变载荷的双重作用，因而对钻头刚体、切削具、钻头结构以及镶焊方法等都提出了较高的要求。

1）钻头钢体。在冲击回转钻进中，钻头钢体同时承受着冲击载荷、轴向静载荷、回转扭矩及侧向挤压等方面力的作用，所以，钻头钢体要求具有抗弯、抗扭、抗挤压性强，耐冲击以及与焊料有良好的结合力。

我国目前常用 40Cr、45CrNi 钢料作为钻头的钢体材料。钻头的壁厚一般为 10~14mm，全长 85~120mm，水口高度为 10~15mm，水槽深度为 2~3mm、宽度为 10mm 左右。

2）硬质合金。冲击回转钻进时，硬质合金切削具承受着各种复杂的载荷，因此，都采用柱状合金。一般采用韧性较大的 YG15、YG11C、YGSC、YG4 等型号的硬质合金，国内常用的冲击回转硬质合金钻头如表 3-5 所示。

表 3-5　国内常用的冲击回转硬质合金钻头

类型		适应地层	钻进参数
液动	ϕ91 长方片	6~9 级，粉砂岩、石英砂岩、闪长岩	钻压 6~8kN 转速 150~300r/min 泵量 120~180L/min
	ϕ91 大八角	5~7 级，安山岩、砂岩等	钻压 5~10kN 转速 150~300r/min 泵量 100~180L/min
	HCT	6~8 级，石英砂岩等	钻压 4~8kN 转速 60~160r/min 泵量 120~180L/min
	JCT	8~10 级，石英角岩、石英钠长岩等	钻压 7~10kN 转速 300~600r/min 泵量 120~180L/min
气动	锥球齿	6~11 级，玄武岩、砂岩、砾岩等	钻压 6~10kN 转速 15~30r/min 空压机风量 9m³/min 空压机风压 0.5MPa
	球形齿	6~9 级，石英砂岩、石英岩等	钻压 8~12kN 转速 15~30r/min 空压机风量 15~20m³/min 空压机风压 1.0~2.0MPa

3. 钻进技术参数的选择

（1）钻压

在钻进卵石及砂砾石时，由于其硬度较高，岩石的抗破碎强度大，基本是以冲击进行岩石的破碎，因而，所采用的钻压应该小些，一般可控制在 4~6kN。钻压过大，不但会增加回转阻力，造成硬质合金过早磨损，而且会产生崩刃或崩脱切削具等现象，导致钻进效率降低；钻压过小，则不能克服冲击器所产生的反弹力，影响冲击能量的传递效果，同样也会造成钻进效率降低。

（2）转速

要使岩石形成块状崩落，必须有自由面。如果没有自由面，即使给予再大的能量，也不能使岩石形成块状体破碎，只能在岩石面上形成碎屑陷窝。为了获得理想的自由面，改善冲击碎岩效果，必须选择最佳冲击间隔。而冲击间隔，实质上就是转速问题。

如果 2 次冲击间隔过大，即转速过高，岩石只能部分崩落或者只形成 2 个冲击陷窝，中间的岩石根本没有崩落，而只能靠冲击刃在回转当中将陷窝边缘的碎屑扩去。这样的钻进过程，容易过早地磨损或崩坏硬质合金，破碎岩石的效果较差。

钻进卵石及砂砾石时，其转速可在 300~600r/min。

（3）泵量

泵量直接影响着冲击频率的高低和冲击功的大小，进而影响钻进效率。因此，在实际工作中，只要条件允许，水泵能力足够，就要尽量满足冲击器工作时的泵量，并尽可能大些，以弥补管路各接头的泄漏损失。目前，阀式冲击器的泵量一般为 80~150L/min，射流式冲击器的泵量一般为 200L/min。在具体工作中，可根据孔内情况、地层岩性、井深、钻井液的性能等进行适当的调整。

（4）泵压

泵压除用来克服冲击器及管路上的阻力损失外，还应满足冲击器的做功需要。随着泵压的提高，冲击器的冲击功和冲击频率也相应增大。同时，冲击回转钻进效果的好坏，在很大程度上取决于泵压。从目前所用冲击器结构来看，使用阀式冲击器时，泵压一般宜控制在 1.5~2.5MPa；使用射流式冲击器钻进，泵压宜控制在 2.5~4MPa。

4. 影响冲击回转钻进效率的因素分析

（1）冲击功对钻速的影响

冲击回转钻进的效率，在大多数情况下主要取决于冲击功的大小，而增大冲击器的单次冲击功，主要依靠增大冲击锤质量和冲击速度。冲击速度对钻进有相当大的影响，只有在冲击速度大于 5m/s 时，岩石的变形量和破碎穴深度才能达到最大值。但是，岩石在动载作用下显示较大的抗破碎阻力，而且载荷作用的时间很短，岩石形变不能在较大的体积内充分扩展，导致单位体积所需破碎功增大。

因此，在一般情况下，增大冲击速度会导致单位体积破碎功增大。但是，在冲击回转钻进中，由于还作用有轴向压力，切刃下的岩石处于预加应力状态，改善了冲击功的传递,因而当冲击速度提高到一定值时,可能有较好的作用。同时,它还增加了单位时间内的冲击次数,对提高钻速有利。

(2) 岩心和岩心管的影响

在钻进过程中,岩心逐渐进入岩心管内,阻塞钻井液的流动,增大了冲击器的排水阻力。这样就相应地减少了冲击器的冲击功和冲击频率,降低了钻进效率等指标的提高。特别是在发生岩心管堵塞时,会严重影响冲击器的工作性能,甚至会使冲击器停止工作。所以,在冲击回转钻进中,要特别注意防止岩心堵塞。为此,应尽可能选用短岩心管,并选用质量小而刚度大的材质来制造;回次进尺也不要太长,钻头、卡簧等力求有较大的过水断面。

(3) 冲击器类型的适用性

岩层的性质对冲击回转钻进效率有很大影响,因而要根据岩层的性质来选择冲击器。高压型冲击器比低压型的效率高。另外,随着钻孔深度的增大,水泵的泵量和泵压也要相应提高,否则会影响钻进效率的提高。此时,就应增大孔底的能量供应,提高能量的传输效率。为此,必须降低由于钻具与孔壁摩擦(向上阻力)产生钻具吊挂效应,否则能量的传输效率就不能提高。

(三) 完整基岩的钻进

在完整基岩的小径钻探中,所使用的钻进方法为硬质合金钻进、金刚石钻进、钢粒钻进和绳索取心钻进。

金刚石取心钻头在水文钻井中的应用不是很广泛。其主要原因有两点:一是金刚石钻头钻进要求高转速,而常用水文、水井钻机的转速都普遍偏低,无法满足其要求;二是金刚石钻头费用大,而且水井钻孔一般较浅,从而造成钻探成本相对较高。

水井钻孔的孔径一般较大,并且对取心的要求程度相对较低,因而绳索取心钻进在水文钻井中也很少用到。

因此,适合完整基岩小径取心的钻进方法只有硬质合金钻进和钢粒钻进。下面对这两种钻进技术进行介绍。

1. 硬质合金钻进

它是将硬质合金镶焊在切削具上,进行破碎岩石的钻进方法。

它的钻进机理是:钻头体上所镶的硬质合金切削具,主要受到轴向压力 P_y 和水平回转力 P_x 的作用,如图 3-17 和图 3-18 所示。

当轴向压力 P_y 达到一定值,切削具对岩石的单位压力超过岩石的抗压强度时,切削具便切入岩石一定深度。与此同时,在回转力 P_x 的作用下,切削具也向前挤压。如果岩石较脆,则受力体 aob 被剪切推出;如果岩石是塑性的,切削具前部的岩石被削去一层。切削具就是这样在轴向力和水平回转力的双重作用下,不断地切削岩石,呈螺旋状前进,使钻孔不断加深。

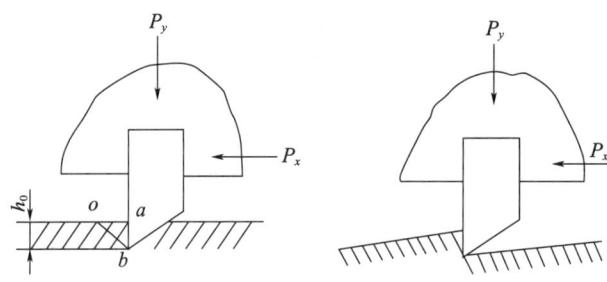

图 3-17 硬质合金钻进机理示意

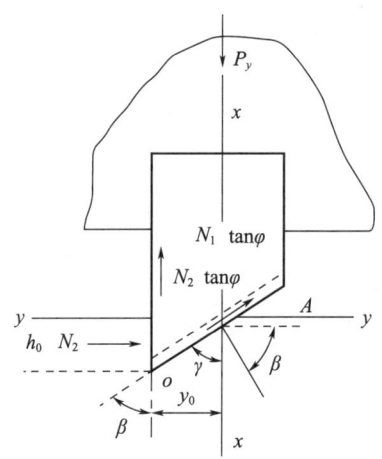

图 3-18 合金钻进理想受力情况

硬质合金具有高硬度和强度的特点。它本身的硬度可达 HRA90，比莫氏硬度为 9 级的刚玉的硬度还要大。

硬质合金钻进的优点是：切削具固定在钻头体上，可以钻进任意倾角的地层，钻进不受孔向、孔径、孔深的限制，适应面广；钻孔的孔径与岩心基本一致，孔壁表面比较光滑，孔斜度较小，钻孔质量相对较高；可根据不同的岩性设计不同类型和几何形状的钻头，钻头的加工工艺相对简单；钻进操作简便，规程参数允许变化范围较大。

从上述分析可以看出，切削具的强度与硬度应大于所切削的岩石的强度和硬度，并且要有足够轴向压力切入岩石，有足够的回转力来有效推挤或剪切前方的岩石，从而达到钻进取心的目的。

(1) 钻头和钻具的选择

1) 钻头。硬质合金取心钻进适用于 3~6 级的软到中硬岩层，常用普通筒式取心钻头。其设计原则与普通地质钻探取心钻头基本相同。只不过在设计时，要考虑到水井钻孔直径较大这一因素。由于孔径较大，单位孔深破碎的岩石量大，所以要求钻头的耐磨性好、强度大；钻头上硬质合金的外出刃选为 1.5~2mm，内出刃为 1~1.5mm，底出刃为 1.5~3mm；硬质合金的布置常采用中八角或大八角柱状（型号为 T107、T110）。

硬质合金镶焊的数量，取决于岩层硬度和钻头直径。由于水文钻井的钻头直径大，所以不能按 4 组或 6 组布置合金。一般可按钻头圆周长每 50~80mm 布置一颗或一组合金，并可根据岩层软硬程度适当调整。

对配备大泵的水文钻机，因泵量大且可调范围小，因而，合金取心钻头的水口应相应增大。

2) 钻具。对于水文钻井，目前一般可参照 2 种钻具组合，如图 3-19 所示。

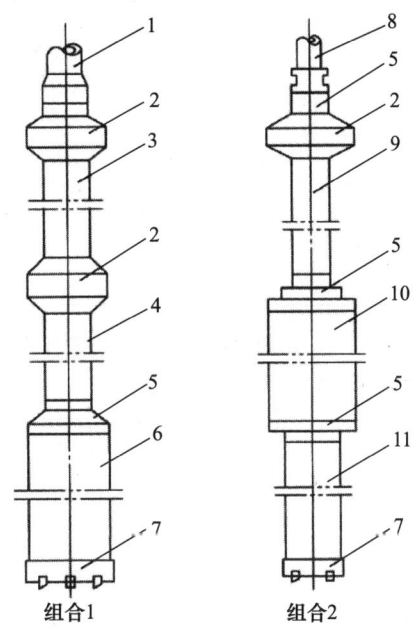

图 3-19 硬质合金取心钻具组合示意

1—89 钻杆；2—扶正器；3—120mm 钻铤；4—146mm 钻铤；5—变径接头；6—219mm 岩心管；
7—钻头；8—63.5mm 钻杆；9—89mm 钻铤；10—原径岩心管；11—变径岩心管

(2) 钻进技术参数

1) 钻压。岩石性质是确定钻压的主要依据。一般情况下，在钻进较硬或研磨较强的岩石时，应采用较大的钻压；钻进松软的岩石时，可用较小的钻压；钻进裂隙发育的岩层时，采用的钻压应比正常的减少 20%~30%。在钻进较大倾角的岩层时，也应该适当减少钻压，以防孔斜。

试验表明，胎块针状自磨式钻头所需的钻压，比磨钝式钻头的大 20%，这是因为胎块中针状合金的总截面积要比磨钝式钻头中合金与岩石的总接触面积大，同时还有一部分钻压被消耗在胎块的磨损上。

在设计水井钻孔的钻压时，现场通常以每块合金的承受压力来计算，即：

$$P = knp \tag{3-1}$$

式中，P 为钻压（N）；k 为加压系数，取 1.1~1.2；n 为合金块数；p 为单块合金所能承受的钻压（N）。

单块硬质合金所能承受的推荐压力值如表 3-6 所示。实践证明，不同岩石、不同的切削具形状，单位切削具上的钻压也不同，其钻压推荐值如表 3-7 所示。

表 3-6 单块硬质合金所能承受的推荐压力值

形状		型号	尺寸/mm	压力/N
方柱状		T007	10×7.5×3	980~1176
小八角		T105	φ5×10	980~1176
中八角		T106	φ6×10	1176~1470
		T107	φ7×15	1176~1470
大八角		T110	φ10×16	1764~1960
针状	直径 2mm	T210	φ1.8×10	294~392
	直径 2.5mm	T215	φ1.8×15	343~493
	排状			1372~1960
	胎状			2450~3260

表 3-7 不同岩石切削具钻压推荐值

岩石性质	切削具类型	加在切削具上的压力
软的、塑性的 1~3 级岩石	片状合金	490~580N/颗
中硬的、均质的 4~6 级岩石	柱状合金	690~1180N/颗
硬的、致密的 7~8 级岩石	柱状合金	880~1470N/颗
硬的、研磨性的 6~8 级岩石	针状合金胎块	1500~2000N/块

2）转速。水井钻孔的孔径比常规地质孔的直径要大，因而，相同转速的线速度也大得多。现场常以钻头刃具旋转的线速度来确定转速，线速度一般为 0.5~1.5m/s。常用水源钻机不同转速下钻头的线速度如表 3-8 所示。

表 3-8 常用水源钻机不同转速下钻头的线速度

钻机型号	转速/(r/min)	直径/mm									
		110	130	150	225	280	300	330	350	435	550
STJ-1000	48	0.276	0.327	0.377	0.565	0.704	0.754	0.829	0.88	1.093	1.382
	69	0.397	0.470	0.542	0.813	1.012	1.084	1.192	1.264	1.572	1.987
	110	0.634	0.749	0.864	1.296	1.613	1.728	1.90	2.016	2.505	3.168
	190	1.094	1.293	1.429	2.238	2.786	2.985	3.283	3.482	4.328	5.472
SPC-300H	52	0.299	0.354	0.408	0.613	0.762	0.817	0.898	0.953	1.184	1.497
	78	0.449	0.531	0.613	0.919	1.144	1.225	1.348	1.429	1.777	2.246
	122	0.703	0.830	0.958	1.437	1.789	1.916	2.108	2.236	2.779	3.513

续表

钻机型号	转速/(r/min)	直径/mm									
		110	130	150	225	280	300	330	350	435	550
TK-3	54	0.311	0.368	0.424	0.636	0.792	0.848	0.933	0.99	1.23	1.555
	92	0.53	0.626	0.723	1.084	1.349	1.445	1.59	1.686	2.095	2.649
	161	0.927	1.096	1.264	1.897	2.36	2.529	2.782	2.95	3.667	4.636
	257	1.48	1.750	2.018	3.028	3.768	4.037	4.44	4.71	5.854	7.401
	396	2.281	2.695	3.110	4.665	5.806	6.22	6.842	7.527	9.02	11.404

3) 泵量。由于水文钻井的孔径相对较大，环状间隙也大，因此，要求有大的泵量。有人认为，钻井液在环状间隙的上返速度能有效挟带岩屑，对于泥浆来说，最低的上返速度为 0.25~0.3m/s，对于清水为 0.5m/s。根据最低的上返速度，可用下式计算出最小的泵量：

$$Q_{\min} = 4.712 \times 10^{-2} [(KD)^2 - d^2] v_{\min} \qquad (3-2)$$

式中，$Q_{\min}$ 为最小泵量（L/min）；K 为孔径扩大系数，坚硬稳定岩石取 1~1.05；D 为钻头直径（mm）；d 为钻杆外径（mm）；$v_{\min}$ 为钻井液上返速度（m/s）。

现场往往根据供水情况和设备能力来决定清水泵量，在清水钻进有严重漏失的情况下，只要供水条件允许，应尽设备能力加大泵量。

在钻进过程中，合理的钻压、转速和泵量的相互配合才能获得最优的破岩效果。钻进松软、研磨性小的岩石，切削具易切入，应尽量做到及时排粉，延长钻头寿命，因而，应采取高转速、小钻压、大泵量的参数配合；钻进研磨性较高的中硬及部分硬岩石时，为保持较高的钻速，防止切削具过早磨损，应采用大钻压、低转速、中等泵量的参数配合；介于两者之间的中等研磨性中软岩石，则应取两者参数的中间状态。一般来说，钻进 4~5 级以下的岩层，以高转速、大泵量为主；钻进 5~6 级以上的岩层，以较大的钻压为主。

2. 钢粒钻进

钢粒钻进，又称钻粒钻进，是一种用未镶焊切削具的钻头压住钢粒，并带动它们在孔底翻滚而破碎岩石的钻进方法。

它的碎岩机理是：在岩心管的下端安有钢粒钻头，钻头上开有水口，投有一定量的钢粒，钢粒钻头就压在这些钢粒上。在钻进过程中，钢粒在钻头传递轴向压力 P_x 和回转力 P_y 的作用下，在孔底翻滚。由于钢粒本身的形状和尺寸不均，这种翻滚对孔底产生一定的脉动冲击。同时由于钢粒钻进的孔壁间隙大、孔底不平等原因也产生脉动冲击。在各种脉动冲击力作用下，岩石主要产生压碎和压裂破坏，从而达到破碎岩石的目的，如图 3-20 和图 3-21 所示。

钢粒钻进是一种传统钻进方法，始于 19 世纪后期，主要用于中等硬度岩石的钻进。但随着硬质合金、金刚石钻进技术的广泛应用和日益成熟，钢粒钻进已逐渐被取

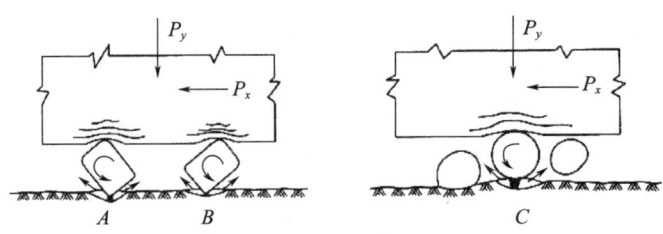

图 3-20　钢粒钻进的压碎碎岩示意

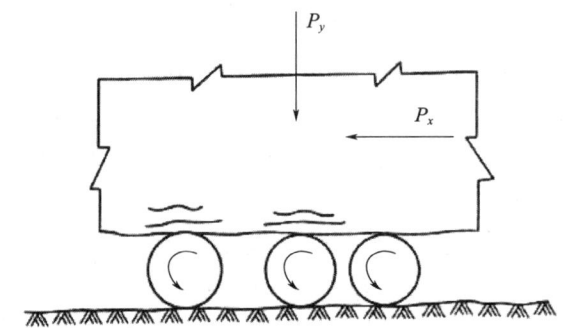

图 3-21　钢粒钻进的压裂碎岩示意

代。由于我国各地发展的不平衡性和地层的多样性，钢粒钻进目前仍有相当大的市场潜力。

钢粒钻头的磨粒不固定在钻头上，使得它有以下两个方面的优点：一是钢粒翻滚碎岩产生的纵向脉动冲击，可以破碎硬度比钢粒本身还要大的岩石；二是钻进过程中，钢粒消耗后可继续补给，从而可以延长回次钻进时间，对坚硬和研磨性强的岩层十分有利，钻进成本明显低于金刚石钻进。

由于钢粒不固定在钻头体上，也有不少缺点，使用上也有一定的局限性，具体表现在以下三个方面：一是钢粒在破碎孔底岩石的同时，也破碎孔壁和岩心，以致孔径扩大，岩心变细，容易造成岩心采取率降低和孔斜超限，影响钻孔质量；二是受钢粒自身质量的作用，它只适用钻 75°～90°的斜孔或直孔，不能钻进大裂隙、溶洞或涌水量大的钻孔；三是钻进工艺比较复杂，特别是钻井液量的调节，必须适应孔底钢粒分布及分选的要求，且需随孔底情况的变化而改变，难以掌握。

（1）钻头的选择

水文钻井中对钢粒钻头的材质、钢粒的要求与其他地质勘探的要求基本相同。由于水文钻井中的钻孔孔径较大，因而，钢粒钻头的高度应相应增加，水口尺寸也要相应增大。

钢粒钻头的水口形状很多，主要有单斜边形、单弧形、双斜边形和双弧形四种，如图 3-22 所示。可以看出，弧形比直斜边的导砂性能好，但加工困难。为了避免过多地减少有效工作底唇面积，常常采用双斜边和双弧形水口。

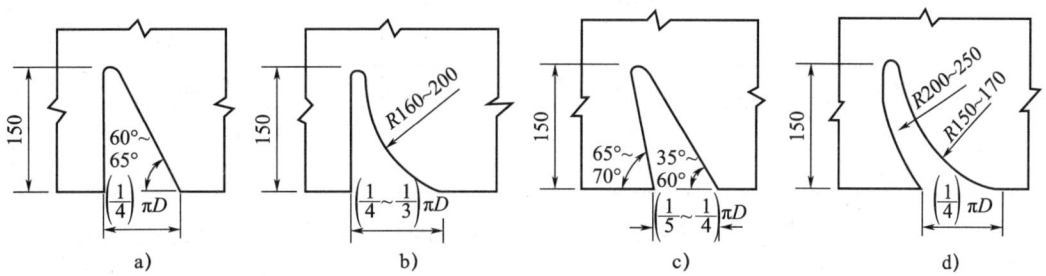

图 3-22 钢粒钻头水口展示示意
a) 单斜边形；b) 单弧形；c) 双斜边形；d) 双弧形
单位：mm

（2）钻进技术参数

1) 投砂方法和投砂量。投砂方法分为一次、分批和连续三种。常用的是一次和分批投砂法。一次投砂法是在钻程开始前，把回次进尺所需要的钢粒一次投入孔内的方法；分批投砂法是在回次开始前，先投入回次所需钢粒总量的 50%~60%，待钻进一段时间后，确认孔底钢粒消耗得差不多时，再从钻杆分一次或两次补投其余的钢粒。目前，大径钢粒钻进多采用一次投砂法。

投砂量的多少直接影响着钻进的效率和孔内的安全。投量过多，容易造成卡钻等情况；过少则会影响钻进效率。一般情况下，投砂量根据钻头直径和岩石的可钻性确定。其经验公式如下：

$$Q = kF \tag{3-3}$$

式中，Q 为一个回次的投砂量（kg）；F 为钻头底面的环状面积（cm^2）；k 为单位环状面积投砂量（kg/cm^2），对 5~6 级岩石，取 0.05~0.06，对 7~8 级岩石，取 0.07~0.08。

$$F = \delta [\pi(D-\delta) - ne] \tag{3-4}$$

式中，δ 为钻头壁厚（cm）；D 为钻头直径（cm）；n 为水口数；e 为单个水口宽度（cm）。

现场可根据每次取出钻头的磨损情况和回次进尺来修正下一回次的投砂量。

2) 钻压。在钢粒钻进中，钻压对孔底碎岩的方式和效果都有直接的影响。钻压不足，钢粒只能达到轻微的压裂程度，需要多次反复碾压才能产生表层碎岩，钻进效率不高；钻压过大，钢粒则被压碎，或因钢粒压入岩石、钻头唇面，翻滚阻力加大，造成机械转速下降，也同样影响钻进效果。

通常用式（3-5）计算钻压：

$$P = pF \tag{3-5}$$

式中，P 为轴向钻压（kN）；p 为钻头单位唇面面积所需的压力（kN/m^2）；F 为钻头唇面的实际面积（m^2）。

在钢粒钻进中，最优的单位压力为 7.5~9.5MPa。钢粒钻进压力推荐值如表 3-9 所示。

表 3-9　钢粒钻进压力推荐值

岩石级别	压力/MPa	钢粒规格
7~8 级	2.94~3.43	直径 2mm
8~9 级	3.43~3.92	抗碎强度 11.76kN/粒
10 级以上	3.92~4.90	洛氏硬度，50

在实际生产中，若钻头的唇面硬度大，钢粒强度高，岩石的硬度大，钻压宜选高一点；反之，则选低一点。

3）转速。转速的大小关系到钻粒在孔底滚动的速度和破岩的效率。在一定条件下，转速大就意味着钻粒在单位时间内的滚动次数多，滚动的路程长，对岩石施加的动载荷也增强。但是，转速过大，会使钻粒提前破碎，钻具摆动大，孔壁相应扩大，磨细岩心，使钻具弯曲，增大与孔壁的磨损力，从而抵消一部分钻压。转速过小，会使钻进效率低下。

转速的大小与钻孔深度的大小也有紧密联系。孔深时，转速过大，相应的回转阻力就大，同时，钻杆柱也出现弯曲，轴向压力不能传到孔底，造成动力的损耗。

总之，在钢粒钻进中，合理的转速对钻进效率的影响是巨大的。一般情况下，钢粒钻进转速推荐值如表 3-10 所示。

表 3-10　钢粒钻进转速推荐值

岩石级别	孔深/m	转速/（r/min）
7~9 级	0~200	180~250
	200~400	180
	>400	150~180
10 级以上	0~300	180
	>300	150~180

4）泵量。在钢粒钻进中，钻井液在孔底循环，不仅起着清除岩粉和冷却钻头的作用，而且起着分选、更新钢粒和促使钻头唇面下合理布砂的作用。钻井液量不足时，较粗粒的岩粉冲不上来，大量积聚在孔底，使工作钢粒不能直接与岩石接触，钢粒滚动阻力加大，削弱了钻头对孔底的脉动冲击，从而使碎岩效率降低，同时也容易造成卡钻和埋钻事故。钻井液量过大时，则会把钢粒冲离孔底，使钻头直接接触岩石，钻进无法进行。

确定泵量的经验公式如下：

$$Q = qD \quad (3-6)$$

式中，Q 为泵量（L/min）；q 为经验系数，清水取 4~6L/(min·cm)，泥浆取 3~4L/(min·cm)；D 为钻头直径（cm）。

钻进中随着钻头的磨损，水口出水面积也逐渐减小，而在一定的泵量下，水口的返水速度将增大。当返水速度增大到一定程度时，会影响钻井液的合理布砂作用。所以，在钻头磨损到一定高度后，应减少泵量。一般回次终了时的泵量相当于开始时的70%左右为佳。

为了防止小泵量时岩粉在岩心管上部大环形间隙处上返不利，往往在岩心管上部接一岩粉管，随钻捞取沉淀的岩粉。

钢粒钻进的技术关键是泵量与其他钻进技术参数的配合。配合适当时，转盘转动轻快，声音均匀、正常，进尺平稳；配合不当时，转盘负荷增大，进尺减慢，并可能出现上提遇卡甚至发生钢粒卡钻事故。严重的钢粒卡钻事故往往是泵量过大造成的。因此，在钻进中，发现不正常情况应及时调整泵量。

二、大径取心钻进

大径取心钻进与常规的小径取心钻进没有本质区别，只是由于孔径增大，破岩环形面积增大，要求的钻进技术参数与之相应地改变。一般情况下，大径取心钻进要求钻压大、泵量大，钻进所需的扭矩也大。这就要求配备能力强的钻机和泥浆泵，使用大直径的钻铤和钻杆。

在水文钻井中，所遇到的坚硬岩层通常为基岩的破碎带、带溶隙的石灰岩和第四系松散层中河床相沉积的漂石、卵石、砂砾石等。这类地层用切削具的钻头进行钻进时，切削具很容易被崩落，不但难以取心，而且效率低，易产生孔斜。当前，对于这类地层，大径取心钻进多采用钢粒钻进。

（一）钻头的选择

钢粒钻头用大直径钻头料或地质钻探管材制作，形式多种多样，其钻头高度和水口尺寸较大，如图3-23所示。

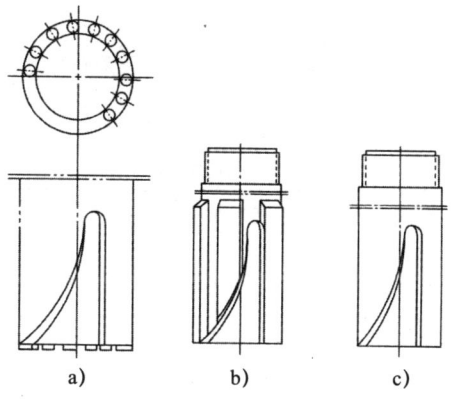

图3-23 大直径钢粒钻头

a) 普通钢粒钻头；b) 肋骨式钢粒钻头；c) 镶有合金的钢粒钻头

一般使用的钢粒为 $65^{\#} \sim 70^{\#}$ 碳素合金钢丝切制，其直径为3.5~4.0mm，长度为4mm以上，圆柱体，经热处理硬度为HRC50，抗压强度为14~17kN/粒。

当钻进的地层是大卵砾石或非常破碎的基岩破碎带时,为了使岩心不在提钻时脱落,常在钻头体嵌些钢丝,钢丝的长度可按钻头内径的2/3计算,如图3-24所示。

(二) 钻进技术参数

由于在大径钻进中,孔内环状间隙较大,运动的钻杆产生的弹性脉动冲击力比小径钻进时要大得多。当钻进遇破碎岩石或大卵砾石时,这种冲击力更大。钢粒能吸收一些冲击力,钻进过程中要平稳得多。另外,在同样的线速度下,直径大、转速低,离心力也较小,因此,大直径钻进中,采用钢粒钻进,有利于钻头压住钢粒。但是,由于直径大,一旦粗径钻具被钢粒"夹死"而出现事故,那么处理起来是非常困难的。

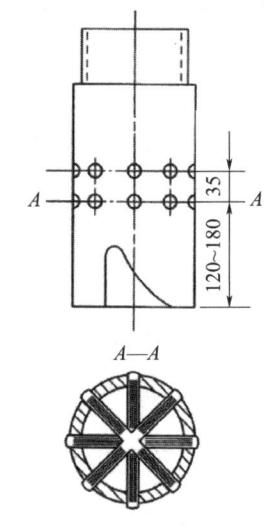

图3-24 嵌钢丝钢粒钻头示意
单位:mm

大径钢粒钻进和小径钢粒钻进虽有相似之处,但其钻进参数相差较大。

1. 钻压

根据钻头单位底唇面积压力计算:

$$P = qF \quad (3-7)$$

$$F = 0.785 (D^2 - d^2)(1 - K_n) \quad (3-8)$$

式中,P为钻头总压力(kN);q为钻头单位面积上的压力(表3-11)(kN/cm^2);F为钻头底唇面积(cm^2);D为钻头外径(cm);d为钻头内径(cm);K_n为水口占唇面比例。

由于水井钻孔的孔径大,钻头底周面积也大,按式(3-7)、式(3-8)及表3-11中的钻压有时无法满足,所以在钻具配合上,多采用大直径钻铤,如直径120~178mm的钻铤来保证足够的钻压。

表3-11 钢粒钻进钻压

岩石级别	压力/MPa	钢粒性质
5级	2.0~2.5	直径:3.5~4.0mm 抗压强度:14~17kN/粒 硬度:HRC≥50
6级	2.5~3.0	
7级	3.0~3.5	
8级	4.0	

2. 转速

转速常用圆周线速度来度量。在一定条件下,钢粒钻进的转速越大,钢粒在孔底的滚动次数就越多,运动轨迹长,破碎岩石机会多,钻进效率也相应提高。但是提高钻头转速时,也应考虑岩石性质、孔深、钻头直径及钢粒在孔底的碎岩状态等。

大径钢粒钻进转速的选择,目前多为圆周线速度 1~2m/s。岩石坚硬时选低值,松软时选高值。当使用转盘转机时,转速的下限可降至 0.7m/s 左右。钻头转速、直径与线速度关系如表 3-12 所示。

表 3-12 钻头转速、直径与线速度关系

钻机型号	转速/(r/min)	直径/mm						
		200	300	350	400	450	500	550
SPJ-300	40	0.419	0.628	0.733	0.837	0.942	1.047	1.151
	70	0.733	1.099	1.282	1.465	1.649	1.832	2.015
	128	1.34	2.01	2.345	2.68	3.014	3.35	3.684
SPC-500H	52	0.544	0.816	0.952	1.089	1.225	1.361	1.497
	78	0.815	1.224	1.428	1.632	1.887	2.041	2.246
	128	1.277	1.916	2.235	2.554	2.872	3.193	3.511
SPC-500	42	0.44	0.659	0.77	0.879	0.989	1.099	1.209
	70	0.733	1.099	1.282	1.465	1.649	1.832	2.051
	110	1.15	1.725	2.012	2.3	2.585	2.874	3.16
	203	2.126	3.187	3.72	4.248	4.78	5.314	5.841
红星-400	22	0.23	0.345	0.403	0.46	0.518	0.576	0.633
	59	0.618	0.926	1.08	1.235	1.689	1.544	1.698
	86	0.901	1.415	1.576	1.8	2.025	2.251	2.475
	126	1.32	1.978	2.309	2.637	2.967	3.298	3.956

3. 泵量

泵量的选择,应根据岩石性质、钻头水口数目和大小、投砂量、钢粒质量、孔径及投砂方法等综合确定。常用式(3-9)计算:

$$Q = KD \tag{3-9}$$

式中,Q 为钻井液量(L/min);D 为钻头直径(cm);K 为经验系数,取 4~6L/(min·cm)。

实际选用时,回次时间与钻头直径对应冲洗液量如表 3-13 所示。

表 3-13 回次时间与钻头直径对应冲洗液量

回次时间	钻头直径/mm	钻井液量/(L/min)
开始	225	90~130
终了		70~100
开始	280	110~170
终了		90~130
开始	335	130~200
终了		110~170

续表

回次时间	钻头直径/mm	钻井液量/（L/min）
开始	385	150~230
终了		130~200
开始	430	170~260
终了		150~230

4. 投砂方法和投砂量

大径钢粒钻进一般多采用一次投砂法。只有当钻遇严重破碎带或其他严重孔内漏砂时，才采用分批投砂法，投砂量一般根据岩石性质、钻孔直径、回次进尺和孔内残留钢粒而定，不同直径钻头回次投砂量如表3-14所示。

表 3-14 不同直径钻头回次投砂量

岩石级别	经验系数 K	钻头直径/mm				
		225	280	335	385	430
5	0.05~0.06	5~6	7~8	8~10	10~13	12~14
6	0.06~0.08	6~8	8~11	10~13	13~17	14~19
7	0.07~0.10	7~11	9~13	11~16	14~21	16~23
8	0.08~0.11	8~12	11~15	13~18	17~23	19~26

（三）取心方法

根据岩心的直径、完整性和硬度，取心有三种方法。

1. 卡料法

这种方法适用于钻孔直径较大，岩石有层理或节理的情况，如图3-25所示。卡料由钢粒、卡石和铅丝组成，其直径规格视岩心与岩心管、岩心与钻头间隙而定。常用的卡石为直径8~12mm，铅丝为8号并拧成2~3股，长200~300mm。

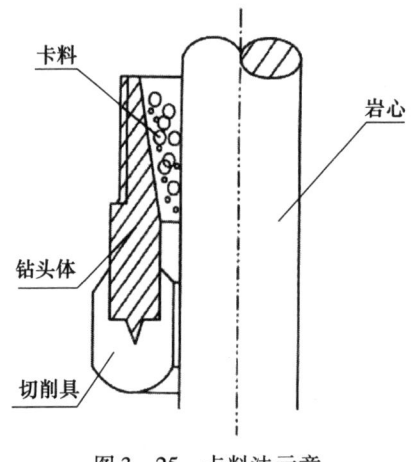

图 3-25 卡料法示意

2. 先楔断后卡取法

当岩心坚硬、完整而没有节理时，常出现较长的岩心不能拧断。故可先采用楔断器将岩心楔断，然后再下粗径钻具将其卡住提出井外。楔断器可用厚壁管一边截成楔形，利用升降机使楔断器产生冲击力将岩心楔断。

3. 特大直径岩心的提取

当遇到特大直径岩心时，先将岩心自井底折断，然后下入钢丝套将岩心提起。截断岩心的办法可用截岩心的特殊工具或采用带导向的小直径钻头，自岩心中间钻一小孔，在小孔内放炮炸断岩心。

第五节　全面钻进技术

全面钻进技术也称不取心钻进、无岩心钻进。它适用于地质情况清楚，不需要取心的非矿层孔段或水井钻进中。与取心钻进相比，具有钻效高、成本低的优势。因此，在物探测井等手段应用越来越广泛、准确率越来越高的情况下，全面钻进有着广阔的市场前景。根据所钻孔径及目的不同，全面钻进又可以分为小径全面钻进、大径全面钻进和扩孔钻进。

一、小径全面钻进

它多适用于钻孔深度较大（300m 以上）、岩石较为坚硬（多为基岩）地层中的钻进。目前，在小径全面钻进中应用最为广泛的是牙轮钻头钻进和气动冲击回转钻进。

（一）牙轮钻头钻进

它是利用牙轮钻头作切削工具的钻进方法。在钻进过程中，牙轮围绕本身轴线做自转和公转运动，依靠齿刃的凿碎—剪切作用来破碎岩石。

1. 牙轮钻头的结构组成

按照牙轮的数目，牙轮钻头分为单牙轮、双牙轮、三牙轮和多牙轮等，应用最广泛的为三牙轮钻头。

牙轮钻头由钻头体、牙轮、轴承、牙齿、储油密封系统和水眼等组成。

（1）钻头体

钻头体是钻头的本体，上部车有丝扣与钻柱连接，下部带有牙轮爪。牙爪与牙轮相连，用以支承牙轮，钻头体上装水眼板或喷嘴。

由三组装有牙轮的牙爪直接焊接成一体的叫无体式钻头，如图 3-26a 所示，故称三合一钻头。311.15mm 以下钻头多制作成无体式，丝扣多为公扣。

当钻头体与牙爪分别制造时，牙爪焊在钻头体侧面的为有体式钻头，如图 3-26b 所示。374.65mm 以上的钻头多制作成有体式，丝扣多为母扣。

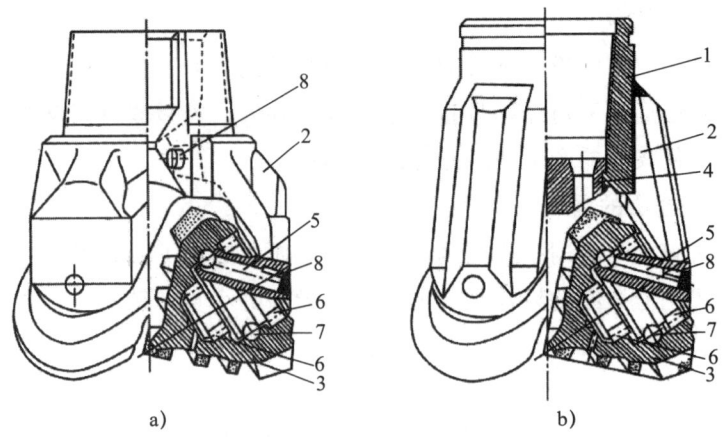

图 3-26 三牙轮钻头示意
a) 无体式钻头；b) 有体式钻头
1—钻头体；2—牙爪；3—牙轮；4—水眼板；5—塞销；6—滚柱；7—滚珠；8—定位销

(2) 牙轮

牙轮是由不同的锥体组成的，分单锥和复锥两种。单锥牙轮主要由主锥和背锥组成，适用于硬及研磨性高的地层。复锥牙轮由主锥、副锥和背锥组成。副锥可有 1~3 个，适用于软及中硬地层。牙轮的几何形状应能在有限的空间内尽量加大其体积，这样可加大轴承尺寸，保证轮壳有足够的厚度，以及在牙轮的外表面可以布置更多的牙齿，从而延长其使用寿命。

牙轮的布置方案因地层而异。如组成牙轮的锥体至少有一个锥面不在钻头轴线上，称为超顶；如 3 个牙轮轴线有偏移，不与钻头轴线相交，称为移轴。这样，牙轮布置方案就有三种，如图 3-27 所示。

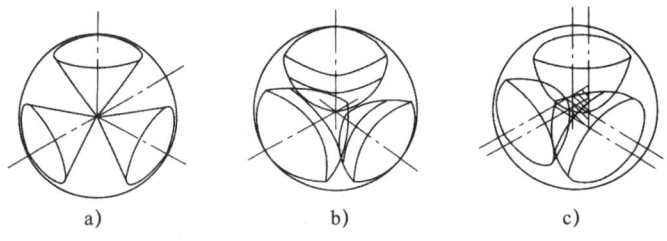

图 3-27 牙轮布置方案示意
a) 不超顶不移轴；b) 超顶不移轴；c) 超顶移轴

牙轮对井壁的切削与修整作用，主要取决于牙轮背锥与井壁的接触情况，而后者取决于牙轮的布置。

(3) 轴承

轴承由牙轮内的轴承跑道、牙轮、轴颈和滚动体组成。大轴承和小轴承承受着径向载荷，滚珠轴承主要起定位作用，锁紧牙轮；止推轴承承受轴向载荷。牙轮钻头的轴承结构是决定钻头寿命的重要因素之一。按结构的不同分为滚动轴承和滑动轴承两类。

滚动轴承有滚柱—滚珠—小轴滑动副—止推和滚柱—滚珠—滚柱—止推两种结构形式。前一种结构用在241.33mm以下的小尺寸上；后一种则用在241.33mm以上的大尺寸上。小轴滑动副由牙爪小轴颈和衬套组成。直径小于152mm的钻头，小轴滑动副由牙爪小轴颈和小孔组成。

滑动轴承的结构为：大轴滑动副—滚珠轴承—第二道止推—小轴滑动副—第一道止推。

滑动轴承的摩擦是面接触，承压面积大，接触应力较小，可承受较大的钻压，故轴承寿命较长。由于不用滚珠，可加大轴颈直径和增加轮壳厚度。目前常用的有普通型、带固定衬套型、带浮动衬套型和简易型四种类型。

(4) 牙齿

牙齿可分为铣齿和镶齿两种。

铣齿的牙轮与牙轮壳体连成一体，是由牙轮毛坯经过铣削加工形成。为了提高牙齿的耐磨性，在齿面上敷焊硬质合金粉，牙轮敷焊部位如图3-28所示。铣齿主要为楔形齿，齿尖角在软地层时为38°~40°，中硬层时为40°~42°，硬地层时为42°~45°。

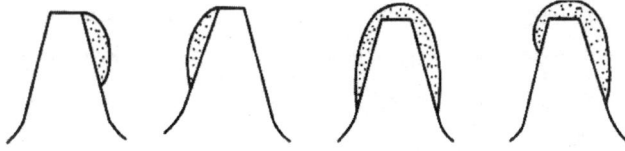

图3-28 牙轮敷焊部位示意

镶齿是硬合金齿，主要用于坚硬地层，也可用于中硬地层。镶齿体部都是圆柱体，其露出牙轮外面的形状有楔形齿、锥形齿、球形齿、抛射体形齿和平顶形齿，如图3-29所示。

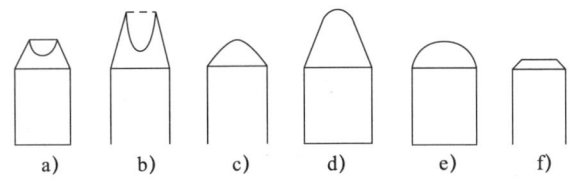

图3-29 镶齿齿形示意

a)、b) 楔形齿；c) 锥形齿；d) 抛射体形齿；e) 球形齿；f) 平顶形齿

齿高4~6mm的楔形齿适于塑性小的中硬及硬的研磨性地层，齿高7~8mm的加高楔形齿适于塑性较大及中硬的地层。齿高3~3.5mm，锥顶角80°~120°的锥形齿适于坚硬及研磨性大的地层，齿高7~8mm，锥顶角60°~70°的加高锥形齿适于中硬地层。齿高2~4mm，球齿直径在外齿圈8~10mm，内齿圈和背锥6~8mm的球形齿适于高研

磨性坚硬地层。

(5) 储油密封系统

三牙轮钻头的储油密封系统主要由密封元件、压力补偿系统等组成。它可以防止钻井液进入轴承腔和润滑油漏失，还可储存和向轴承腔内补充润滑油。

(6) 水眼

合理的钻头水眼是保证清除井底岩屑，提高钻进效率的重要措施之一。在钻进中，可以充分利用钻头的水力功率，使高速钻井液直接射向井底，提高破碎井底岩石的作用。普通钻头的水眼是在钻头体的适当位置开孔，并焊上水眼套。

2. 牙轮钻头的分类及适应地层

根据钻头的结构特征，国产三牙轮钻头可分为2大类8个系列，系列代号用汉语拼音字母表示，如表3-15所示。国产三牙轮钻头对地层的适应性，如表3-16所示。

表3-15 国产三牙轮钻头

类别	全称	简称	代号
铣齿	普通三牙轮钻头	普通钻头	Y
	喷射式三牙轮钻头	喷射钻头	P
	滚动密封轴承喷射式三牙轮钻头	密封钻头	MP
	滚动密封轴承保径喷射式三牙轮钻头	密封保径钻头	MPB
	滑动密封轴承喷射式三牙轮钻头	滑动轴承钻头	HP
	滑动密封轴承保径喷射式三牙轮钻头	滑动保径钻头	HPB
镶齿	镶硬质合金齿滚动密封轴承喷射式三牙轮钻头	镶齿密封钻头	XMP
	镶硬质合金齿滑动密封轴承喷射式三牙轮钻头	镶齿滑动轴承钻头	XHP

表3-16 国产三牙轮钻头对地层的适应性

地层硬度	钻头形式		适应代表地层	钻头体颜色
	现代号	原代号		
极软	1	JR	泥岩、石膏、盐层、软页岩、软石灰岩	乳白
软	2	R		黄
中软	3	ZR	中软页岩、硬石膏、中软石灰岩、中软砂岩	淡蓝
中	4	Z	硬页岩、石灰岩、中软石灰岩、中软砂岩	灰
中硬	5	ZY	石英砂岩、硬白云岩、硬石灰岩、大理岩	墨绿
硬	6	Y		红
极硬	7	JY	燧石岩、花岗岩、石英岩、玄武岩	褐

三牙轮钻头的表示方法如图3-30所示。例如，用于中硬地层，直径为215.9mm的镶齿滑动密封轴承喷射式三牙轮钻头的型号为215.9mmXHP5。

3. 牙轮钻头的工作原理

目前，关于牙轮钻头的运动状态，国内外学者都进行了大量的研究。这些研究为

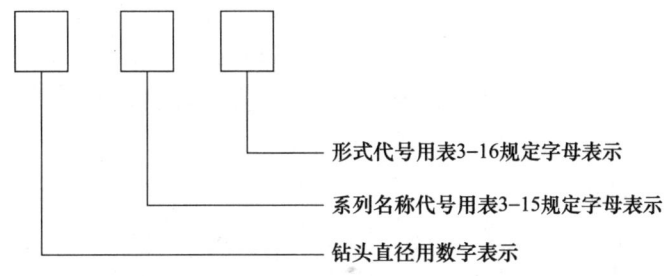

图 3-30 三牙轮钻头的表示方法

设计和使用钻头提供了一些依据。但由于牙轮钻头在井底的运动状态和受力状态相当复杂,还没有一种研究成果能全面反映钻头的工作状态。故本书试图在描述牙轮钻头在井底运动时产生的冲击压碎和剪切作用的基础上,来说明其工作原理。

(1) 牙轮钻头在井底的运动

牙轮钻头工作时,牙轮是在一定的钻压作用下,从钻柱获得旋转力,沿顺时针方向旋转。而在井底钻进时,钻头又带动牙轮旋转,故一般有下列 3 种运动。

1) "公转"。钻头绕轴线做顺时针方向旋转,牙轮也绕钻头轴线旋转,这种旋转称为"公转"。钻头旋转的线速度,在一定转速下与钻头半径成正比。牙齿绕轴线运动的线速度,在同一转速下,与牙齿距离大小成正比。也就是说,在相同的转速下,外圈齿的运动速度比内圈齿大。

2) "自转"。牙轮绕钻头轴线旋转的同时,还绕牙轮轴线做反时针旋转,这种旋转称为"自转"。其旋转线速度的大小随钻头转速的变化而变化,但牙轮的自转速度大于钻头的旋转速度。牙轮转动时,由于多种原因,或在井底滚动,或在井底滑动。牙轮自转时,牙轮锥体表面上各齿圈的线速度不高,外齿速度大于内齿圈。

如果牙轮在井底做纯滚动运动,这时牙齿和井底岩石是点接触,每颗牙齿一接触岩石又立刻离开。

3) 滑动。钻头在旋转运动时,还做上下往复运动。这是由于牙轮在井底转动时,单齿与双齿交替接触井底,使牙轮轴心位置从最高到最低变化,于是钻头便产生沿轴线的纵向运动。

牙轮在井底工作时,实际上是上述运动的复合运动,牙轮钻头就是依靠这种复合运动,产生冲击压碎作用和剪切作用而破碎岩石的。在实际钻进时,还有整个钻头的向下运动,即钻进。

"公转"、"自转"及滑动,均为发生在井底底面上的圆周运转。

(2) 牙轮钻头的冲压作用

钻头钻进时,加在钻头上的钻压(静载荷)使牙齿压碎岩石,这就是压碎作用。同时,由于钻头向井底产生的纵向振动,即冲击载荷(动载荷),使牙轮冲击破碎岩石,称为冲击作用。因此,牙齿对岩石的总载荷是静载荷与动载荷之和,它们的联合作用便称为冲击压碎作用。

应该注意的是，钻头工作时，所产生的冲击载荷，除有利于破碎岩石外，也会使钻头轴承过早磨损，使轮齿特别是硬合金齿崩碎，从而使钻柱处于不利于工作的状态，故在钻进坚硬岩石时，要装减振器，以降低冲击力的影响。

(3) 牙轮钻头的剪切作用

剪切作用主要是通过牙轮在井底滚动的同时，还产生轮齿对井底岩石的滑动来实现的。产生滑动的主要因素有3个，分别是超顶、复锥和移轴，并表现在以下4个方面。

1) 超顶和复锥引起切线方向的滑动，剪切掉同一齿圈相邻牙齿破碎坑之间的岩石。

2) 移轴引起轴向滑动，剪切掉齿圈之间的岩石。

3) 牙齿的滑动虽可以剪切井底岩石，提高破碎效率，但加剧了牙齿磨损。移轴引起的轴向滑动使牙齿的内端面部分磨损；超顶和复锥引起的切线方向的滑动，使牙齿侧面磨损。

4) 钻进软到中硬岩石时，钻头一般兼有超顶、复锥和移轴引起的滑动；一部分中硬或硬岩石，只有超顶和复锥引起的滑动；极硬和研磨性很强的岩石，则只有滚动而无滑动。

目前，国产的铣齿或镶齿1型和2型钻头兼有超顶、复锥和移轴3种结构，主要靠剪切作用破碎极软到软岩石。铣齿或镶齿3、4、5型钻头也兼有超顶、复锥和移轴3种结构，但偏移值和超顶距都较小，靠牙齿的冲击、压碎作用和剪切作用同时破碎中软到中硬岩石。铣齿6型钻头的牙轮为单锥结构（不移轴、不超顶），主要靠牙轮的冲击、压碎作用破碎岩石。镶齿6型和7型钻头为复锥结构（偏移距为0或极小，不超顶），主要靠牙齿的冲击、压碎作用破碎硬到极硬岩石。

4. 牙轮钻头钻进的特点

1) 牙轮钻头以冲击或冲击与剪切相结合的方式破碎岩石，因而应用范围较广。它对中硬脆性岩石的破碎效率较其他类型的钻头高，特别是对硬脆性岩石的钻进效率比取心钻进时要高一倍到数倍。

2) 牙轮钻头在钻进时以滚动为主，与岩层的摩擦阻力小，因而所需扭矩小，钻具运转平稳，节约动力。而且所钻井眼光滑，井身质量好。

3) 牙轮钻头的结构形式与以冲击为主的破岩方式，使其能更好地适应现代高压喷射钻井；与刮刀钻头相比，断钻杆事故的发生机会少；与硬质合金钻头相比，使用寿命长。

4) 牙轮钻头在旋转时会产生与钻头转速、牙轮齿高等因素有关的纵向振动，影响钻具和设备的寿命。

5) 牙轮钻头在钻进中往往需要较大的钻压，钻进中的掉牙轮等事故较多。

5. 牙轮钻头的钻进参数选择

(1) 泵量

牙轮钻头钻进时,孔底会产生大量的岩屑。如果岩屑上返不及时,或重新沉入孔底,进行二次破碎,将会影响钻进效率,严重的还可能造成埋钻等事故。因而,在孔壁较为稳定的岩层,应尽量选用大泵量。以净化孔底,提高钻进速度;对于泥浆泵功率较小的钻机,不能实现高压喷射钻进,在选择钻头时,应尽量使非喷射水眼直指牙轮,以增大其钻井液的冲力,有利于岩屑的上返。

(2) 钻压和钻速

每一规格的钻头,生产厂家都推荐一定的钻压与转速的配合值,并且给出一定的上下浮动值,一般情况下,钻压高则转速低,钻压低则转速高。

这些推荐值,多是根据石油钻机的设备技术性能设计的。对于水文钻井而言,由于其设备能力远不及石油钻机,因此,为了安全考虑,在选用钻头参数时,应尽量取其较低值。

在实际工作中,转动的牙轮对孔底的纵向振动使实际瞬时钻压在所加钻压的50%左右,而冲击力的大小定性为:

$$P_1 = K_1 G v_m / t_0 \qquad (3-10)$$

式中, P_1 为冲击荷载 (N); K_1 为比例系数; G 为参与纵向振动的钻头和钻具质量(kg); v_m 为冲击速度 (m/s); t_0 为牙轮冲击岩石的作用时间 (s)。

从式 (3-10) 可以看出,在一定钻压下,转速增大,则冲击速度 v_m 增大;冲击作用时间减少,则冲击力增大,有利于破碎岩石。所以对中硬以上的硬脆性岩层,钻压较低时,提高转速可使钻速得到提高。

根据现场实践,建议最低钻压:4级以下岩层为120kN/mm,4级以上岩层为150~170kN/mm。建议转速:钻头直径247mm 以下用120~190r/min,钻头直径247mm 以上用69~110r/min。

目前,国产水文钻机,如 TSJ-1000 型(或 TSJ-6/660 型)、SPC-500 型等,提升能力允许钻具总质量在15t 以上。据此计算,小于300m 的钻孔,钻铤可以用8~10t。

对于已选定的钻具,为保证钻铤加压质量,钻铤质量应为使用钻压的 1.25 倍以上。

6. 牙轮钻头钻进效率影响因素

(1) 孔底清洁状况

牙轮钻头钻进时,钻头的牙齿在钻压作用下,以冲击方式进入岩层,形成岩石破碎坑,如图 3-31 所示。破碎的岩屑在岩层与钻井液压力的压差作用下,一般不会立即离开孔底,将阻止牙齿进一步深入岩层。在钻进一定深度后,将在孔底形成一碎岩屑垫层。这一碎屑层会使钻头消耗大量功率,重复破碎岩屑,从而降低了钻头的机械钻速。

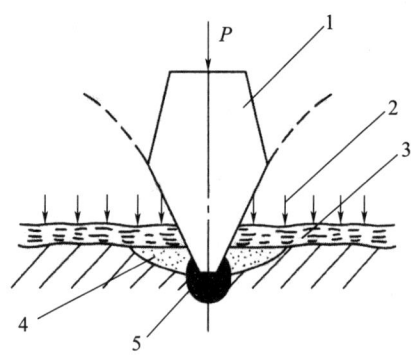

图 3-31 牙轮钻头钻进孔底成坑示意

1—钻头牙齿；2—压差；3—岩屑垫层；4—岩石压裂带；5—被压实的岩粉

（2）钻压与转速

牙轮钻头破碎岩石的速度，取决于钻压和转速。一般情况下，钻速与转速、钻压成正比，与钻头直径和岩石的强度成反比。

图 3-32 所示是在转速一定的情况下，钻压与钻速的关系曲线。图中 P_0 是直线 $b-a$ 线方程的截距，相当于牙轮开始进入岩层时的钻压。当钻压小于 P_0 时，钻头不能进入岩层，岩石以表面破碎为主。当钻压大于 P_a 时，钻速随钻压的增大呈直线增大；当钻压大于 P_b 时，钻速增长率显著下降。$b-a$ 直线段是理想段，一般都选用该段建立钻速方程。

图 3-33 所示是在一定钻压下，钻头转速与钻速关系的试验曲线。从图中可以看出，对硬脆性岩石而言，转速 n 与钻速 v_m 近于直线关系；而对高塑性岩石，当转速升高时，钻速 v_m 偏离直线。这是因为高塑性岩石在牙齿作用下达到破碎需要较长的时间。转速与牙齿作用时间关系为：

$$t_0 = 60/(nZC) \tag{3-11}$$

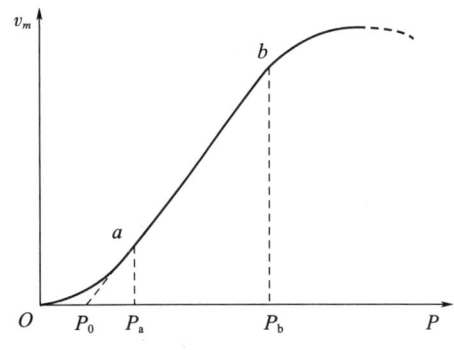

图 3-32 钻压与钻速的关系曲线

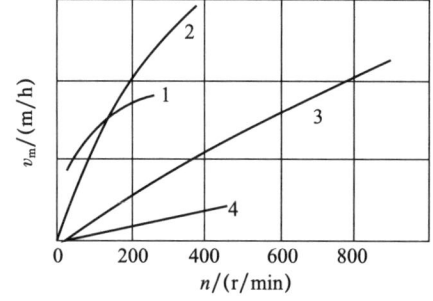

图 3-33 钻头转速和钻速的关系

1—白垩纪砂岩；2—裂隙发育的石灰岩；3—大理岩；
4—花岗岩（对于每条曲线，钻压为常数）

式中，t_0 为牙齿对岩层的作用时间（s）；n 为钻头转速（r/min）；Z 为钻头牙轮最外排齿的齿数；C 为钻头直径与牙轮的直径比值，一般为2。

从式（3-11）可以看出，转速越高，牙齿作用时间越短。如果作用时间不足以达到使岩石完全破碎，则转速增加钻速下降。岩石塑性越高，v_m 偏离直线越严重。因此，对于高塑性岩石应适当降低转速，而对于硬脆性岩层则应提高转速。

7. 牙轮钻头的选择及使用注意事项

（1）钻头的选择

1）针对岩层选择。不同类型的牙轮钻头，结构设计参数有很大差异，选择不当将严重影响钻进效率。表3-16仅为各类钻头间的关系和适岩的大致范围。实际选择时，应根据勘探区不同类型钻头的使用经验，因地制宜地选择。一般来说，选择钻头除了考虑岩层的软硬外，还应注意岩层的其他特征：对于软而研磨性较大的岩层，应选用牙齿两面及外端全敷焊碳化钨合金粉的铣齿钻头；对于硬而研磨性很高的岩层，除选用牙齿两面及内外全敷焊的铣齿钻头外，还可选用长楔形齿硬质合金镶焊钻头；对于易缩径岩层，则应选用保径钻头（标志中有"B"字母）等。

2）针对钻孔及岩性特点设计和定制。由于在水文钻井中，存在着地区、岩性的差异，再加上各个钻孔的设计不同、目的各异，施工单位的技术设备能力也不尽相同，因而就会出现在选择钻头时，不能完全按照生产厂家所推荐的技术参数要求。所以，当发现想要选择的钻头的技术参数与厂家提供的相差较大时，可以要求厂家设计出符合自身特点的钻头，也可以对厂家的标准钻头进行适当的改动，以适应自身地层及设备状况，从而提高钻进效率。

例如，当所用的钻探设备的钻压较小时，可以要求厂家将同类适岩钻头的齿高降低，齿尖角减少。可将中硬岩的钻头的齿尖角从40°～45°降到35°～40°；硬质合金的镶焊可采用长楔形齿，齿尖角为64°～55°。当泵的功率较小，不适用喷射钻井，在使用时，可以将钻头的水眼拆掉。

（2）使用注意事项

1）使用前要认真检查。普通钻头使用前可放在机油中浸泡0.5～1h。下孔前要认真做好地面检查。上、卸钻头要用专用的钻头装卸器，防止因上扣不当造成牙轮轴承变形或碰坏牙齿。下钻中要尽量避免用新钻头扫孔。

2）新钻头开始使用时要进行磨合。对于一般的钻头，开始磨合时，钻压只能加到设计的1/10～1/5，低速运行0.5h，待运转平稳后，再逐渐加到设计钻压；对密封轴承钻头，开始钻压可加到设计的1/5～1/3，同样低速运行0.5h，待无蹩劲，运转平稳后，再逐渐加到设计钻压。

3）钻进中情况的判断。正常钻进时，进尺均匀，跳动有节奏，转动力矩小。

在钻进过程中，若蹩钻严重，进尺减慢，可能是钻头卡死，应提钻检查；若负荷突然上升，钻具上窜，以后蹩钻严重、无进尺，则可能是掉牙轮，亦应提钻检查。

在软岩层中钻进，发现泵压逐渐升高，进尺减慢，负荷上升，跳钻减轻或消失，则可能是钻头出现泥包。可将钻头放至孔底，加压开车慢转扭开，然后大泵量洗孔，再试钻。如仍不正常，则应提钻检查。

若在正常钻进时，钻速降低，跳钻减轻，则是牙齿磨损，应提钻更换钻头。

4）上钻后的检查。钻头因故提出孔口后，要立即对其牙齿、轴承、钻头直径（巴掌处）的磨损情况进行检查、记录。一方面可以帮助验证对钻进中情况的判断是否正确，积累判断经验；另一方面可以为钻井技术参数的选择提供直接依据。对于有问题的钻头，坚决不能下孔，以免发生事故，影响钻探效率。

（二）气动冲击回转钻进

它是用气动冲击器进行钻进的钻进方法。气动冲击器，又称为风动冲击器、风动潜孔锤。它是以压缩空气为动力介质，利用压缩空气的能量产生连续冲击载荷的孔底动力机具。其工作原理如图3-34所示。

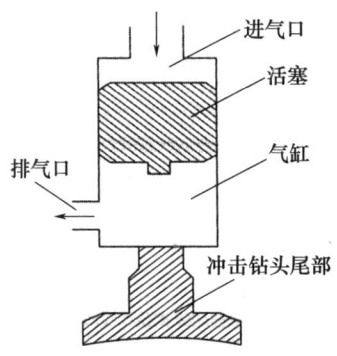

图3-34 气动冲击器工作原理示意

压缩空气从进气口进入气缸，推动活塞向下运动，到终点时冲击钻头尾部，从而实际冲击钻进过程。在活塞向下运动过程中，气缸下室空间的气体从排气口排出。压缩空气从排气口进入下室时，活塞就向上运动，上边的气体从进气口排出。如果不断改变进排气方向，就可实现活塞在气缸内的往复运动，从而反复冲击钻头尾部，实现冲击钻头连续工作。

在气动冲击器中，压缩空气除作动力介质外，还兼作洗井介质，因而也具备空气钻井的特点。

气动冲击回转钻进比液动冲击回转钻进的效率高，这是因为气动冲击器的单次冲击能量较大，孔底清洗效果较好，目前已广泛应用于干旱、半干旱地区。

1. 气动冲击器的分类

按照配气类型分为有阀式和无阀式，有阀式又分为板状阀、蝶状阀、筒状阀，无阀式又分为活塞配气和活塞、缸体和中心配气杆联合配气。

按照排气吹粉方式分为中心排气吹粉和旁侧排气吹粉两类。

按照阀运行原理分为控制阀、自由阀、混合阀三类。

按照活塞结构分为异径活塞、同径活塞和串联活塞三类。

按照整体结构分为非贯通式和贯通式两类。

按照压力等级分为高压冲击器（≥2MPa）、中压（0.8~1.9MPa）和低压（0.5~0.7MPa）。

按照钻头数量分为单头潜孔锤和多头潜孔锤。

下面对有阀和无阀两种冲击器进行重点介绍。

(1) 有阀气动冲击器

这类冲击器推动活塞上、下运动的气体，是由配气机构的阀片控制的。按其排气方式的不同又可分为旁侧排气和中心排气两种。

旁侧排气的气缸内的废气由冲击器两侧排出，具有结构简单、工作可靠、寿命较长的特点，其缺点是冲击器清除孔底岩粉的效果不太理想；中心排气冲击器，其缸内的废气从钻头中心孔排出，因而具有排粉效果好、钻头磨损小、钻进效率高和应用广泛的优点，其缺点是加工精度要求高。图3-35为J-200型气动冲击器结构示意。

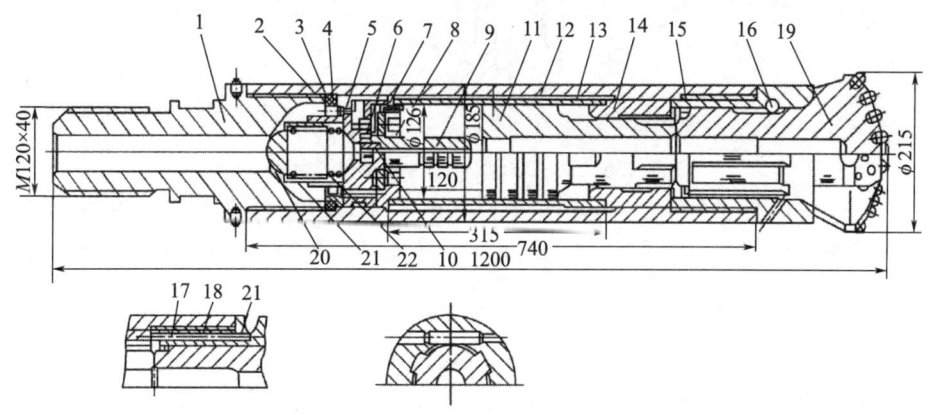

图3-35　J-200型气动冲击器结构示意

1—冲击器接头；2—胶垫座；3—钢垫座；4—胶垫圈；5—阀座；6、20—密封圈；7—阀片；8—阀座；9—配气杆；10—节流块；11—活塞；12—外缸；13—内缸；14—导向套；15—卡钎套；16—圆键；17—柱销；18、22—弹簧；19—钻头；21—逆止阀

单位：mm

(2) 无阀气动冲击器

该类冲击器控制活塞往复运动的配气系统布置在活塞或气缸壁上，活塞运动时自动配气。它利用压缩空气的膨胀功推动活塞继续运动，从而减少了动力消耗。该类冲击器具有零件少、结构简单、加工方便的特点。与有阀气动冲击器相比，其压力消耗量可节省30%左右。该类冲击器的代表有C-100B、C200B及W-200G等，W-200型气动冲击器结构示意如图3-36所示。

国产气动冲击器主要技术参数如表 3-17 所示。

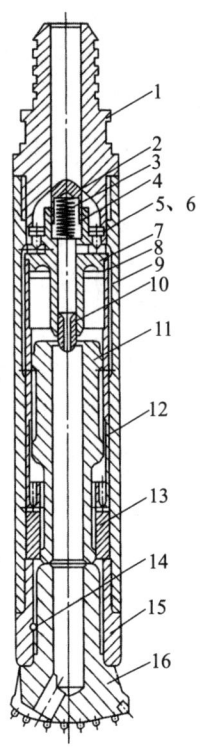

图 3-36　W-200 型气动冲击器结构示意

1—上接头；2—密封圈；3—弹簧；4—逆止阀；5、6—密封垫圈；7—进气座；8—内缸；9—外缸；10—喷嘴；11—活塞；12—隔套；13—导向套；14—圆键；15—下接头；16—钻头

2. 钻进参数的选择

（1）风压

从气动冲击回转钻进工作的实质来看，影响冲击频率和冲击功的主要因素是风量，由输入风量的变化而引起风压的变化。不过，在一定的管路状态及孔深等条件下，风量与风压是相关的，且风压较易测量，所以常用风压作为其工艺规程的重要指标之一。据美国研究资料，冲击频率和风压几乎成正比。国内在实验室试验中，也得到类似的结论，如图 3-37、表 3-18 所示，其中 A 为单次冲击功（kg·m）；f 为冲击频率（次/min）；Q 为耗气量（m³/min）。

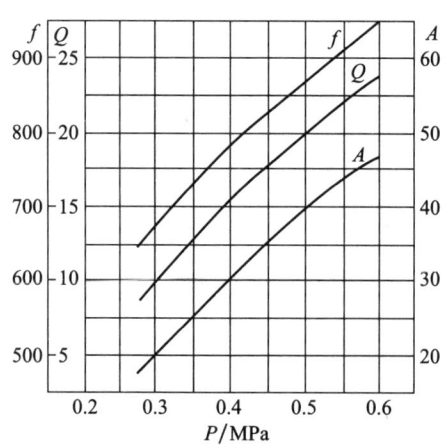

图 3-37　单次冲击功、冲击频率、耗气量与风压关系

表 3-17 国产气动冲击器主要技术参数

型号	钻头直径/mm	钻头质量/kg	阀形式	阀行程/mm	阀厚度/mm	活塞长/mm	活塞直径/mm	活塞质量/kg	气缸长/mm	气缸直径/mm	气缸壁厚/mm	气缸外套长/mm	气缸外套壁厚/mm	排气方式	工作压力/MPa	结构行程/mm	冲击功/J	冲击频率/Hz	耗气量/(m³/min)	冲击器全长/mm	冲击器外径/mm	冲击器质量/kg
φ80	80	2.35	环形板阀	3	1	187	50	1.24	188	59	4.5	355	6.5	旁侧	0.5~0.7	116	50	1500	3.1	917	72	2.35
C100B	110		无阀				75								0.5~0.6	106	100~120	1400		680	92	
C150	150		方形板阀	3.2	2.5	110	85	4.4	488	113	16.5	440	9.75	旁侧	0.5~0.6	100	100	1250	11~13	573	137.5	47
T170	170	13	筒阀	5.5	3	130	96	6.5	224	130	17	460	11	旁侧	0.5~0.75	89	180	1570	15~18	757	152	75
φ200	214	29.7	方形板阀	10	3	176	120	13.5	300	150	15	590	17.5	旁侧	0.5~0.7	114	300	800~1000	17~20	985	185	128
J200	210	30	环形板阀	10	3	280	126	14.9	315	148	8.5	740	16	中心	0.5~0.7	120	340	850	17	1100	180	130
W220	220		无阀				130									0.5~0.6	130	350~400	800~1000	10~20	1275	188	
C230	220~230	42	方形板阀	18.5	2.5	185	135	16.5	330	151	8.8	650	14	中心	0.5~0.7	115	370	800~1000	18~21	938	180	110
C250	250		方形板阀				155	30								0.5~0.7	144	700	650	30	1337	219	210

表 3-18　不同风压下的冲击频率和冲击功值

工作风压/MPa	冲击频率/（次/min）	冲击末速度/（m/s）	冲击功/（kg·m）	耗风量/（m³/min）
0.3	690	4.1	19	
0.4	780	5.0	28	
0.5	863	5.8	38	
0.6	930	6.5	47	18~20
0.7	990	7.1	56	

从气动冲击回转钻进的工作要求来看，当工作风量大于上、下配气室的压差时，其活塞才能进行上下往复运动。这种正常工作所需压力的大小，取决于潜孔锤本身的结构设计。目前，国产潜孔锤有两种：低压潜孔锤，所需风压为 0.5~0.7MPa；高压潜孔锤，所需风压为 0.8~1.1MPa。在使用潜孔锤钻进时，除去正常工作所需的风压外，还要加上随着钻孔深度的增加而带来的沿程压降及克服水位以下的水柱压力。

（2）风量

潜孔锤钻进所需的风量与钻孔的环状断面有关，它比粉尘钻进的要大一点。其原因是，潜孔锤钻进的速度快且岩屑颗粒大，故需要较大的风量才能保持井底干净。

从国内试验来看，当井内的上返风速大于 15m/s 时，潜孔锤能发挥很好的效果，而小于 10m/s 时，孔内岩屑较多，影响钻进效率。因此，潜孔锤钻进时所需的风量应使其上返速度在 15m/s 以上最好。

（3）冲击频率

冲击频率对于一种设计优良的潜孔锤，当达到其额定风量和风压时，都能达到其额定冲击频率。一般潜孔锤的额定冲击频率为 600~1000 次/min。

（4）钻压

潜孔锤钻进时的钻压，对某一直径的潜孔锤来说有一个合理的范围。钻压过大，不仅不会增加钻进速度，反而会加速钻头的磨损。例如，使用直径 200mm 的 W-200 型潜孔锤，其钻压在 13~16kN 时钻进效率最高。国外使用 100~300mm 直径的潜孔锤，钻压在 10~18kN。

（5）转数

由于潜孔锤碎岩呈块状，故转速不要求太高。潜孔锤旋转存在着最优转角，其值为 11°。最优转角与转数、冲击频率之间的关系为：

$$A = 360n/f \qquad (3-12)$$

式中，A 为最优转角（°）；n 为钻具转数（r/min）；f 为冲击频率（次/min）。

当最优转角取 11°、冲击频率为 600 次/min 时，代入式（3-12）得转数为 18r/min；当冲击频率为 1000 次/min 时，则转数为 31r/min。

3. 提高钻井效率的技术措施

当前在水文钻井中,使用气动冲击回转钻进的主要问题是选择合适的空压机。为此,应在以下四个方面引起重视。

1) 选择风量大的空压机。一般可选择 $60m^3/min$ 的空压机。如果现场条件不具备,可以将小的空压机进行并联。并联的空压机,当钻进深孔时,如果压力不足,可采用串联增压机的方法,使风压增大。

2) 先钻深孔,后扩浅孔。为了使上返风速足够大,上部的大径段,放在下部钻孔打完后再扩孔来完成。

3) 及时彻底吹孔。当钻进过程中,孔内岩粉过多时,可停止钻进,专门进行吹孔,将岩粉清除后再进行钻进。

4) 使用取粉管。在粗径钻具上接取粉管,将大颗粒岩屑储存在取粉管内,提钻并清除后再重新钻进。

二、大径全面钻进

一般适用于钻孔深度较小(多为 300m 以下)、地层较为松散(砂砾石、黏土、流砂层等)等情况下使用。常用的钻进方法是冲击钻进和刮刀钻头钻进。

(一) 冲击钻进

冲击钻也称"顿顿钻",是钻探工程最古老的钻进方法,是利用钻头的冲击力破碎岩石的。

1. 工作机理及特点

(1) 工作机理

连接加重钻具的钻头在钢丝绳的悬吊下,当放松钢丝绳使其在自身重力的作用下快速落到孔底时,从而产生对孔底岩石的冲击破碎。钻头的提升与落下由钻机的冲击系统来完成。

(2) 特点

1) 设备轻便、质量小,操作方法简单,适应性强、成本低。目前在农村水井钻探和城镇的工程钻探中应用广泛。

2) 没有钻井液循环系统,因而钻进过程中水量消耗较小,对于无水、缺水的山区特别适合。在钻进过程中,每隔一段时间要进行孔底岩粉的捞取工作,影响钻进效率,对于深孔不太适应。

3) 钻头破碎岩石是不连续的。钻进时,钻头与岩石有效接触的时间短,大部分时间,钻头都是在孔中运动。因而钻头的磨损较慢,也可以提出来及时修补,钻头的消耗相对较小。

4) 钻头是以自由落体方式冲击岩石的。冲击钻头高的冲击末速度产生很大的冲击力,能有效破碎坚硬岩石。在冲击过程中,只有钻具提起来才需要动力,下落冲击岩石过程是不需要动力的。因而,和回转钻进相比,可节约设备功率的消耗,减少成本。

5) 冲击钻适用于第四系松散层的卵石层、砾石层和漂石层。同时,对于一些岩石,特别是大卵石和裂隙发育的岩石,冲击钻也有较好的钻进效果。

6) 冲击钻在钻进中形成的泥皮较厚,因而适应于第四系松散层中富水性较好的地区,而在富水性较差的地区,则不太适应。冲击钻在钻进结束后,应立即进行洗井抽水工作,以防止泥皮板结,影响钻孔出水量。

7) 与现代先进的钻进方法相比,冲击钻进的效率较低,钻孔深度也相对较小,其应用有一定的局限性。

2. 钻具组成

(1) 钻头

钻头是直接破碎岩石的工具。设计钻头结构的指导思想是使冲击力更集中地施加于岩石。冲击钻头底部带有各种刃角的切削刃,可以将冲击力传递给岩石。为了减少钻头在运动中岩粉浆对它的阻力,钻头中部(钻头体)上开有流通岩粉的沟槽,以增大钻头的冲击力。

冲击钻头的刃角取决于所钻岩石的软硬程度。软岩为65°~80°,中硬岩石制成90°~110°,硬岩则取110°~120°。刃面角一般是180°的平线,当地层较软时也可设计成小于180°。为了使钻头在运动中减少与井壁的摩擦,在切削刃外端保留一间隙角,间隙角一般设计为4°~8°。

为了有效打捞,在钻头头部车有锥形丝扣。根据岩石的性质和孔径,可以设计不同形状的钻头,如一字形、十字形、马蹄形和圆形。当前市场上使用较多的是带副刃的十字形,如图3-38所示。该类钻头能适应多种地层,但效率不高。

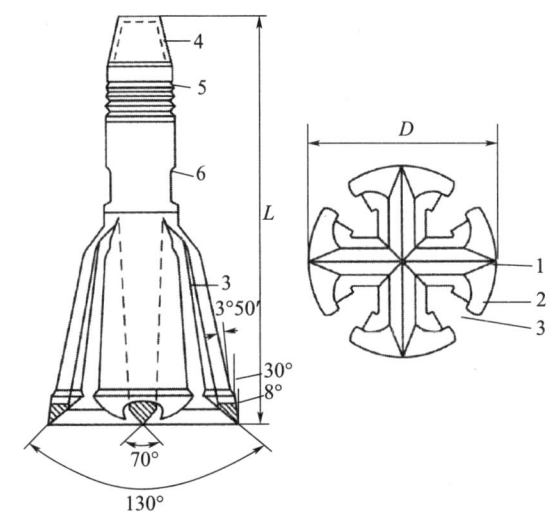

图 3-38 带副刃十字形冲击钻头
1—主刃;2—副刃;3—水槽;4—锥形丝扣;5—环形槽;6—扳手卡槽

(2) 冲击钻杆

冲击钻杆是为加重钻头的实心钻杆。钻杆间的连接方式有两种：一种是丝扣（锥形口，锥度4:1），另一种是法兰盘。为防止钻杆脱扣，当钻杆连接后，再加钢丝绳保护。井内的钻杆不能太长，以防止钻杆摆动和折断。

(3) 钢丝绳及其接头

钢丝绳的种类很多，通常由6股子绳围绕着心绳捻成。子绳又可由7、19、37、61根等不同根数的细钢丝绳捻制而成。目前冲击钻机通常用6×19麻心钢丝绳，它的规格性能如表3-19所示。

表3-19 6×19麻心钢丝绳规格性能

钢丝绳直径/mm	钢丝直径/mm	每米质量/(kg/m)	钢丝绳极限抗拉强度/MPa			
			17	15.5	14.0	12.5
			破断拉力/kN			
10	0.66	0.365	59.2	54.3	48.9	42.7
12	0.80	0.526	85.3	78.2	70.4	61.5
14	0.99	0.715	115.7	105.9	95.8	83.8
16	1.06	0.934	151.5	138.5	124.5	108.8
18	1.20	1.183	191.2	175.5	157.8	138.3
20	1.33	1.460	236.3	216.7	195.2	170.6
22	1.46	1.767	286.3	262.8	236.3	206.1
24	1.60	2.107	340.3	304.0	281.4	246.1
26	1.73	2.467	400.1	366.7	330.5	288.3
28	1.86	2.826	463.8	425.6	383.4	334.4

钻机所用钢丝绳的规格应根据所承担的钻具重力而选取，其经验公式如下：

$$P \geqslant KQn \quad (3-13)$$

式中，P 为钢丝绳的极限抗拉强度（MPa）；K 为钻具在孔内的阻塞系数，取 $1.2 \sim 1.3$；Q 为钻具的重力（kN）；n 为静强度安全系数，取 $3 \sim 6$。

钢丝绳接头又称为绳卡，如图3-39所示。它的作用是连接钢丝绳与钻具，并使钻具在钢丝绳扭力作用下，能在钻头冲击一次后自动回转一定的角度。它的工作原理是：当钻具提升时，由于活套与整个钢丝绳接头连为一体。整个钻具受钢丝绳拉伸而扭转，从而使钻具转动一个角度。钻具下放时，活塞套脱离垫片，此时钢丝绳不受力而恢复到原来状态（扭紧），连接钢丝绳的活套就在垫片间隙内滑动，使钢丝绳实现其扭紧而不带动钻头转回，即钻头在提升过程中转动一个角度，而下放过程不转动。这样就使钻头每冲击一次后自动回转一定的角度。如果活塞卡死，则钻头提升正转和下降的负转相抵，钻头对井底来说停止了转动，从而使钻孔出现不规整。因此，需经常检查、清洗钢丝绳接头。

（4）掏砂筒

掏砂筒又称抽筒，如图3-40所示。主要作用是捞取井内的岩粉，也可以用来钻进砂层或砂质黏土等软地层。掏砂筒一般为圆形，上有提梁连接钢丝绳，下有活门抽取岩粉。

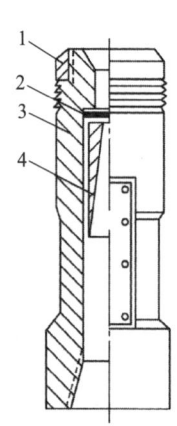

图3-39 绳卡结构

1—保护箍；2—垫片；3—绳卡体；4—活套

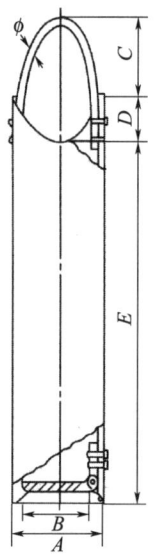

图3-40 抽筒示意

3. 钻进技术参数的确定

在冲击钻进过程中，如何合理有效地确定技术参数，对于提高钻进效率、保证钻孔质量和降低生产成本十分关键。

（1）钻具的重力和长度

由于在冲击过程中，直接接触岩石的是钻头端部的钻刃，故在实际选择和计算过程中，采用单位钻头刃长的钻具的相对重力。相对重力可根据岩石的硬度来选择：软岩为 250~300N/cm，中硬岩为 300~400N/cm，硬岩为 500~600N/cm，极硬岩为 650~800N/cm。

实际制作钻具时，除根据岩石选择钻具的重力外，还要考虑钻具上钻井液的"通槽"和整个钻具的长度。只有当留有足够的钻井液通道，才能保证钻具通畅，自由下降而冲击井底。实验表明，钻具的实际断面与钻孔断面之比为 0.75 时，钻具下降速度最佳。故实际选取的比值范围一般为 0.6~0.8。

钻具的长度越大，它的稳定性越差，消耗的弹性变形能越大。当井径较小、岩石很硬时，增加钻具的长度还受到钻机桅杆的限制。因此，当其他条件满足时，钻具的长度应尽量小些。

(2) 冲击高度和悬距

冲击高度是指钻具在冲击过程中，钻具被提离井底的高度。改变冲击机构上的曲柄与连杆的位置，可得到不同的冲击高度。一般冲击钻机的冲击高度为 0.6~1.1m。

需要说明的是，钻具用很长的钢丝绳与钻机联系，压轮的上下摆动高度不等于钻具在井内的冲击高度。如何解决钢丝绳在受力后弹性伸长和不断延伸的井深问题，在实际工作中，常采用控制放绳和留悬距的办法来提高钻进效率。

悬距是当压轮停止到上死点时，待钢丝绳静止后，钻头距井底的距离。留悬距不仅防止因钢丝绳松弛而造成钻具抖动，进而产生钻具丝扣脱扣事故外，还可以防止钢丝绳突然载荷增加给钻机带来的损害。悬距的大小，根据岩石性质而定。钻进软岩时，因每次冲击切入的岩石的深度较大，悬距可以少留甚至不留；同样，钻进硬岩时，应适当多留。悬距还与井深有关。实验表明，对于各种岩石，悬距都有最优值。一般中硬以上的岩石，其悬距为 3~4cm。

悬距是通过控制放绳量来实现的。在实际操作中，常采取"少而勤"的放绳方法，从而与井的延伸相吻合，而且每次放绳是在压轮到达上死点的一瞬间。

掌握悬距的操作后，选择冲击高度便是提高破碎岩石效果的决定因素。增加冲击高度较增加其他参数对提高钻进效率更为有效。其他条件允许时，尽量以增加冲击高度来提高钻进效率。

(3) 冲击次数

在满足自由下落的钻具充分发挥冲击能的条件下，提高冲击次数才对钻进效率的提高有意义。为此，要求钻机的冲击机构在循环一次中，要与钻具下落的时间相吻合，即冲击次数要与冲击高度相匹配。

表 3-20 所示为适用于钻具的冲击次数与冲击高度配合关系的操作技术参数。

表 3-20 钻具冲击次数与冲击高度的关系

冲击高度/m	冲击次数/（次/min）
1.10	50
0.95	54
0.78	58
0.48	60

从以上数据分析得知，增加冲击高度相比于增加其他参数，对提高钻进效率更为有效。因此，其他条件允许时，尽量以增加冲击高度来提高钻进效率。

(4) 岩粉密度

在冲击钻进过程中，井内岩粉的密度直接影响着钻进效率。其原因主要有以下两点。

1) 岩粉浆的密度影响钻具的下降加速度。如图 3-41 所示，当岩粉密度太小时，钻具的下降加速度大，钻具行程终了则受到运动缓慢的压轮的限制。虽然有钻机上的补偿器被压缩而使钻具到达井底，但是消耗了很多的冲击能，因而效率就降低。当岩粉浆密度过大时，钻具加速度减少，于是形成钻具尚未到达井底前压轮已经回升的情况，同样引起一部分冲击能消耗在冲击器的弹簧上，甚至会牵动钻具不能冲击井底，即所谓"打空"。

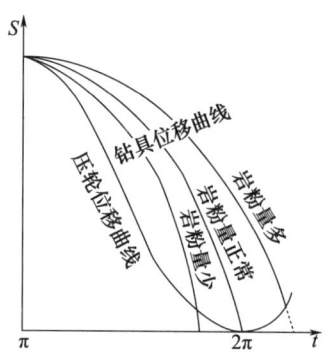

图 3-41　不同岩粉密度下钻具位移和压轮位移

试验表明，当钻进黏土类土层时，下降的加速度在 $4.5 \sim 5 \text{m/s}^2$ 较为合理；而钻进砾石等坚硬的岩石时，其加速度在 $6 \sim 6.5 \text{m/s}^2$ 比较有效。

2) 当冲击钻具以较大的速度向下冲击时，挟带着岩石颗粒的岩粉浆，从钻具通槽中向上涌离井底，造成新鲜的岩石供钻具破碎。如果岩粉浆密度不适，会在井底形成一层岩粉浆，从而减弱钻头在井底的冲击作用。这种岩屑垫严重时可使钻进效率为 0。

控制岩粉浆密度的方法，一是控制钻进过程中的回次间隔，二是控制掏砂时的掏砂量。所以在钻进中要坚持"勤掏少掏"的原则。

在利用抽筒掏砂时，抽筒应该在井底密度最高的范围活动，提动距离也不要太大，一般为 $20 \sim 50 \text{cm}$，活动次数以 $3 \sim 4$ 次为宜。

总之，冲击钻进中各种参数是相互配合并根据地层的变化而变化的，只有合理地选择参数，才能提高钻进效率。不同岩石的冲击钻进参数如表 3-21 所示。

表 3-21　不同岩石的冲击钻进参数

岩性	软岩	中硬岩	裂隙及破碎岩	坚硬岩	极硬岩
普氏硬度系数	$0.5 \sim 1$	$2 \sim 4$	$5 \sim 8$	$10 \sim 14$	$17 \sim 20$
冲击高度/m	0.78	0.92	0.92	1.1	1.1
冲击次数/（次/min）	58	53	53	48	48
悬距/cm	$0 \sim 0.5$	$1 \sim 3$	$1.5 \sim 2.5$	$4 \sim 6$	$5 \sim 7$
岩粉高度/m	3.3	2.5	$1.5 \sim 2$	$1.6 \sim 1.8$	$1.3 \sim 1.6$
岩粉密度/（kg/L）	$1.3 \sim 1.5$	$1.5 \sim 1.7$	$1.9 \sim 2.6$	$1.8 \sim 2.1$	$2.0 \sim 2.3$
给进时间/min	$3 \sim 4$	$6 \sim 9$	$12 \sim 15$	$15 \sim 25$	$25 \sim 45$

续表

岩性	软岩	中硬岩	裂隙及破碎岩	坚硬岩	极硬岩
清孔时间/min	2~3	3~4	4~5	4~5	5~6
回次进尺/m	1.0~1.2	0.6~0.7	0.5~0.65	0.5~0.6	0.3~0.4

4. 在典型地层中的应用

（1）卵石、砾石等坚硬地层

这类地层是冲击钻进最为适合的地层，多位于山前冲积扇前缘或河床的底部。其特点是岩层颗粒间的联结力差，表面硬而光滑，在钻进中易发生塌孔、井斜和漏失现象。

在这些岩层中钻进时，应采取高冲程、重钻具、低冲击频率。为防止冲击过程中卵砾石的坍塌，一般要向孔内投放黏土，使孔内泥浆黏度提高，起到护壁的作用。如果漏失不大，可采用水或泥浆钻进；如果漏失较大，可向孔内投入黏土球或稠泥浆，使岩粉能够悬起，同时也能起到护壁的作用。

当井身经过大漂石旁而发生孔斜时，需将脆的块石填入孔内倾斜段，重新用小规程进行纠斜钻进。待钻孔纠斜后，再继续正常钻进。

该类地层的钻进和扩孔同样重要。加入黏土，增加孔壁的稳定性，加强钻具的回转，使孔壁完整；采用大刃角钻头，防止钻头磨损过快；经常检查钻具尺寸，并及时修补，使钻孔直径不致缩小太快，同时可以防止卡钻事故的发生。

（2）黏土层

在黏土层钻进时，由于岩粉浆密度的提高易造成糊钻、缩径等现象，故在这类地层钻进时，进尺不是主要问题，应重点防止事故发生。钻进时，可采用水压钻进、勤掏浆，及时向孔内补充密度小的泥浆的钻进方法。

钻具重力不宜过大，钻头的刃角要适度小些。冲击次数适当减少，放绳要勤而少，防止将孔壁扩大。当遇到塑性较大的具有弹性的亚黏土层时，可向孔内投些砖块或软的碎石，以增加碎岩的"切削具"。

在黏土夹砂地层中钻进时，可以使用加重的掏砂筒或管形钻头进行钻进，从而提高钻进效率。

（3）砂层

在砂层中钻进时，主要是解决井壁保护问题，应采用优质泥浆压孔钻进。较薄的流砂层，可以投黏土球以增加护壁能力，很厚的流砂层应采用跟管钻进方法。

（4）裂隙发育岩层

水文钻井中经常遇到裂隙发育的岩石，多以石灰岩及砂岩为主。在这类地层钻进时，突出的问题是孔壁坍塌掉块，使钻具卡于钻孔中。如处理不当，会造成将钢丝绳拉断的事故。因而在钻进中，钻头的间隙角要大，使钻头与孔壁的间隙控制在30~50mm。刃角也要大，一般用带侧刃的十字钻头。

在钻进操作中,力求钻具在孔内摆动小,少碰孔壁。因此,要掌握好悬距,放绳要少而勤。冲击次数和冲击高度要配合适当,以减少钻具抖动。当岩层特别破碎时,可向孔内投一些黏土,使其压入岩层的裂隙。以增加孔壁的稳定性。钻头也要及时补焊,以防因孔径缩小而造成卡钻。

钻进时,岩粉密度要适当提高以增加悬粉能力。常用泥浆或稠泥浆钻进,以达到提高进尺的目的。

(二)刮刀钻头钻进

刮刀钻头钻进主要适用于低硬度高塑性的泥岩、黏土层、泥灰岩等软岩层的钻进。它的钻进是钻头的切削刃在钻压的作用下,切入岩层一定深度,并连续旋转破碎岩石完成的。在一定钻压下,刮刀钻头刀刃切入岩层的深度取决于岩石的抗压入强度、抗剪切强度、颗粒的内摩擦力以及刀刃的几何形状。

1. 钻头的设计

刮刀钻头在形式上按照刀翼或刮刀的数目、工作部分的几何形态、水眼相互位置等分成多种类型。常见的为三翼、四翼和多翼。在结构上,其均是由切削具(刮刀片)、钻头体和水眼三个部分组成。

在设计刮刀钻头时,为了保证刀翼的强度,不能将刀刃角设计得太小。一般在钻进较硬岩石时,刀尖角以22°为宜,在软岩层中的刀尖角则为10°~22°。切削角在较硬岩石中为75°~85°,在较软岩层中为70°~75°。刮刀钻头的刀翼侧面形状应设计成抛物线形。实际设计时,为了便于制作,往往设计成近似抛物线形。刮刀钻头翼形状如图3-42所示。

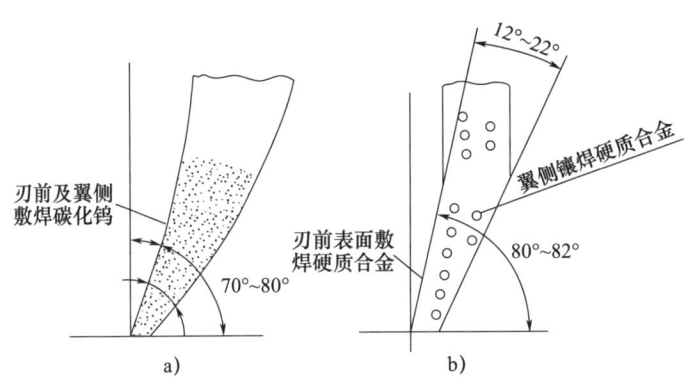

图3-42 刮刀钻头翼形状示意
a)适于松软岩层的刀翼;b)适于中硬岩层的刀翼

由岩体力学可知,岩石的抗压强度和岩石的应力状态有很大的关系。当受压岩体处于三向应力状态时,其抗压强度最高,而处于二向应力状态和单向应力状态时,则抗压强度会降低很多。试验证明,三向受压岩石的抗压强度为双向受压岩石的

1.7~2.4倍。根据这一原理，将刮刀钻头的刀翼设计成阶梯形，则孔底也形成阶梯，如图3-43所示，从而增加了岩石的自由面，有利于岩石的破碎，提高钻进效率。

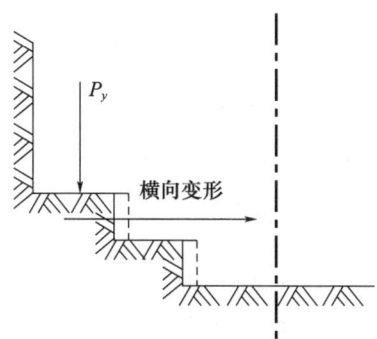

图3-43 阶梯孔底示意

刮刀钻头的刀翼的材料用40Cr、35CrMo或SiMnMoV钢锻造，经调质处理，使其具有很高的强度和韧性。刀翼刃部表面敷焊硬质合金粉，或镶焊硬质合金。为保持钻头直径，其侧面也应敷焊硬质合金。

刮刀钻头水眼的位置，可根据泵量大小来调整。泵量大时，水眼位置应可使钻井液能喷射到刀刃前30~40cm处，此时清洗较好；泵量小时，水眼位置应可使钻井液能喷射到刀刃处。水眼距离孔底的高度，除喷射钻井有专门要求外，一般应大于水眼直径的5~6倍。

水眼直径的大小，应根据泵的能力设计。其原则是：可将去掉循环系统阻力损失外的多余压力均消耗在钻头上，以尽量增加钻头的水力功率，提高清洁孔底的能力。一般刮刀钻头的水眼直径为12~18mm。

大径刮刀钻头大部分是水文地质单位自行设计和焊制的。在焊制时，总的要求是钻头刀刃的基本几何形状与普通小径的相似或接近，有足够的抗扭、抗弯强度。有的单位在焊制时，在其刀翼背部加焊12道径向加强筋，对防断很有效。大径刮刀钻头大都采用四翼刀片。刀翼材料用合金钢锻造或低合金钢板代替。

2. 钻进技术参数的选择

刮刀钻头的钻进，与取心钻进相比，更应控制钻速，防止因钻速过高、孔内清洁不及时造成孔内复杂情况和事故的发生。

（1）钻压

当加在刮刀钻头的钻压使刀刃单位面积上的给进力大于岩石的抗压强度时，刀刃即切入岩层，随着钻头的旋转破碎岩石，取得一定的转速。刮刀钻头刀刃切入岩层前，如果钻压不够，刀刃与岩石间以摩擦方式相对运动，这时岩石的破碎为表面破碎；当钻压大到使刀刃能切入岩层，岩石就会发生剪切破坏，这时产生的破坏为体积破坏。表面破碎时的钻进效率很低，且钻头刀刃的磨损很快；而体积破碎时的钻进效率很高，刀刃磨损相对较小。所以刮刀钻头钻进时，其钻压一定要达到使岩石能产生体积破碎的程度。给进力的计算如下：

$$P_v = \sigma_0 b\sigma\tan\alpha \tag{3-14}$$

式中，P_v 为钻压所产生的给进力（kN）；σ_0 为岩石抗压强度（kPa）；b 为刀刃径向宽度（m）；σ 为刀刃切入岩石的深度（m）；α 为刀尖角（°）。

由式（3-14）可以看出，钻压与被切入岩石的抗压强度、切入深度、刀刃径向宽度和刀尖角成正比。因此，在实际工作中，要根据岩石的性质和钻头的结构，合理确定钻压，以最有效的速度钻进。

众所周知，刮刀钻头钻进要适当控制钻压，尽量使钻具平稳运动，这是减少钻具事故的重要措施。但是，现场经验表明，"刮刀钻头不蹩不进尺"。因此，现场操作时，要根据转盘的动力机的工作负荷，来掌握钻压，如可以看电动机的电流表。在合理范围内"蹩钻"，既提高钻进效率，又不至于出现孔内复杂情况。

（2）转速

钻压一定时，转速越高则钻速亦越高，理论上转速是没有上限的。但在实际工作中，则应根据钻具和设备的能力以及钻井液的清洁孔底能力，适当地选择转速。

现场选择转速的方法是：在一定钻压和钻具强度下，逐渐增大转速，当增大到某一转盘挡数时，钻机动力负荷达到满负荷，这时只要钻速均匀稳定，则该挡时的转速就是较为合理的转速。

（3）泵量

刮刀钻头在钻进中形成体积破碎时，岩粉的个体体积往往较大，要求钻井液有足够的悬浮能力。最小泵量按环空返速：泥浆在 0.25m/s 以上，清水在 0.5m/s 以上。最大泵量从挟带岩粉和清洁孔底方面来说，理论上是没有上限的。但现场往往决定于设备能力，同时还要考虑过高的返速会使钻井液对松散岩层进行冲刷，造成孔壁的坍塌。对于黏土层、泥岩和泥灰岩层，过高的转速往往不能有效清洁孔底，致使刮刀钻头出现"泥包"，形成"泥包"后，泵压升高，钻速降低。这时应加大泵量，减低钻速。

3. 钻杆的选用

刮刀钻头在选用钻杆时，应根据钻头直径和钻机技术性能参数，留有一定的抗扭强度余量。

钻进中，钻杆所受的实际扭矩可用专门的扭矩仪测量，而设计时可用下式近似计算：

$$M_1 = 9.55N/n \tag{3-15}$$

式中，M_1 为加给钻柱的扭矩（kN·m）；N 为使钻柱旋转的功率，以转盘输出功率计（kW）；n 为转速（r/min），一般按设计最低转速计算。

钻杆强度条件为：

$$\tau W_0 = KM_1 \tag{3-16}$$

式中，τ 为钻杆允许的剪切应力（MPa）；K 为安全系数，一般取 1.3~1.5；W_0 为钻杆抗剪截面模量（cm³）。

三、扩孔钻进

扩孔钻进适用于钻机的能力小,而施工的水文地质孔孔径大,或是地质孔兼作水文孔时,先施工小径,完成取心、采样以及物探测井等任务,然后再扩孔下管,完成抽水试验任务的情况。对于较松软的岩层,或是钻机能力较大时,可采用一次扩孔的方法;而对于较为坚硬的岩层,或是钻机能力不足的,则采用由小到大,逐级扩到设计孔径的方法。

扩孔钻进时,下部原孔眼容易堵塞,钻进效率也低,且增加了许多辅助时间。因此一般情况下,使用较少。

(一)扩孔钻头

常用的扩孔钻头有翼片式硬质合金钻头和牙轮钻头。这些钻头大部分是自制的,既没有统一的标准,也没有专门为扩孔而设计生产的钻头。

扩孔钻头除下部带有导向器外,还应在扩孔钻头上部 2~3m 处加扶正器,以保证原径与扩孔孔径相同,孔身质量合格,并能使扩孔钻头钻进平稳。扩孔钻头上硬质合金的镶焊数量和方法与普通取心钻头相似。

1. 牙轮式扩孔钻头

它的扩钻面积大,钻孔直径范围可从 160~215mm 一次扩到 325~426mm,减少了扩孔次数。牙轮扩孔钻头具有扭矩小、效率高和适用范围广的优点。但是,牙轮扩孔钻头也和普通牙轮钻头一样,对泵量的要求大,而且在扩进中易发生牙轮掉落等钻头事故。

目前,尚无为专门水文地质孔扩孔而设计的钻头,一般都是施工单位用普通的牙轮钻头单个牙轮和巴掌拼焊而成。

使用牙轮扩孔钻头时,因为下部导向钻头高度小,容易出现不平稳或者偏离原井眼的情况。因此,要用好扶正器,一个安放于钻头附近,另一个安放于距钻头 6~9m 处。

2. 翼片式扩孔钻头

根据翼片位置的不同,又可分为以下三种。

(1) 螺旋式

它是在常规口径或大口径的管体上焊 6 片顺钻头回转方向成螺旋形的翼片,如图 3-44a 所示,用于黏土、黏土夹砾石和砂质黏土等地层的钻进。

(2) 直焊式

它按翼片数量可分为 4 翼、6 翼 2 种,如图 3-44b 所示即为 4 翼阶梯翼片式扩孔钻头。其特点是钻头成阶梯形或锥形,扩孔时在孔底以锥形或阶梯形克取岩石,扩孔阻力小,钻头强度大,适用于黏土、黏土类砾石或夹钙质结核等地层。

(3) 多级式

它基本属于直焊式,如图 3-44c 所示。相当于把 3 片翼片扩为 9~15 片,分

3~5组逐级焊在常规口径管或89mm直径的钻杆上。其特点是逐级克取破碎岩石，减少扩孔阻力，适用于黏土、砂或砂质黏土等地层。

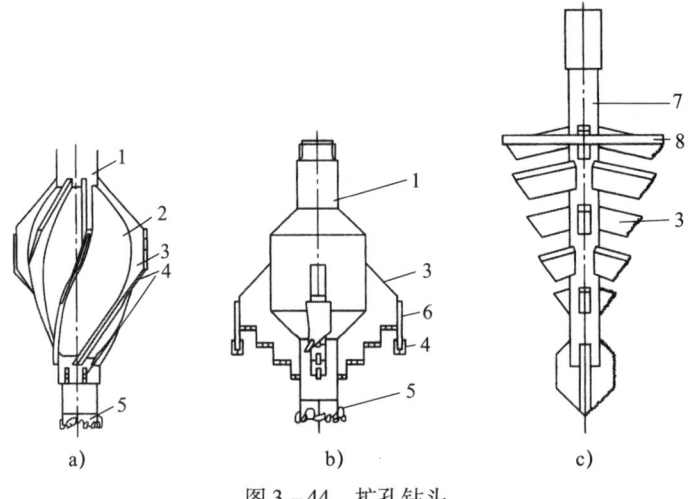

图3-44 扩孔钻头

a) 螺旋式；b) 直焊式；c) 多级式

1—钻头体；2—护板；3—翼片；4—硬质合金；5—螺旋肋骨钻头；6—切削肋骨；7—89钻杆；8—导正圈

（二）扩孔钻具及其连接

扩孔钻具的连接方式如图3-45所示。

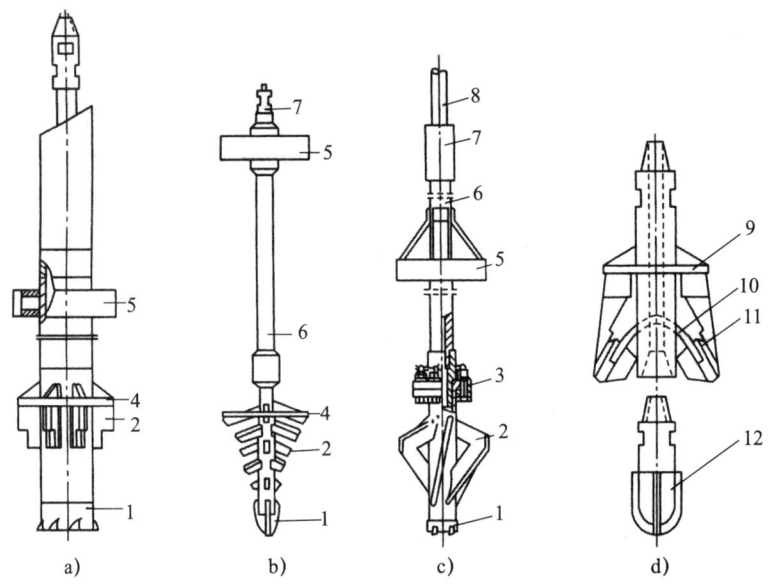

图3-45 扩孔钻具的连接方式

a) 取心扩孔钻头；b) 玉米式扩孔钻头；c) 旋翼式扩孔钻头；d) 刮刀扩孔钻头

1—导向钻头；2—翼片；3—法兰盘；4—导正圈；5—导向；6—89钻杆；7—变径接头；8—小径钻杆；9—上下接头与刀盘；10—水眼管；11—组装刀具；12—导向钻头

(三) 扩孔钻进的技术参数

1. 黏土类

此类钻进技术参数为中等压力、中转速和大泵量。参考值包括：钻头总压力 5～10kN；转速 0.5～1.5m/s；泵量大于 400L/min，井径越大，泵量越高。

2. 砂类

此类钻进技术参数是轻压、慢转、大泵量。参考值包括：钻头总压力 3～8kN；转速 0.4～1.1m/s；泵量大于 400L/min，随井径的增大而增加。

3. 砾石、卵石类

对此类钻进技术尽量不采用扩孔钻进，应一次成井。但遇到含少量砾卵石或地层较薄时，可采用强度大的扩孔钻头，用中等压力、慢转速和中等泵量即可。

第六节 特殊钻进技术

一、反循环钻进

常规的钻进方法（回转钻进、冲击回转钻进、牙轮钻进、刮刀钻头钻进、钢粒钻进等）多为正循环钻进。在正循环钻进中，钻井液是经钻具中心的孔道向下运动至钻头，在冷却钻头后，由孔底挟带岩屑，然后通过钻具与孔壁的环状间隙上返至地面，从而完成钻井液的循环。

与正循环钻进相反，在反循环钻进中，钻井液是沿孔壁与钻具外部的间隙流入钻孔，经孔底冷却钻头后，挟带着岩粉由钻具中心孔道，上返到地面的循环方法。

反循环钻进的钻井液，可用清水、泥浆等液体，也可用空气等气体。为了防止钻进施工中井下钻井液突然漏失，现场应储备钻孔总体积 3 倍的钻井液。在黏土层很厚时，要及时稀释钻井液，以确保钻井液的正常性能。钻进时，为了对孔壁形成一定的静水柱压力，当孔内内地下水位较高时，可采用先安装好高出地面一定距离的孔口管，再在孔口管上用机台架安装钻机的方法，以提高输入孔内的钻井液水位，保持孔内外压力平衡。经验证明，钻井液液柱高度与地下水位差保持在 2m 是较为合理的。

(一) 优点及分类

1. 优点

反循环钻进技术，是当代水文钻井技术的一大进步。它较好地解决了正循环水文钻进中环空大、钻井液上返速度低、孔内不清洁这些技术难题，并且为干旱缺水和严重漏失地区（地层）的水井施工开辟了一条比较可靠的技术途径。

与正循环钻进相比，反循环钻进有如下优点。

1) 因钻井液流向与岩、矿心进入取心工具的方向相同,有利于岩、矿心顺利进入取心工具,并呈悬浮状态,从而减少了岩、矿心的流失和孔底重复破碎,避免了钻井液对其的冲蚀和磨损。

2) 在钻进松散、破碎等易冲蚀和漏失岩层时,可以提高取心率和取心质量,并通过专用工具(双壁管等),有效保证钻进的正常进行。

3) 反循环连续取心钻进工艺和设备的应用,简化了钻探取心的操作工序,从而大大减少了钻井的辅助时间,既增加了纯钻进时间,又有效地提高了取心质量。

2. 分类

按照钻井液循环的路径长短,反循环钻进可以分为局部反循环钻进和全孔反循环钻进。

(1) 局部反循环钻进

该钻进方法又称孔底反循环,是指通过特制的喷射元件,促使钻井液在接近孔底的部位高速流动,而在钻孔的上部则仍按照正循环方向流动的钻进方法。

这种循环方式,在钻探设备及钻具的组配上不需大的变动,使用非常方便。属于这种类型的钻具有以下三种。

1) 弯管式喷射反循环钻具。这种钻具是将特制的喷射元件组装在孔底粗径钻具中(岩心管上部),通过各元件的作用,使钻井液高速流动,其射束与周围形成压差,从而使其在元件的下方孔段中按反循环方向流动,而在其元件上方直到地面,则仍按照正循环方向流动。用喷射元件组装的钻具通称为喷射钻具。弯管式双管喷射反循环钻具的主要特点在于其扩散器出口处的泄流管道是一个弧形弯管,如图3-46所示。弯管型喷射元件,无论在单、双层岩心管中都可以组装。这类钻具,在钻井液射束与周围所形成的压差(即负压)对孔底的抽吸能力,取决于喷射嘴的直径、长度、锥度及其与混合器的距离等相关元件的技术参数。

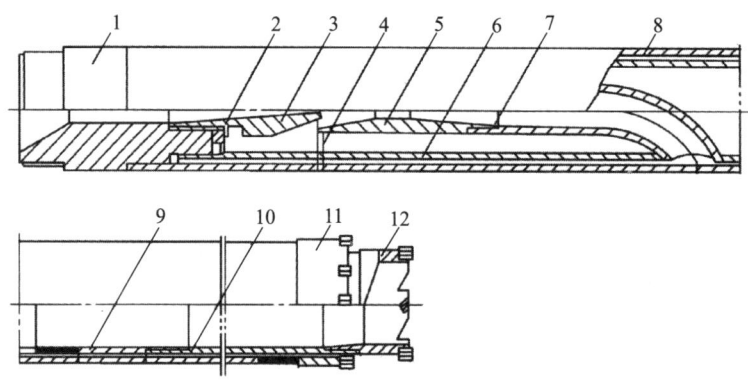

图3-46 弯管式双管喷射反循环钻具

1—双管接头;2—锁母;3—喷嘴;4—导正环;5—承喷器;6—连接管;7—弯管;
8—外管;9—接箍;10—内管;11—外钻头;12—内钻头

2) 分水接头式喷射反循环钻具。该钻具的喷射元件组装在一个特制的分水接头内，扩散器下端的泄流管呈直线形。它同样可以配用双层和单层岩心管，如图3-47、图3-48所示。

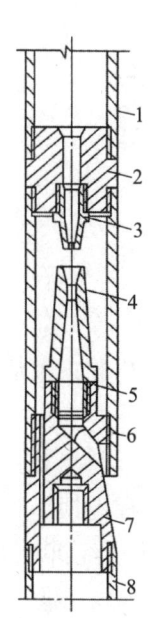

图3-47 分水接头式单管喷射反循环钻具
1—导正管；2—喷嘴接头；3—喷嘴；4—扩散器；
5—垫圈；6—连接管；7—分水接头；
8—单层岩心管

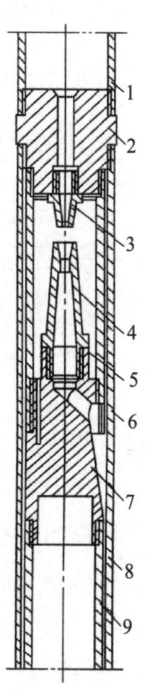

图3-48 分水接头式双管喷射反循环钻具
1—导正管；2—喷嘴接头；3—喷嘴；4—扩散器；
5—垫圈；6—连接管；7—分水接头；8—外管；
9—内管

3) 接头式喷射反循环钻具。这类钻具的结构形式与分水接头式相同，只不过它的各元件结构均制作在一个小型的特制钻杆接头内，如图3-49所示，即在该接头的内部，接上述有关元件的规格，加工成各种形状的孔道。当钻井液射束通过时，形成负压抽吸作用。这种喷射钻具可按需要装在钻杆柱的任何位置，钻井液在该接头下部孔段即可形成反循环，使用更为方便。同时，它的体积较小，携带方便，所以又称为微型喷射反循环钻具。

(2) 全孔反循环钻进

它是指钻井液在全孔都做反循环的钻进方法。在使用时，为防止钻井液在流动过程中漏失，影响其挟带岩粉及岩样的能力，往往配用双管钻具。

该钻进方法主要用于松散破碎岩层、漏失层以及减免采心辅助工序或大口径工程孔的钻进。常用的全孔反循环钻进方法有以下四种。

1) 水力连续取心反循环钻进。它是采用特殊的钻具，把在钻进中克取的岩、矿心自动切断成短柱状小段，借助反循环液流的冲浮，把小段岩、矿心及岩粉冲到地表。

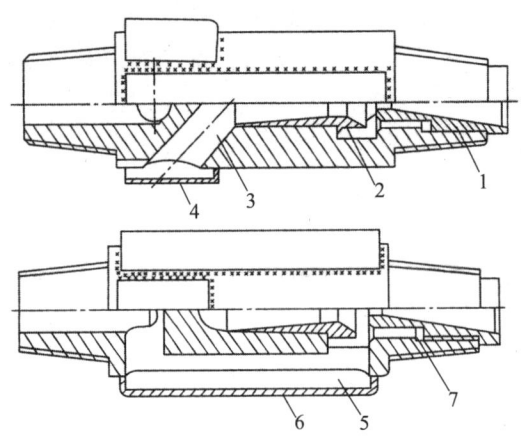

图 3-49 接头式喷射反循环钻具
1—喷嘴；2—承喷器；3—排水孔；4—排水孔罩；5—回水槽；6—回水槽壳；7—垫圈

然后，在地表通过专用工具将岩、矿心及岩粉按先后顺序收集起来，从而减免了采取岩、矿心及岩粉的工序及所占用的辅助时间。

2) 泵吸反循环钻进。它是大口径全面碎岩的一种方法。其特点是：循环泵（离心泵、轴流泵皆可）的吸水口，通过吸水软管及水龙头与钻杆柱连通，利用泵的抽吸作用，使钻杆柱中的钻井液挟带的岩屑，一起上升到地表，然后经沉渣池把岩屑沉下，净化后的钻井液仍继续输入孔内使用。

3) 气举反循环钻进。它又称压气反循环。其特点是利用压缩空气作为钻井液。它是将压缩空气通过供气管路，送到接近孔底的专用工具——气、水混合室中，使之与孔下进入钻具中的水相混合而形成水气泡。由于水气泡的相对密度小于钻具外液柱的相对密度，因此钻具中的水气泡在压力差的作用下，夹带着钻头克取下来的岩屑，一起上升到地表。经沉渣净化后的水，仍可输入钻孔继续使用，而水气泡中原有的空气，到地面后即自动散失。

4) 射流反循环钻进。它又称喷射反循环。它是在循环管路上安装一个特制的射流泵（喷射元件），通过离心泵驱动钻井液，在喷射元件作用下，形成射流与钻杆中液柱的压差，其负压把钻杆中的钻井液抽吸上升，挟带着被钻头克取下来的岩屑一起返到地面。

（二）常用方法

反循环钻进在水文钻井中应用最为广泛的是泵吸反循环、气举反循环、射流反循环和大口径全面反循环。

1. 泵吸反循环钻进

泵吸反循环钻进的实质就是利用抽吸泵（离心泵或轴流泵）的抽吸作用，去驱动钻井液做反循环方向流动，从而挟带出被钻头克取下来的岩屑，以达到成孔目的的一种钻进方法。其基本原理如图 3-50 所示。

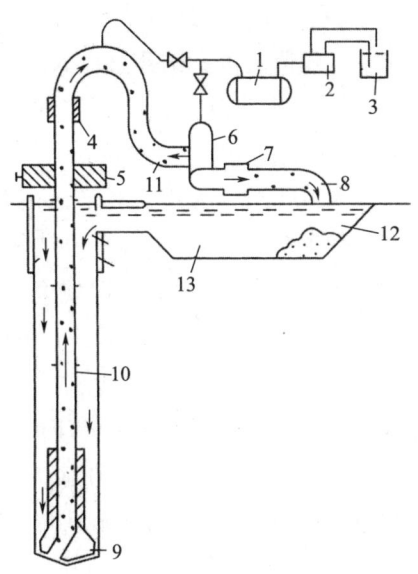

图 3-50 泵吸反循环示意
1—真空包；2—真空泵；3—冷却水容器；4—水龙头；5—转盘；6—抽吸泵；7—单向阀；
8—排水口；9—钻头；10—钻头柱；11—胶管；12—沉渣池；13—水源池

它的工作原理是：把安装在特制抽吸泵进口上的抽吸胶管的另一端，接在钻杆柱上端的水龙头上，使之与孔内钻杆柱的中心孔通道相连通，组成钻井液循环通道。每当抽吸泵工作时，在其进水口处就出现了负压。而钻井液由水源池经孔口自由流经孔壁间隙。注满孔身的钻井液柱，在大气压的作用下，就与抽吸泵进口处的负压形成压差。孔内钻井液在此压差的驱动下，就会不断地流入抽吸泵的进水口，从而形成反循环的流动状态。钻井液在流过孔底时，就把被钻头克取下来的岩石、岩屑带入抽吸泵中，再经由抽吸泵的排水口排到沉渣池中，待岩石、岩屑分离后，被净化的钻井液重新由水源池自由流入孔内，继续进行循环。

泵吸反循环的形成，取决于抽吸泵的真空度。只有抽吸泵工作时能达到足够的真空度，才能形成有效的反循环状态。抽吸泵的真空度越高，吸程就越大，钻进深度就越大。

(1) 基本参数的确定

1) 抽吸泵。抽吸泵又称砂石泵，是泵吸反循环钻进的关键设备。它必须满足两个要求：一是有较高的真空度，其真空度不低于8m水柱；二是能顺畅有效地排出较大块度的岩屑、砂及砾石。泵体自由通过空间应等于或略大于钻杆的内径，叶片的间隙及强度要大，且耐磨性好，一般用2个叶片。

抽吸泵泵量大小是能否满足正常循环的关键因素。选择泵量的主要依据是：它要和所用钻杆的内径大小及钻井液在管路中上返的速度相适应。抽吸泵泵量一般选择120~

240m³/h，最大可达 500m³/h。

2）钻杆内径。钻杆中心孔道是反循环钻进时钻井液上返的通道。钻杆内径直接影响钻进的各项技术参数的选择。一般情况下，钻孔直径大时，钻杆内径也要相应增大，一方面能及时排出岩屑及岩石，提高钻进效率；另一方面可减少钻井液的上返阻力，保护正常循环的压差，有利于增大钻进深度。

一般认为，钻杆内径不宜小于 100mm，钻杆直径与钻孔直径之比为 10 左右。

3）钻井液上返速度。在正常情况下，钻杆中心孔道钻井液上返速度越高，它挟带岩屑、岩石的能力就越强，钻进效率就随之增高。但研究发现，钻井液的流速过高，钻井液对水龙头弯管的磨损就快，沿孔壁下流时，对孔壁的冲刷也越严重，常会造成孔壁的不稳定。

国内试验发现，当钻井液上返速度在 2.5～3.5m/s 时，钻进效率最高。此处，机械钻速越高，单位时间内产生的岩屑、岩石也越多，相应的钻井液的上返速度也增高。

4）钻井液中岩屑的含量和粒度。在泵吸反循环钻进时，钻井液中所含岩屑的数量及其粒度的大小，直接影响到钻井液的挟带能力、上返速度、上返阻力和砂石泵的抽吸能力。所以，必须有适当的配比关系，才能保证正常循环的进行。

①钻井液中岩屑的含量。钻井液中岩屑含量与所钻岩层的岩性、孔深、钻速和钻井液的种类等有关，它是以上返钻井液中岩屑占有的百分比来表示的。

据实测，在浅孔、软岩中用泥浆钻井时，岩屑含量为 10%～15%，仍然有很高的钻井效率；在深孔、硬岩中用清水钻进时，因管路容易发生堵塞，岩屑含量不宜过多，一般控制在 1%～3% 即可。通常情况下，岩屑含量最好在 5%～8%。

对于钻井液上返时岩屑含量的多少，可以通过给进速度来进行控制。在软岩层钻进时，如给进速度过快，则岩屑含量就会增多，从而造成循环中的堵卡现象。在黏土层钻进时，往往形成泥团、泥条等较大的团块。在流动中，团块相互黏结，形成较大的泥柱，容易发生堵塞，使循环中断，造成故障。因此，必须合理地控制进尺，以防堵卡现象的发生，提高钻进效益。

②岩屑的粒度。岩性较硬、形状不规则的岩块及卵、砾石，在流动中可能会翻滚，造成堵卡。因此，对岩屑粒度的要求是，它的长轴必须小于所用钻杆的内径，并有适当的差值。

为有效限制进入钻杆中心孔的岩屑粒度，可以在靠近钻头底部 150～200mm 处，安装一个特制的喉管，其内径小于钻杆内径的 5～10mm，即可杜绝卡塞故障的发生。

（2）参数的选择与校核

泵吸反循环钻进中有关技术工艺参数的选择与校核，可按下式确定：

$$Q = 0.785 d^2 v k \tag{3-17}$$

式中，Q 为抽吸泵的排量（m³/s）；d 为钻杆内径（m）；v 为钻杆中钻井液的上返速度（m/s）；k 为抽吸泵的余量系数，取 1.4～1.8。

由式（3-17）可以校核与选择抽吸泵的规格。当抽吸泵的排量选定后，即可以确定钻杆内径、上返速度等参数，同时还可以估算出钻进效率，其关系式如下：

$$v = 4aQ/\pi D^2 \qquad (3-18)$$

式中，v 为钻进效率（m/min）；a 为岩屑在上返钻井液中含量；Q 为抽吸泵的排量（m³/min）；D 为钻孔直径（m）。

(3) 抽吸泵的启动

在泵吸反循环的抽吸泵启动之前，孔口钻井液液面与孔内水位以上的管路中充满着气体。而且，孔内水位越低，其相对吸程越大。如果超过一定距离，吸程过大，则不可能吸入钻井液。所以，在形成抽吸反循环以前，必须把钻井液液面以上管路及泵体中的气体排出，然后启动抽吸泵。抽吸泵的启动方式有两种，即真空启动和注水启动。

1）真空启动。该启动方式是在抽吸泵的吸水管一侧，安装真空泵，如图3-50所示。真空泵的吸管连通泵体与吸渣管，中间设有浮子式自动止水阀门。在抽吸泵启动之前，先开动真空泵，把原钻井液液面以上管路中的气体排出，造成一定的真空度，使钻井液充满管路和抽吸泵体，然后启动抽吸泵，同时关闭真空泵及阀门，抽吸泵即开始工作。浮子式自动止水阀门的作用是防止钻井液进入真空泵，它遇到液体就自动关闭。

2）注水启动。这种启动方式，是在设备中配一台注水副泵，即灌注泵。灌注泵的排水管安在抽吸泵的吸渣管上。抽吸泵启动前，先用灌注泵向吸渣管和抽吸泵体中注水，排出管路及抽吸泵体中的气体，然后再启动抽吸泵，即可形成正常泵吸反循环钻进。这种启动方式的启动设备比较简单，同时，当吸渣管路中有堵塞故障发生时，也可及时关闭抽吸泵，并以灌注泵正循环方式向吸渣管灌水，冲开堵塞物。它的缺点是：当钻孔较深时，很难排净滞留在吸渣管中的灌水，对抽吸泵的启动造成不利影响。

(4) 适用范围及优缺点

1）适用范围。从泵吸反循环钻进的基本原理可知，此方法是完全靠抽吸泵形成的真空负压来驱动钻井液流动的，即靠真空度克服液流上升中的各种阻力来达到循环目的的。但抽吸泵的吸程是有限的，随着钻孔深度的增大，泵的吸程也相应增大，其挟带岩屑的液流沿程阻力也不断增大。这样，泵的抽吸能力势必随着孔深的增大而逐渐减弱，生产效率也会相应降低。经验表明，泵吸反循环钻进的孔深在70m之内是最佳的，超过此深度，其钻进效率会显著下降。

为了使泵吸反循环钻进能在较深的钻孔中应用，可以采用缩短主动钻杆、降低抽吸泵安装位置以及加大钻杆内径等措施，从缩短泵的吸程、减少上返阻力出发，进行改进。为此，有的车装机组将抽吸泵装在车底盘的下面，或单独把抽吸泵组装在地面上。在采取这些措施后，其钻进深度可以达到150~200m。

如果把抽吸泵装在孔内水位以下乃至孔底，就把泵吸反循环变成泵吸—泵举反循环，不仅可以利用真空度负压的吸程效果，而且可以利用泵的整个扬程效果来工作，从而可以大大提高钻进深度。GZQ-1500型潜水钻机就是这样做的。

2）优缺点。在地面安装抽吸泵的泵吸反循环钻进，最大孔深为150m左右。与其他反循环钻进相比，它具有机械效率高（可达到50%~60%）、功率消耗小、使用设备与工具较简单等优点。其缺点是：砂石经过泵体排出，抽吸泵磨损严重；液流管路弯曲多，易发生岩屑堵卡故障；钻井液的驱动压力小，钻进孔深受到限制。

泵吸反循环钻进的关键是循环系统要有严格的密封。这对大径钻具和大径管线来说，比小径钻具和管线困难得多。因此，它比较适用于大口径浅孔的钻井施工工作。

2. 气举反循环钻进

它所使用的冲洗介质主要是压缩空气，所以又称为压风（气）反循环钻进，其工作原理如图3-51所示。

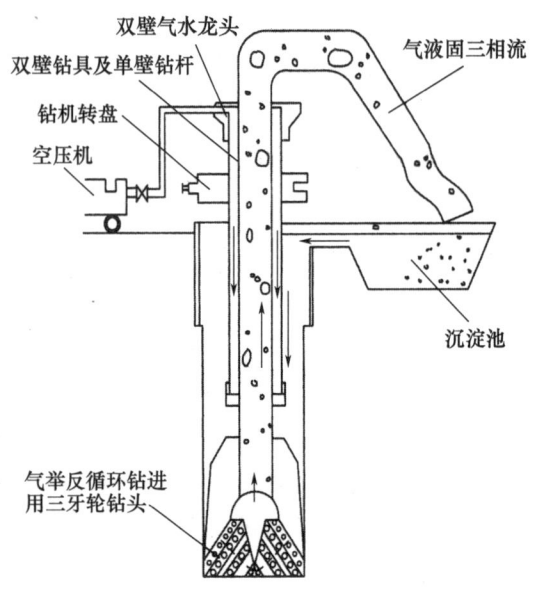

图3-51 气举反循环钻进工作原理示意

它是通过供气管道把压缩空气输入钻孔内钻杆中部所接装的专用部件——气水混合器，使压缩空气在混合器内与钻杆中的水相混合，形成气-水混合液。由于这种混合液中包有气泡，因而它的相对密度会比纯水小。

在压缩空气不断供给的情况下，气-水混合液柱会不断形成。由于管内气-水混合液柱的相对密度小，故其压力低于管外水柱压力，这样就形成了钻杆内、外液柱压力差。在该压差的作用下，钻杆内的低压混合液柱就会挟带着钻头所克取的岩屑沿钻杆的中心孔道上升，并被排送到地面。在压缩空气不断供给的情况下，气-水混合液柱就不断上返。将挟带岩屑排至地面的气-水混合液引入沉淀池中，气、水自动分离。经沉渣净化后的水重新自动沿孔壁流入孔内，继续进行循环。至此，一个完整的反循环钻进过程就完成了。

气举反循环所用的钻杆,在混合器以上为双壁,其管壁间隙为气道,以下为单壁。钻进中,进入混合器下部钻杆中心孔的是岩屑与水的固、液二相混合物,而进入混合器与压缩空气混合后,则形成岩屑、水和压缩空气的固、液、气三相混合物。

从形式上看,气举反循环钻进与空压机抽水和洗井所用的设备相似,原理也相通。其区别在于,气举反循环钻进时,液柱上返时,必须挟带钻头所克取下来的岩屑,而空压机抽水和洗井则可带也可以不带岩屑。

(1) 供气方式

气举反循环钻进的供气方式,按照钻孔内钻杆和压缩空气管道的组合安装方法的不同,可分为以下四种。

1) 同心式。这种进气方式的上返孔道、供气孔道和孔内钻杆柱等安装在同一个轴心上,也就是使用双壁钻杆组成混合器以上的管柱,如图3-52所示。外钻杆承受各种压力和扭矩,驱动钻头钻进并隔离液、气。内钻杆分隔液、气,防止短路,保证气、液流正常流动,其中心孔道为三相混合液上返的路线。

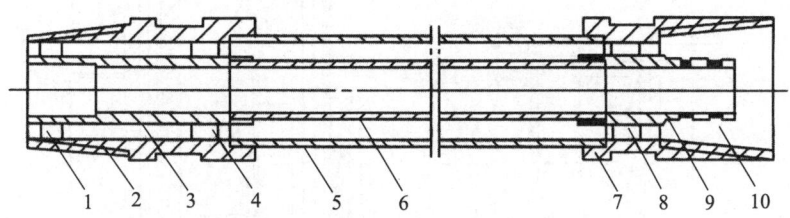

图3-52 双壁钻杆结构

1—支撑块;2—公接头;3—内外管接头;4、8—支撑块;5—外管;6—内管;
7—母接头;9—内管内接头;10—密封圈

钻进时,将压缩空气通过专用的水龙头,经内、外钻杆间的环状间隙,送入水、气混合器,形成三相混合液,然后经由双壁钻杆的中心孔道排到地表。气举反循环钻进混合室结构如图3-53所示。

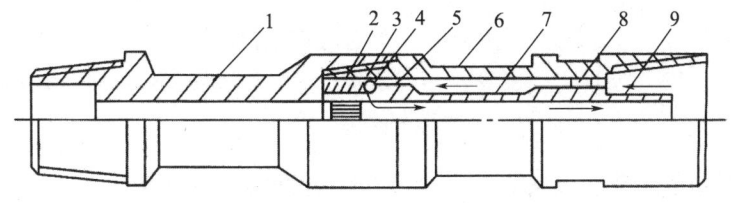

图3-53 气举反循环钻进混合室结构

1—下接头;2—弹簧;3—气孔;4—钢球;5、8—支撑块;6—上接头;7—内管;9—密封圈

该供气方式的关键部分是双壁钻杆,其基本要求包括:①内、外钻杆间的环状间隙要合理。环状间隙是向孔内输入压缩空气的孔道,其大小取决于向孔内输入压缩空气的数量和流速。环状间隙过大,一方面要求选用较大规格的钻杆,增加钻杆质量,给上、下钻带来不便;另一方面会造成压缩空气压力的降低和流速的减慢。环状间隙

过小，则会增大压缩空气的流动阻力，压降损失大，影响供气量，不利于提高钻进效率。②要有可靠的连接方式。双壁钻杆的连接方式很多，目前普遍应用的、比较成熟的连接方式是螺纹和焊接法两种。使用时，可根据具体情况选择。③钻杆的密封度要好。④选用合适的进气方式。目前，常用的进气方式主要有三种，分别是气-水龙头式、立轴下安装进气盒式和动力头与气-水龙头合为一体式。国内应用较多的是气-水龙头式，它要求其单动和密封作用可靠。

2）并列式。这种供气方式是将钻杆和输气管道并排安装，输气管道在钻杆外侧，钻杆为单层，钻杆之间采用法兰盘连接，如图3-54所示，随着钻孔的不断加深，混合器的位置也不断变深。但其超深时，会因超过空压机的额定负荷而影响气举效果或举不到地面上来。为此，需调整混合器的位置。

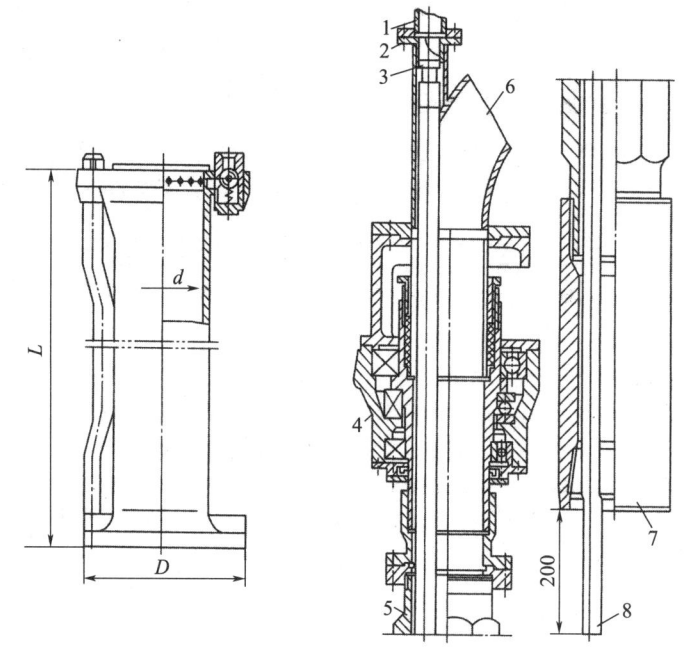

图3-54 并列式供气管线
1—空压机排气管；2—悬挂架；3—压气管接头；4—气-水龙头外壳；5—钻杆接头；
6—三相混合物排出弯管；7—钻杆；8—压气管

钻杆两侧安装2个压风管。浅孔中，当混合器的安装深度不超过额定要求时，只用一个压风管（上部与气-水龙头相通，下部与混合器相通）供气，以使混合器工作。另一个压风管备用。如果混合器额定安装深度是30m，则在第一个混合器下入深度达到30m时，应接入第二个混合器，并把该混合器的进气口与另一个压风管（备用）接通。把与第一个（下部）混合器连接的压风管的进气口堵塞，停止供气。同时，把与第二个（上部）混合器连接的备用压风管的进气口打开。这时，下部混合器停止工作，只作为尾管的一部分可使两相液流通过。而上部混合器则开始正常供气工作。这就等于混合器的额定安装深度不变。采用这种调整方法,可以节约调整混合器深度而提下钻的辅助工作时间,提高钻进效率。

3)悬挂风管式。这种供气方式是把风管气-水龙头处插入钻杆内腔的一侧,并把它悬挂在气-水龙头上。

4)全孔双管式。该供气方式是在全孔都使用双层钻杆,只是在接近钻头上部的位置,接入一交叉流动短节。法国弗拉克公司采用这种方法,其配套钻头为该公司生产的镶合金的冠状钻头,如图3-55所示。

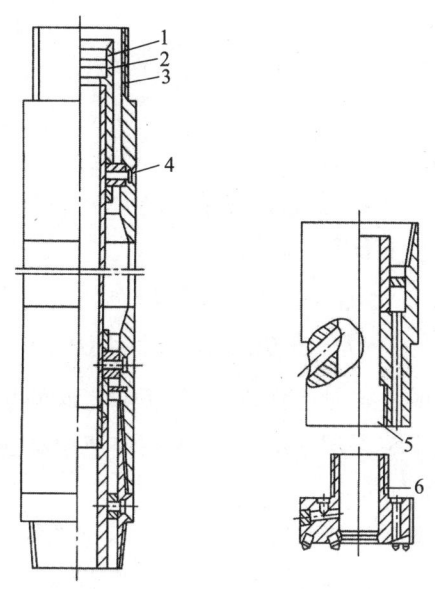

图3-55 法国弗拉克公司空气反循环钻具结构
1—内管接头;2—密封圈;3—外管;4—固紧螺钉;5—交叉流动短接;6—冠状钻头

这种供气方式的特点是,从开孔起就可以进行反循环钻进。在钻孔位置比较浅且没有地下水位时,就是空气反循环钻进;在地下水位以下时,就是气举反循环钻进。上述这套钻具上部还可以接潜孔锤,进行潜孔锤取心钻进。这种供气方式的优点是:交叉流动短节使用简便,效果好;钻井效率高;取心率高,取心质量好;三相混合物的上返速度快;可组成复合钻具,进行复合钻进。它的缺点是:钻具的间隙大,钻杆的质量也大,要求钻机的提升力大、空压机的功率大;弯管磨损快。

(2)钻进参数的选择与配合

1)钻孔直径与钻杆内径的配比关系。与泵吸反循环相似,钻孔直径的大小关系到碎岩量的多少,钻杆内径的大小关系到排渣过程的顺利程度。两者必须成一定的比例,否则就要影响到钻进效率和生产成本。表3-22所示为钻孔直径与钻杆内径的配比关系,可供参考。

表 3-22　钻孔直径与钻杆内径的配比关系

钻孔直径/mm	200	400	500	590	760	1100	1500	2300	3200	5000
钻杆内径/mm	80	80 94 120	80 94 120	94 120 150	150 200	150 200 300	150 200 300 315	200 300 315	300 315	315

2）混合器的安装深度。它是由整个管路系统的沉没系数决定的，这个沉没系数也叫沉没比，由式（3-19）确定：

$$m = H/h \qquad (3-19)$$

式中，H 为混合器安装深度，从动水位算起（m）；h 为自混合器上返扬程高度，从动水位算起（m）。

一般情况下，要求 m 大于 0.3。

3）空压机的风量和风压。当混合器安装的最大深度确定后，就可以进一步计算出所需空压机的风量与风压。其计算公式为：

$$Q = (2 \sim 2.4) d^2 v$$
$$P = (Hr_h) \times 10^{-2} + \Delta P \qquad (3-20)$$

式中，Q 为风量（m³/min）；v 为钻杆内三相流体上返的速度（m/min）；P 为风压（MPa）；H 为混合器最大安装深度（m）；r_h 为钻井液相对密度（kg/m³）；ΔP 为压力损失，一般为 0.04~0.1MPa。

如果钻杆的内径已经确定，还可以根据钻杆内径来选择风量，如表 3-23 所示。

表 3-23　钻杆内径与风量关系

钻杆内径/mm	80	94	120	150	200	300
风量/（m³/min）	2.5	4	5	6	10	20

4）尾管长度的确定。从前述气举反循环钻进的基本原理可知，钻进过程中，所用的尾管长度 L_w 越小，则其中二相气-水混合液的压力越小，岩屑也容易被挟带进入混合器，排渣效率就越高，但太小时，压缩空气也可能由尾管向下逸出，风量减小，使循环不能正常进行。在实际钻进过程中，混合器的安装深度又是受空压机的额定风压限制的，随着钻孔的不断加深，其负荷也在不断加大，往往会形成风量供不应求的局面。在这种情况下，就不得不逐渐加长尾管。但尾管太长，往往也会影响钻进效果。

实践证明，尾管的长度应为混合器安装深度的 2~3 倍。

3. 射流反循环钻进

射流反循环钻进又称喷射反循环钻进，与局部反循环钻进中的喷射式的原理相似。它是在向孔内供液体或气体后，依靠安装在循环管路中的射流泵，使其形成高速喷射状射流体，并在周围形成负压，驱动孔底管内的流体（引射流体）沿钻杆中心上返流动，挟带被钻头克取下来的岩屑到地面，经沉淀净化后，其流体重新流入钻孔内（如为气体则流到地面后散失），开始新的一轮反循环钻进，如图3-56所示。

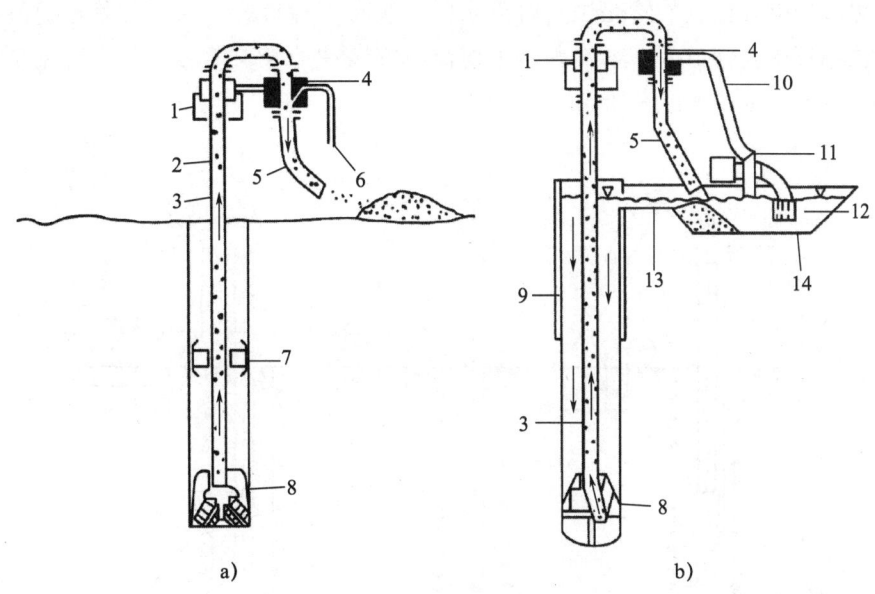

图3-56 射流反循环钻进示意
a) 空气反循环；b) 泥浆反循环

1—动力头；2—上返流体；3—钻杆；4—射流泵；5—排渣管；6—压缩空气；7—导正器；8—钻头；
9—护孔口板；10—高压水管；11—离心泵；12—进水莲蓬头；13—泥浆槽；14—沉渣池

在射流反循环钻进中，关键机具是射流泵。如用液体作钻井液，则通过高扬程的离心泵或往复泵向射流泵中输入高能量的清水或泥浆（也称工作流体）；如用空气作钻井液，则把空压机的排气管直接连通喷射泵，供气后，压缩空气即为工作流体，而地面的空气则在负压抽吸作用下由孔壁间隙直接流入孔底参与循环。

（1）射流泵的结构

射流泵，如图3-57所示，由吸入管、喷嘴、吸入室、喉管、扩散管和排出管等部件构成。射流泵是利用喷嘴来造成真空度的。在射流反循环中所使用的射流泵，要求大颗粒岩屑能顺利通过泵的管道，因此，常采用多个喷嘴，布置成环状，形成"环状喷射"。

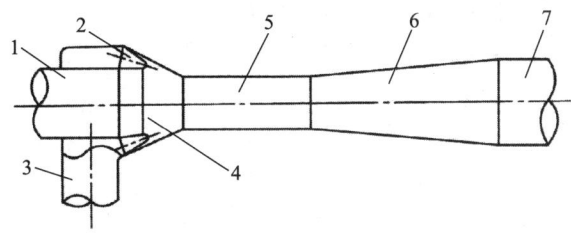

图3-57 环形喷射射流泵示意
1—吸入管；2—喷嘴；3—供流管；4—吸入室；5—喉管；6—扩散管；7—排出管

(2) 射流泵的安装

在射流反循环钻进的管路中,射流泵的安装有三种形式:第一种是把射流泵安装在钻孔内钻杆中间管道上;第二种是把射流泵安装在地表;第三种是把射流泵安装在水龙头的下方,如图 3-58 所示。

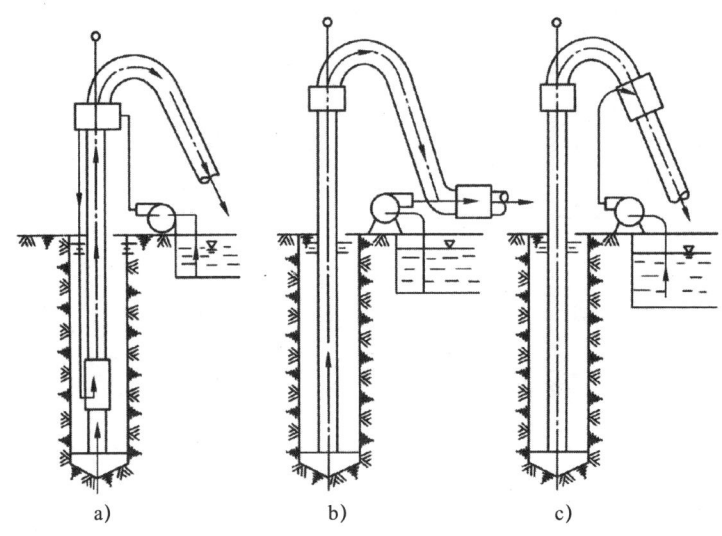

图 3-58 射流泵安装位置
a) 孔内安装;b) 地表安装;c) 水龙头上安装

从以上三种安装形式看,a 种管路同时还可以利用射流泵的扬程驱动反循环钻进,因而其动力较大,故适用于深孔钻进。在使用时,一方面需要向孔内安装工作流体的输送管道;另一方面,由于射流泵和钻杆一起安装,因而钻具结构比较复杂,一般多用双壁钻杆。同时还可以看到,若工作流体为液体,则上升流体为工作流体和引射流体之和,会增大上升流体的流速;若工作流体为空气,则上升流体为三相混合体,其形式与气举反循环钻进类似。

b、c 两种管路相对简单,射流泵不必活动,只是利用它所形成的真空度的抽吸作用来驱动反循环。这两种方式适用于浅孔或者与其他反循环钻进配合使用。

(3) 主要性能参数

射流泵的主要工作性能参数有:流量比、压头比及截面积比。

1) 流量比。它是指被吸入液体流量(引流量)与用泵供给的流量(工作流量)的比值。

2) 压头比。压头比是指射流泵的工作扬程与射流泵工作压力之比。工作扬程为泵出口处液体的比能;射流泵的工作压力为喷嘴前液体比能与泵出口处液体的比能之差。

3) 截面积比。它是指喷嘴出口处截面积与喉管截面积之比。

上述三个主要比值的关系如下:当流量比一定时,压头比与截面积成反比;当截面积比一定时,压头比与流量比成反比;当工作泵扬程一定时,则截面积比或流量比越大,射流泵的扬程就越小,反之亦然,如表3-24所示。

表3-24 射流泵流量、压力、截面积比关系

流量比	0.15	0.20	0.25	0.30	0.40	0.50	0.60	0.70	0.80	0.90	1.00
压力比	200	1.30	0.95	0.78	0.55	0.38	0.30	0.24	0.20	0.17	0.15
截面积比	0.15	0.22	0.30	0.38	0.60	0.80	1.00	1.20	1.45	1.70	2.00

射流反循环与泵吸反循环钻进相比,工作泵工作条件较好,但增加了一个射流泵。射流泵较砂石泵优点较多:磨损小,无运动件,能自吸,但它受效率的影响,其驱动力仍然不大。因此,射流反循环钻进也只适用于浅孔。

4. 大口径全面反循环钻进

大口径全面反循环钻进主要是指前文讲的泵吸反循环、气举反循环和射流反循环三种钻进方法。它们在使用设备、钻进工具和工艺方面有共同之处,所以这里仅对其钻头的选择、钻进参数的确定和钻进中的技术措施等不同之处进行介绍。

(1) 钻头

大口径全面反循环回转钻进所使用的钻头,可分为翼状和牙轮—滚刀两大类。一般而言,翼状钻头适用于较松软岩层如砂土层、砂砾层、软的基岩层或基岩风化带的钻进。牙轮滚刀钻头则适用于较硬的岩层(如较坚硬的基岩、卵石层、砾石层等岩层)的钻进。

1) 翼状钻头。反循环与正循环回转钻进所用的翼状钻头,就其结构形式和碎岩原理而言是相似的。它可按其翼片的多少分为两翼、三翼和四翼等,但它们的排出岩屑的能力是不同的。反循环回转钻头,要求的排屑能力更强,故在结构设计上有以下特点:①钻头底部要求有尺寸较大的吸渣口。这样才能使较大粒度的岩屑顺利进入钻具中的反循环通道。而且,吸渣口多布置在钻头底面的中心位置。②为了减少钻头的碎岩工作量,切削具的分布要有利于疏散较软岩层或松散岩层,而不是全部切削破碎。③可以采取能暂时储存大粒度岩屑的结构形式。同时,翼片多沿中心管母线焊接,且不要螺旋上升翼片(对反循环岩屑上升无效),故加工也方便。

2) 牙轮滚刀钻头。在钻进较硬岩石或非均质岩层时,由于扭矩与载荷增大,翼片状钻头不能适应,因此需用牙轮滚刀式钻头。

牙轮滚刀式钻头实质上一种多刀具组合形式的碎岩工具。它的每一组刀具都制成各种不同外形的带轴的滚轮状。以轴承定位在钻头体底部的某一位置。滚轮本身可以绕轴自转,整个钻头由底部若干交错定位的滚轮组成。因为每个刀具都是按一定交错位置突起在滚轮表面的齿(牙),所以称为牙轮钻头;又因为牙轮上刀具可以滚动,所以又称为滚刀钻头。在该钻头上,每个牙轮都负责孔底一定范围的碎岩任务,故整个钻头每旋转一周就可以全部破碎孔底岩石。这种钻头的特点是:①齿刃与孔底的接触面积小,可以获得较大的轴向压力;②由于牙轮是滚动前进的,因而回转阻力及扭矩

小，消耗功率小，同时，还可以获得冲击效果，提高碎岩能力；③切刃是交替接触岩石。钻头的磨损小，使用寿命长。

鉴于上述特点，该钻头比较适用于较硬岩层的钻进。

钻头下部安装牙轮和滚刀的底盘为刀盘。刀盘的形状有平面形、锥形和球形。根据牙轮安装位置的不同，又分为中心刀、正刀及边刀。中心刀位于刀盘的中心，它可以超前碎岩，一方面起到定心作用，稳定钻头；另一方面还可以为正刀破碎岩石创造更多自由面。边刀装在刀盘边缘，用以修正孔壁和保持孔径。正刀则装在边刀与中心刀之间，主要起正面破碎岩石的作用。

吸渣口的布置与选择，是大口径钻头的一个重要问题。关键在于所钻下的岩屑能够及时清除，避免重复破碎。由于钻头旋转会带动岩屑向外侧移动，而工作流体在孔内的流向与钻头呈径向的切线方向。它又能克服一定的离心力。这样岩屑的主要集中点将在钻头的中间点附近。因此，吸渣口最好开在钻头半径中间的位置上，并取矩形、椭圆形或方形截面。这样的偏置吸渣口，更能加强工作流体的流动，提高吸渣效果。

目前，国内尚没有统一的大直径牙轮滚刀钻头标准，多由施工单位自行加工制造。

(2) 钻进参数

1) 钻压。大口径钻进中的轴向压力，可用以下两种方法进行计算。

①按钻头直径计算。钻头所需的总压力，等于钻头直径与其比压的乘积。

$$P = pD \tag{3-21}$$

式中，P 为钻头所需的总压力（N）；p 为比压（N/cm）；D 为钻头直径（cm）。

钻头的比压是依据所钻岩石的性质而定的。常用岩石的比压经验数据如表 3-25 所示。

表 3-25　常用岩石的比压经验数据

岩石名称	单向抗压强度/（N/cm²）	比压/（N/cm）
砂层	300	100
砂土层	500	200
亚黏土	800	300
黏土	1000	400
含砾石的黏土	1500	500
严重风化砂石	2000	600
一般风化砂石	3000	1000
微风化页岩	4000	1300
砂页岩	5000	1600
砾岩	6000	2000

②按滚刀数计算

$$P = p_0 m \tag{3-22}$$

式中，P 为钻头所需的总压力（N）；p_0 为每把滚刀上的压力（N/把），视岩性及滚刀的型号而不同，软岩取 2~3，中硬岩取 3~4，硬岩取 5；m 为钻头上滚刀的数量（把）。

总之，大口径钻进因钻具质量大，一般采用减压钻进。钻头上的总压力不超过钻具在钻井液中总质量的 70%~80%，但也不能小于 50%。

2）转速。大口径钻进时，由于钻头的直径大，与岩石的接触面也大，而且孔底岩石是全面破碎，钻头在回转时的阻力矩很大，因而不能开高速。按经验资料，推荐钻头的最佳转速为：

$$n = 36576D \tag{3-23}$$

式中，n 为钻头转速（r/min）；D 为钻头直径（mm）。

式（3-23）对于翼状钻头和滚刀钻头适用。

牙轮—滚刀式钻头在钻进中阻力矩相对较小，可以适当提高转速。但如果转速过高，则牙轮、滚刀自转的线速度就过高，齿刃磨损快，钻头的使用寿命就会急剧下降。故一般滚刀的自转速度要求控制在 100~120r/min，边刀的线速度控制在 1.6~1.9r/min。

在现场施工中，钻头的转速还会受排渣能力、孔壁稳定性及钻杆柱振动等因素的影响，实际钻头外缘线转速如表 3-26 所示。

表 3-26　不同岩石钻头外缘线速度值

岩石类别	岩石单轴抗压强度/MPa	钻头线速度/（m/s）
土层		2.5~3.5
软岩	0~56	1.7
中硬岩	≤150	1.4
硬岩	≤350	1.2
流砂岩		0.7

3）钻井液。在大口径反循环钻进中，不仅要求钻井液在钻杆内有足够的流速，以有效地挟带岩屑，而且要求在孔底碎岩工作面上也有足够的横向流速，以便迅速将钻出的岩屑带进钻头的吸渣口。此外，还要考虑钻井液对孔壁的冲刷和破坏作用最小。

研究表明，钻井液在钻孔中的上返速度以 2~4m/s 为宜；孔底的横向流动速度以 0.3~0.5m/s 为宜（泥浆取 0.3m/s，清水取 0.5m/s）；而在孔壁间隙的流速应控制在 0.02~0.04m/s，最大不能超过 0.16m/s。

(3) 技术措施

1）钻进时，一定要使钻孔中的钻井液保持在能对岩层（孔壁）产生 0.02MPa 以上的静水侧压力的液面高度，从而达到孔壁稳定和顺利钻井的目的。因此，在开孔时一定要埋设好孔口管，且其下部要埋入不透水层或用黏土捣实的回填孔段。钻进中，应及时向孔内补充钻井液以防液面下降。

2) 当地下水埋藏较深、水位不够高时，可以用较长的孔口管并使其上口高出地面一定高度，以便抬高孔内钻井液面，使之对孔壁保持应有的侧向静压力；否则，在不稳定岩层钻进时，容易发生孔壁坍塌事故。

3) 钻进一般岩层时，可以在保持液柱高度条件下，采用清水钻进，这样能适当提高钻进效率和简化钻井液净化工艺。但在不稳定岩层钻进时，仅靠液柱压力是难以保护孔壁的，必须用泥浆护壁钻进。对钻井液的性能要求，则按岩性条件的不同而各有差异（表3-27）。

表3-27 不同岩性对钻井液性能的要求

地层	黏度/s	失水量/（mL/min）	质量浓度/（g/L）	重度/（g/cm³）	pH值
含水少的砂层	25~30	35	8~9	1.045~1.05	11.0
含水多的砂层	30~40	30	9~11	1.055~1.06	11.0
含高压地下水的砂层	30~60	30	9~13	1.05~1.07	11.0
黏土层	25~35	25	8~10	1.045~1.055	11.0
砂砾石层	35~60	20	10~12	1.055~1.065	11.0

4) 使用泥浆钻进时，为保证及时向孔内补浆，现场应储存足够的新鲜泥浆，一般要求其数量相当于钻孔容积的1.5~3倍。

5) 在反循环钻进中，钻进效率是以排渣效率为前提条件的。因此，在施工中既要合理确定钻井液量，又必须控制钻速，防止由于钻速过快，岩屑不能及时排出而发生糊钻或卡钻事故。

二、空气钻进

它是以空气作为冲洗孔（井）底和冷却钻头钻井液的一种钻进方法。利用空气作钻井液，是钻井液从高密度向低密度改善的重大进步。这种钻进方法是用空压机代替钻井用水泵，将岩粉从孔（井）底吹至地面，同时用孔口装置收集岩粉和进行防尘工作，在干旱缺水区、严重漏失区，以及无法使用液体循环地区的水文地质勘探和水井钻进工作中有着广泛的应用。空气钻进如图3-59所示。

空气钻进是一种高效率的钻进方法。在钻进深孔时，其钻进效率的提高则更为显著。这是由于孔底岩石去掉了钻孔内液柱的静压力，使钻头下的岩石在地层压力下的"反压差"效应作用下，以最大限度释放残余应力，岩屑呈"爆裂"的形式崩离岩体，从而提高了破碎岩石的钻进效率。同时，由于空气本身的黏度极小，又以高速吹过孔底，使孔底净化程度提高，几乎没有重复破碎。因此，这种方法在最初的对比试验中，比泥浆的钻进效率提高10倍左右。

使用泥浆钻进，孔内的液柱与地层孔隙内液体压力之间存在着压差。这种压差对钻进速度的影响很大，如图3-60所示。当使用空气钻进时，就会出现与此相反的"反压差"。在这种"反压差"作用下，岩石容易破碎是显而易见的。

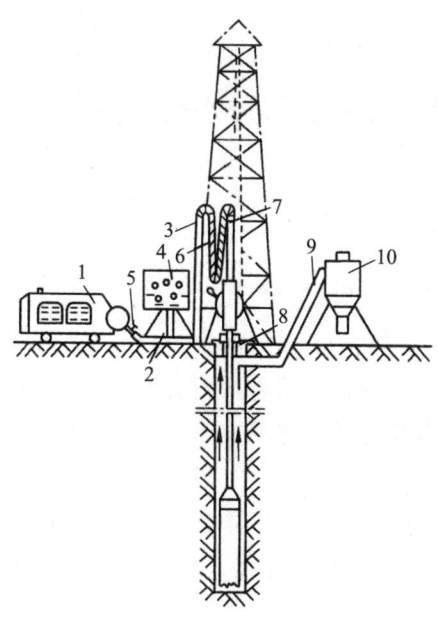

图 3-59　空气钻进示意

1—空压机；2—地面风管；3—立管；4—仪表盘；5—放气阀；6—软管；
7—水龙头；8—井口装置；9—回气管；10—除尘器

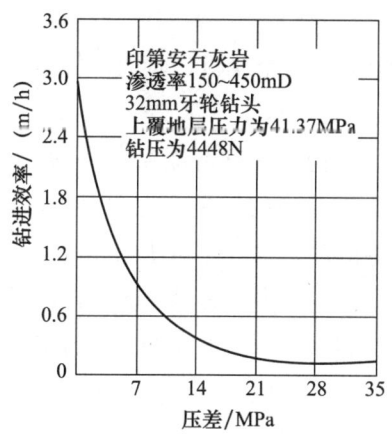

图 3-60　作用在孔底岩石上的压差与钻进速度关系

使用空气钻进除了钻速高和冲洗效果好外，还有空气对孔壁和岩矿心污染很小的优点。另外，由于在钻头底部压缩空气压力突然降低，就地吸收周围热量，不但减少了切削具被烧毁的可能性，而且改善了切削具的工作环境，延长了钻头的使用寿命，减少了起下钻时间，缩短了施工周期。

空气钻进，可以采用正循环形式，也可以采用反循环形式。在采用液体循环设备的基础上，将原有的泥浆循环设备换上空气循环设备即可进行空气钻进。

（一）分类

钻进时采用气态物质作为钻井液，是空气钻进的基本标志。但是，随着钻井液的不断创新与发展，气态钻井液的组成及形态亦出现了多种形式，据此，将空气钻进分为粉尘钻进、泡沫钻进、雾化钻进和充气泥浆钻进等多种形式。

1. 粉尘钻进

它也称干空气钻进。它在钻进时，使用单一的空气作钻井液，钻出的岩屑以粉尘状随上升气流排至地表。

粉尘钻进的主要特点是：气态的钻井液对井底岩石表面不产生液柱静压力，有利于岩石的破碎，岩石不被重复破碎；钻头寿命长；不存在钻井液漏失问题。因而，它在干旱山区施工中能充分发挥其优越性，如钻进中所形成的孔壁稳定、成本低、设备简单、操作容易。它用低能量级空压机即可实现中深孔钻进。

粉尘钻进适用于完全干涸、无水或气流能吸收侵入孔内少量水的地层、严重漏失层。

该方法还具有钻进速度快、钻头寿命长、对岩矿心无污染、能通过对空气的监测得知孔底情况的特点。但在钻进潮湿地层时，很容易在粗径钻具上方形成"泥环"，隔绝气流而使钻进无法继续进行的缺点，在使用时要务必引起注意，发现问题，及时处理。

用于粉尘钻进的循环系统设备有空压机、防尘设备和井口设备等。

2. 泡沫钻进

它是通过专用的灌注系统，把泡沫剂溶液注入压缩空气的气流中，混合后形成大量稳定的空气泡沫，并以此为钻井液的钻进方法。由于泡沫剂的存在，这种压缩空气遇到井下地下水即形成稳定的泡沫，也可与泡沫剂注入的同时向压缩空气中注入清水。这种泡沫具有一定的膜强度，可使空气、水及岩粉成为一种稳定的流动体系。这种混合流体，像刮胡膏一样以柱塞型的流型向上流动，上升能力强，从而大大改善了悬浮、挟带岩屑的效果。

与粉尘钻进相比，泡沫钻进具有防尘效果好、悬浮能力较大的特点。因此，它的上返速度可以大大降低。国内试验表明，泡沫钻进的上返速度只要有粉尘钻进的 $1/15 \sim 1/10$，就有较好的挟带岩粉的能力，因而可以大大降低空气量的消耗。

这种钻进方法，有利于保持孔壁岩层的稳定，特别适用于干旱缺水且稳定性差的岩层和钻孔内有水位情况下钻进。它具有效率高、成本低、质量高、事故少和钻头寿命长等优势。它不仅可支撑松散岩层，使之相对稳定，而且可以在遇到地下水后，进行潜孔锤冲击回转正反循环钻进。泡沫钻进的关键是泡沫机具及泡沫剂的选择。

适用于泡沫钻进的泡沫剂，应该是发泡能力强、形成的泡沫稳定、不受地下水中离子干扰、无毒、易于生物降解、成本低、来源广的物质。

3. 雾化钻进

这种钻进方法的钻井液是由气体和液体组成的,并具有雾状形态。当孔内水多而不能吹开时,将水和泡沫剂混合,以雾状喷入空气流中即可实现钻进。用该种方法钻进,在排粉、防止形成泥塞、泥包时,有时需要在钻井液中加入少量一定浓度的表面活性物质,以提高雾化效果。

雾化钻进使用的设备,大体上与粉尘钻进类似。它与粉尘钻进的最大区别是,需要配 1 台注射泵和较高的压力和空气量。它的空气量较粉尘钻进多 30%~50%,并且视孔深和侵入水量而异。

4. 充气泥浆钻进

这种钻进方法的钻井液是气体和液体的混合物。与泡沫钻进相比,充气泥浆钻进以液体为主,其液态含量为泡沫量的 10 倍左右。充气的作用在于使泥浆的相对密度能在很大范围内调整,减少液柱的静压水头。同时,泥浆的存在,又可起到更好的护壁作用。

充气泥浆钻进,可防止水侵入钻孔内和未经处理的水对孔壁所起的破坏作用。同时,它还较单纯泥浆钻进能增大钻进速度和钻头进尺。

理想的充气泥浆是泥浆与空气组成一种稳定而均匀的泡沫,直至返回地面亦不破坏和分离。但在进入泥浆泵之前,需要把气体和泥浆分离。为了保持空气和泥浆的理想混合状态,泥浆必须有足够的初静切力,以防空气从泥浆中逸出,但在它返回地面后,泥浆又必须有足够低的静切力,以便使泥浆泵不发生气塞。

充气泥浆钻进具有挟带岩粉能力强、钻进效率高、护壁性能好和钻探成本低的优点。

(二) 配套设备及机具

空气钻进是钻机、钻具与空压机、泡沫灌注机具、井口防尘装置、地面管路等相互配合才能完成的。其中任何一个环节发生问题,都会使钻进效率下降或无法进行,甚至会发生孔内事故。所以,根据施工区的地质条件和工艺要求,正确地选择配套设备,保证合理的技术配置,采用可行的钻进参数,是空气钻进的重要前提条件。

1. 空压机

采用性能稳定,风压、风量都适宜的空压机是空气钻进成败的关键。空压机风量的大小,对钻速的影响较大,风量增大,钻速就相应提高;但过大,则将影响岩、煤心的采取。风压大小,直接决定着空气泡沫钻进的深度。确切地说,它决定着钻孔内静水柱的高度。在空压机选型时,风量、风压应满足勘探区的地质条件以及所采用的钻进工艺。

风量的选择,要以保证环状泡沫流的上返速度和一定的泡沫质量为依据,它主要取决于环状间隙、孔内涌水量的大小和孔壁的完整程度。其计算公式如下:

$$Q = 60\pi KV(R^2 - r^2) \quad (3-24)$$

式中,Q 为空压机的风量（m³/min）；K 为风阻系数；V 为环状间隙的上返速度（m/s）；R 为钻孔半径（m）；r 为钻具半径（m）。

空压机的风压,必须满足下列关系：

$$P \geqslant P_0 + P_L + 9.81 \times 10^{-3}H \quad (3-25)$$

式中,P 为空压机的额定压力（MPa）；P_0 为大气压力（MPa）；P_L 为管路损失压力（MPa）；H 为孔内静水柱高度（m）。

风压与孔深、孔壁间隙、泡沫浓度以及管路损失成正比。一般认为,提高风压,对钻进效率的提高是有利的。

目前,空气钻进所使用的空压机有两种,一种是往复活塞式,另一种是螺杆式。我国主要生产往复式空压机。用于地质勘探的往复式空压机多为移动式。空压机选型时,除应考虑风量、风压两个主要参数及其可调性外,风温及搬迁运输条件能符合野外作业要求也是必须考虑的。一般选用车装式或二轮拖装移动式的,如徐工集团生产的 XSK32、XSK39Y、XSK40Y 等系列空压机。

2. 泡沫灌注机具

泡沫泵是泡沫灌注的主要机具。泡沫溶液输送量的大小,直接影响钻孔内岩粉能否及时清除。过大,虽对清除钻孔内岩粉有利,但会造成泡沫液的浪费；过小,则会使孔内岩粉结块,不易清除,影响钻进效率。因此,泡沫泵输送量的大小,需视钻孔内产生岩粉量的多少,并有较大的调节范围。泡沫泵的泵压还必须和空压机的压力相匹配。泵压最好能无级调节。

3. 井口防尘装置

空气钻进产生的粉尘大,如不妥善解决,势必严重危害职工的身心健康,并加剧设备的磨损。目前,用于粉尘钻进的防尘设施主要有三种。

（1）干式防尘

使用最普遍的是旋风式和布袋式。旋风式是利用离心力作用,分离大于 $5\mu m$ 以上的粒度粉尘的除尘器。布袋式是利用布袋的纤维及表面绒毛将粉尘阻留。布袋的防尘效果与布的织纹疏密、原料和过滤面积有关。羊毛织成稠密表面且纤维长的布袋防尘效果较好。

（2）湿式防尘

常用的是在排粉管上安上喷嘴,以高压水向排粉管内喷出雾状水沫,这种水雾与粉尘结合形成小泥团被排出排粉管外。

（3）干湿结合型防尘

它用于防止高黏度粉尘。因为这种粉尘使布袋防尘器很快失去作用,且不易清洗。采用该防尘器还可以解决粉尘的二次飞扬问题。

现在,多数单位在钻孔孔口侧面安装 1 台吸尘引风机,将粉尘吸排到钻场以外,井口不需密封,防尘效果比较理想,如图 3-61 和图 3-62 所示。

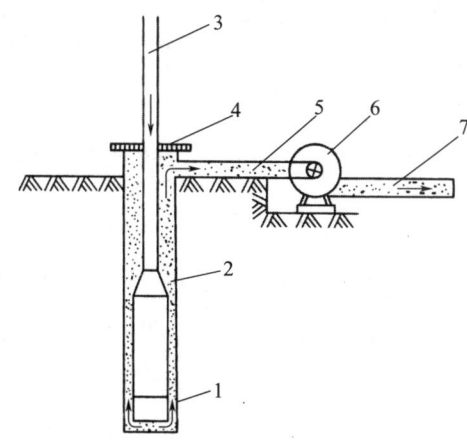

图 3-61　井口防尘设备安装示意
1—井口管；2—岩粉；3—钻杆；4—井口板；5—引风管；6—引风机；7—排粉管

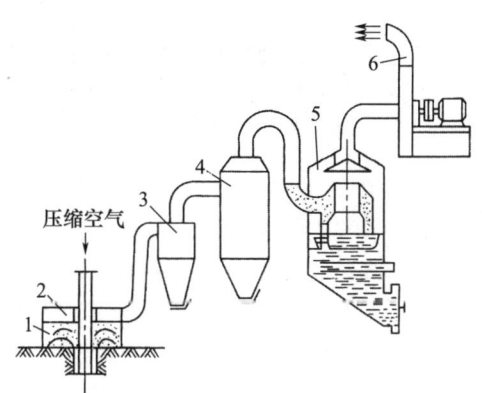

图 3-62　干湿结合型防尘示意
1—箱；2—捕尘器；3—旋风器；4—旋风组；5—水沉降器；6—高排风机

4. 钻具配置

空气钻进所使用钻具与普通的钻具基本相同,只是局部有所改进而已。如粉尘钻进所使用的钻头与液体循环钻进相比,钻头上的通风槽较大,如使用硬质合金钻头时,内外出刃至少要在 3mm 左右,通风槽较液体循环钻头的水槽要大 2~4 倍。有些地方要开一些专用风道,以冷却钻头上的特殊部位。如牙轮钻头的牙轮轴承要有专用风道进行冷却。

当钻孔直径、空压机风量确定后,钻具的选择应能保持挟带岩粉的孔内空气泡沫具有一定的上返速度。研究表明,当空压机风量为 $10m^3/min$、钻孔直径为 94mm 时,选配直径为 73mm 的钻具能获得较高的上返速度,是较为理想的选配。

钻杆的连接力求外径一致,避免由于接头变径造成上返岩粉在变径处停滞而产生

"泥包"现象,从而加大回转和提升的阻力。同时,还要注意钻杆螺纹连接处的密封性。钻杆连接以保证其强度和密封性为原则。

在钻孔直径确定的情况下,钻具直径越大,其气流上返速度越大。但要充分考虑到钻机的能力和钻塔的载荷,同时,还得考虑钻孔岩层的完整性等因素,切不可盲目追求过大的上返速度而无原则地加大钻具直径。相关试验表明,直径 73mm 和 89mm 钻杆是空气钻进中较为适宜的钻杆。

5. 地面管路安装

当使用高压空压机时,送风管应使用无缝钢管,各处阀门应使用中压以上阀门。钢管拐弯处不应直角连接,以尽量减少风流在管路中的阻力。管路安装如图 3-63 所示。

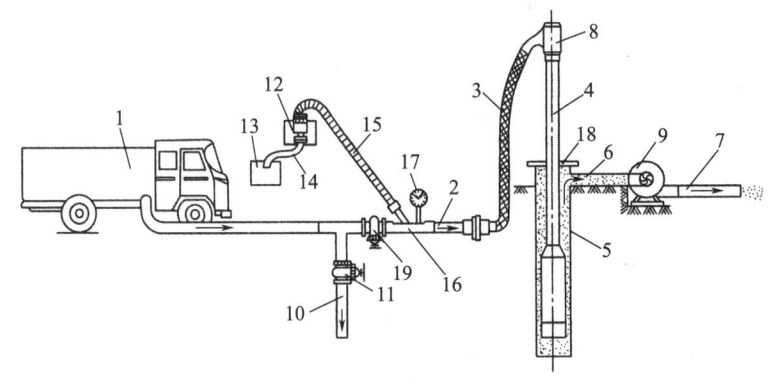

图 3-63 空气泡沫钻进管路安装示意

1—空压机;2—送风管;3—高压胶管;4—钻杆;5—井口管;6—引风管;7、10—排风管;
8—送水器;9—引风机;11、19—控制阀;12—泡沫泵;13—泡沫溶液箱;
14—进水管;15—出水管;16—气液混合器;17—压力表;18—孔口板

(三) 泡沫剂的性质及选择

在空气钻进中,泡沫钻进、雾化钻进和充气泥浆钻进都不同程度地要用到泡沫剂。泡沫钻进之所以显示出较大的优越性,主要取决于作为钻井介质的泡沫剂具有的独特性质及其作用机理。因此,研究泡沫剂的性质及选择依据,对提高空气钻进的效率意义重大。

泡沫剂是一种由发泡物质、水、气体和其他附加剂组成的表面活性剂。依据其气体种类的不同,可分为空气泡沫、天然气泡沫和内燃机废气泡沫等。常用的泡沫剂是空气泡沫剂,依其稳定程度又分为稳定性和不稳定性两种。稳定性泡沫剂具有较长时间连续服务的性能,而非稳定性泡沫剂则只有在一定时间内有效,过期就失效。

1. 泡沫剂性质

(1) 稳定性

它是指泡沫从产生到消失的时间,是泡沫剂一个很重要的指标。此时间越长,其稳定性越好。

(2) 发泡能力

它是指一定的条件下和时间内，一定体积的溶液所产生的泡沫体积或泡沫柱高度。发泡能力的大小，与表面活性物质的分子结构、溶液中表面活性物质的浓度、温度、表面张力和添加剂的属性有关。

(3) 结构强度

它是指泡沫剂抵抗外力的能力。结构强度越大，越能有效地支撑孔壁，增加孔壁的稳定性，并可挟带较多、较大颗粒的岩粉。结构强度主要与泡沫本身的属性有关，此外还与水、气体和附加剂的性质及添加量有关。

(4) 黏附性

它是指有效地黏结或吸附岩粉等杂物的性能。它可以改善岩粉和水的亲和性，使其能较好地吸附岩粉，将其挟带排出孔外。

(5) 抗震性

它是指在一定强度和震动下仍能保持较好的稳定性的性能。

(6) 润滑和减阻性

表面活性剂本身就有较好的减阻性能，泡沫充满全孔，增大了对钻具的润滑，从而提高钻机立轴转速，减少动力消耗。

2. 泡沫剂的选择

自20世纪80年代以来，随着空气钻进技术的发展，我国研制和生产的适合空气钻进的泡沫剂种类较多，现介绍几种常用的泡沫剂的性能。

(1) KZF123 泡沫剂

该泡沫剂由脂肪醇聚醚阴离子活性剂和添加剂复合而成，为浅黄色或淡棕色透明液体，20℃时黏度为 $3.0 \times 10^{-2} \sim 4.5 \times 10^{-2} Pa \cdot s$，呈碱性，pH值为10~12，铜片腐蚀试验合格。经160℃高温处理，其发泡性能不受影响。该产品具有一定的抗盐、抗钙能力。

生产试验表明，该泡沫剂的发泡率高，气泡细微，挟带岩屑能力强，对钻具有较好的润滑作用，适用于严重漏失、采空区等地区中的应用，在深孔钻进中也有较好的效果。

(2) ADF-1型泡沫剂

这种泡沫剂为阴离子与非离子表面活性剂的复合剂。其主要成分为烷基聚氧乙烯醚硫酸酯胺盐，是淡黄色透明液体，相对密度为1.05左右，pH值为9.2~10，可用淡水、硬水或浓度10%以下的盐水配制成泡沫剂溶液。它发泡能力强，稳定性好，可抗温到80℃，并可生物降解、无毒、无污染，适用于低压漏失层、永冻层等地层的钻进。它还能与CMC、KP等有机聚合物复配，钻进不稳定地层和配制泡沫泥浆等。此种泡沫剂采用国产原料制作，通过小样合成、优选、室内检测、生产试验，各项技术指标已接近国外 Quik Foam 优质泡沫剂，可满足配制泡沫流体和钻探施工的要求。

(3) CDT-813 型泡沫剂

它为阴离子表面活性剂，主要成分为 12 烷基醇聚氧乙烯醚硫酸盐，是一种棕红色的透明黏稠液体，呈中性，易溶于水，无毒，生物降解性好，有一定的抗温性能。它具有较强的发泡、抗钙、抗盐能力。

该泡沫剂在干旱缺水、地层严重漏失、破碎带较多、岩性复杂的地区有着较好的应用效果。

(四) 影响空气钻进效率的因素

1. 空压机的风量、风压

选择和确定钻进所需风量的主要依据是排屑速度和流通断面的大小。在选择时，应根据采取的钻进方法、钻孔条件来确定。

(1) 不同的钻进方法对风量、风压的要求

1) 全面钻进。这种钻进方法，效率高，岩粉多，岩屑颗粒直径也较大，风流上返速度必须超过冲洗介质中重力作用下岩屑的下降速度。因此，空气排出岩粉时，需要很快地上返速度，才能保证高的钻进效率和孔内安全。否则，大颗粒的岩粉将落回孔底，并被重复磨小到可以排出的尺寸，从而增大了钻头的磨损，降低了钻进速度，也容易产生"泥颈"现象，增大提升钻具时的阻力，严重时还会造成卡钻事故。所以，在全面钻进中，应根据孔内的岩层情况，尽量增大空压机的风量和风压，以提高钻进效率。

2) 取心钻进。在取心钻进中，若岩层破碎，胶结性差，则风量、风压不宜过大。因为过大时，进尺快，岩心容易变形，难以采取。因此，在取心钻进中，应严格控制回次进尺；在提取岩心时，应降低风量、风压，采用慢速挡位，以保证采取率。

3) 粉尘和泡沫钻进。粉尘钻进时，它的钻进速度较快，所形成的岩粉颗粒直径大，下降速度快，因而要求大的风量、风压才能将孔内岩粉排出；泡沫钻进时，由于泡沫能以低的上返速度将钻孔的岩粉冲洗干净，因而要求的风量和风压相对较小，过大则会将孔内大量泡沫吹出，造成浪费。

(2) 不同钻进深度对风量、风压的要求

钻进过程是一个钻孔深度不断增大的过程。随着孔深的增大，冲洗介质的压力损失相应地增大，风流的流速也在减慢，从而使其挟带岩屑的直径颗粒逐渐减少。因此，随着孔深的增大，除应增大风量外，还应相应地加大风压。

2. 钻具级配和孔身结构

当空压机的风量一定时，钻孔中钻井液的上返速度与其环状间隙成反比。因此，在确保一定的上返速度和钻孔直径的条件下，唯一能调整的就是环状间隙。只有尽可能地减少环状间隙，才能获得较大的上返速度。在这种情况下，只能增大钻具的直径，

也就是钻杆直径。目前,应用于空气钻进中比较成功的钻杆规格是直径 73mm、壁厚 8mm 和直径 89mm、壁厚 10mm 两种型号。

孔身结构也是影响钻进效率的一个重要因素。钻孔结构比较复杂,往往会造成钻孔内有多个台阶,使得空气泡沫在上返过程中,因孔内台阶处环状间隙面积的变化,流速变小,从而使本应排出的岩粉沉降于变径处,多了就形成"泥包",影响钻进效率,严重时还造成黏钻事故。因此空气钻进的钻孔结构应力求简单,尽量少变径,最好是下入孔口管后,一径到底,以保证足够的、稳定的上返速度,从而提高钻进效率。

3. 钻头的选择

与常规钻进所用钻头基本类似。全面钻进,钻头要求强度大,镶焊合金的翼片不宜过长,因空气钻进的钻速高,有时输入孔内的空气温度较高,钻头冷却不及时,会导致钻头寿命缩短,所以,推荐使用牙轮钻头。

取心钻进的钻头,除要求有足够的出刃外,在保证钻头强度的情况下,还应使钻头内壁有面积较大的通风槽和宽而浅的水口。这样,钻进中就不易产生岩心堵塞,钻头唇部不会产生风的涡旋,排粉通畅。

4. 泡沫溶液配制的浓度和灌注量

在钻进过程中,要加强排屑能力,这就要求泡沫液具有较强的发泡能力。泡沫液的发泡能力,随着配比浓度的增大而增大,且表面张力急剧减少。当泡沫液的浓度达到一定时,其发泡能力和表面张力逐渐趋于平衡。此时,若再继续加大其浓度,对减少表面张力和加强发泡能力都不再有明显的作用。该浓度即为临界浓度。在实际应用中,要充分利用该临界浓度值,以达到既有强的发泡能力,而又不至于泡沫浓度过高,造成浪费。

在作业中,应视具体情况确定泡沫浓度和灌注量。如孔内漏水量大,泡沫溶液被水稀释,挟带岩屑的能力相应减弱时,就应适当加大其浓度。另外,还要考虑钻进速度、岩屑颗粒大小、相对密度、充填杂质多少、岩层类型及其对泡沫性能的影响等因素。总之,应满足钻进中孔内不积存水柱,随时将孔内涌水吹成泡沫,及时彻底排出孔底岩屑,并节省泡沫剂用量。

5. 常用空气钻进技术

(1) 粉尘钻进

1) 特点:①孔底岩石表面没有液柱静水压力;②能及时并全部清除孔底岩粉,为破岩工具提供了有利的工作条件,从而提高钻进的机械速度,降低成本;③不存在钻井介质漏失问题,在干旱山区施工能充分发挥其优越性,孔壁稳定;④由于该钻进方法适用于钻孔没有水或水量不大的条件,因而,用低能量级的空压机和轻型钻机就能实现钻进,节约资源。

2) 钻进技术参数的选择:①上返风速。上返速度加快,钻进速度会明显提高。作业表明,当环状间隙上返速度大于 15m/s 时,才能获得较好的效果。但上返速度过快,会使钻具上浮并严重冲刷孔壁。因此，要根据地层、孔深、钻具等情况，选择适宜的上返速度。②钻压。和液体循环钻进相同，空气钻进的钻压对钻进效率的影响很大。从目前生产来看，无论是在软岩还是硬岩中，随着钻压的加大，钻速都有不同程度的提高。但尚未达到液体循环钻进那样大的钻压。其原因是，粉尘钻进孔内压力减少后，井斜和钻杆的刚性以及钻头的强度限制了钻压的提高。在干燥地层中，一般中硬地层的钻压控制在 10~40MPa 时，即可达到较好的钻进效果。③转速。当空气充足时，可以使用较高的转速；反之，则使用较低的转速。岩石密度大，转速可大点；反之，则小点。一般控制在外径线速度为 0.5~1.0m/s 即可。一般情况下，中深井大径粉尘钻进技术参数如表 3-28 所示。

表 3-28　中深井大径粉尘钻进技术参数

岩层 软硬程度	空气量/ （m³/min）	空气压力/ MPa	钻头压力		钻头转速/ （r/min）
			全面钻头/MPa	取心钻进/MPa	
软-中硬	10~30	0.68~1.37	11.57~38.64	0.78~1.99	80~160
中硬以上	7~20	0.58~0.98	38.64~58.44	1.96~3.92	30~80

（2）泡沫钻进

1）特点：①泡沫相对密度小，悬浮力强，可将岩粉屑全部排出孔外，孔内清洁干净；②在湿、小涌水量岩层钻进时，岩粉不黏结，孔壁稳定，不堵塞含水层；③钻速高，岩、煤心采取率高且不被污染，钻具寿命长。

2）钻进技术参数及泡沫剂灌注供给系统的选择。影响泡沫钻进的主要技术参数，如环状间隙上返速度、发泡剂性能、泡沫溶液的配比浓度和灌注量等，上节已经叙述，在此不再重复。现主要对泡沫溶液的灌注系统和供给方式进行介绍。①灌注系统的选择。灌注系统的作用是把泡沫剂溶液和高压风流按钻进要求，以合适的比例注入钻杆内，达到挟带岩屑和护壁的最佳效果。要求布置紧凑，操作方便，各种流量计和压力表处于钻探操作人员的可视范围内。②泡沫溶液的供给方式。泡沫溶液的供给方式，应根据钻孔深度及输送泡沫机具技术性能和当地水源情况进行合理选择。目前，主要有间断供给和连续供给两种方式。间断供给方式，是在每钻进一个回次或在一个回次内，将泡沫剂一次性大量或间断地多次输送到孔底，以保持钻进正常进行。它一般情况下是在浅孔时采用。连续供给方式，是以恒定的速度向孔内连续供给泡沫，以使泡沫能挟带岩粉、岩屑从孔内均匀排出。它是泡沫钻进时较为理想的供给方式。

6. 空气钻进在不同岩层中的施工要点

（1）完整岩层

应视岩性和孔内情况，及时调整转速、钻压和回次进尺速度等钻进参数。如果发现压力表值突然增高，说明孔内出现异常，应优先查明原因，待排除后再视情况继续钻进。

（2）松软岩层

松软的泥岩、砂质泥岩、页岩等，可钻性好。在钻进时，要注意减压，限制钻进速度，以防止由于进尺过快，岩粉、岩屑堵塞钻头风口和风路，造成憋泵和埋钻事故。在这类地层钻进时，岩粉产生多，应注意孔内残留岩粉。可采取停钻吹孔，或加设排粉管的方法，清除孔底岩粉、岩屑。

（3）破碎岩层

由于压风吹蚀和钻具的回转冲击作用，使本来就已经破碎的岩层更加破碎，变成大量的岩屑，因而在钻进这类地层时，要严格限制回次进尺，并配带沉淀管捞取岩粉，以防发生岩粉埋钻事故。同时，还要降低转速，适当减少钻头风口大小，以减轻岩心的破碎程度，提高钻进效率。

（4）黏土质岩层

黏土质岩层，常与含水层相伴。在钻进时，黏土颗粒可能会黏附于孔壁和钻具上，导致"泥包"的形成。为了避免这一现象的发生，可适当地向泡沫液中加入羧甲基纤维素和聚丙烯酰胺等稳定剂。钻头最好用厚壁、带内外槽的大出刃钻头。在钻进中，应常提钻具，以防缩径，发生黏附卡钻事故。

第七节　复合钻进技术

复合钻进也被称作组合钻进。它是指在同一个钻孔中，采取两种或两种以上的钻进方法，以达到保证施工质量、提高钻进效率的钻进方法。

目前，随着对作业区域地层可钻性认知程度的不断深入，针对特定地层钻探技术方法的日趋成熟，再加上钻机兼容性的增强，复合钻进技术必将成为一种全新的钻探方法而得到更大的发展。

一、必备条件

按照复合钻进的定义，复合钻进必须具备的条件主要有如下四点。

（一）技术方法的成熟性

要求复合钻进中所使用的钻进方法，首先是在当前的技术经济条件下是成熟可靠的，其次才是看它是否先进，只有这样，才能保证施工质量，而且施工中的风险也是可以控制的。

（二）地层的适应性

任何一种钻进方法，都有它所适应的地区和地层，没有万能的钻进方法。因此，在选择钻进方法，特别是复合钻进方法时，一定要根据当地地层的岩性特征和技术条件，合理地选择适合本地区地层的钻进方法。由于钻孔上下地层的不同，所以，在选用钻进方法时，一定要将钻孔上下的地层进行深入的研究，从而选好适合该区该孔的钻进方法。

(三) 钻机的兼容性

现在，国内外的钻机多是为某种钻进方法而设计的，而且它的钻进参数也是比较固定的，也有一个钻机可以用两种或两种以上方法进行钻进。因此，要想实现一个钻机的复合钻进，必须对钻机的结构形式等进行适当的调整，以满足不同钻进方法的需要。在进行钻机的改造调整时，一定要既保持钻机的原有结构性能不发生大改变，又能适应新的钻进方法的正常使用，因而，是一个比较大的系统工程，这就要求在专业人员的指导下进行，切不可盲目进行，造成不必要的损失。

(四) 钻孔质量的一致性

水文钻井多是为完成一定的水文地质目的而设计的，有非常具体的任务，如岩心的采取、鉴定、水位观测、抽水试验和水文测井等。因此，在选择复合钻进方法时，先要考虑的是，该方法对水文地质任务的完成有没有影响，能否完成任务，完成的质量如何，然后才能做出是否选用该方法。如果所选择的方法，有利于完成水文地质任务，而且质量还有所提高，那么就可以大胆地选用；反之，则不能选用。在选择钻进方法时，还应考虑两种方法的衔接性，最好能达到无缝对接。只有这样，才能既提高钻进效率，又保证施工质量，实现双赢。

二、常用的几种形式

(一) 松散层 + 基岩型

这类地层结构的特点是，上面的松散层多为河流相的沉积，岩性多以砂层、砂砾石为主，砾石大小不一，较为坚硬，砂层相对较软，水量丰富，水位埋藏浅；下面为砂岩、泥岩等较为完整的地层。这类地层多出现在我国华北地区。

这类地层结构的钻进方法多采用冲击钻进 + 回转钻进的钻进方法。

(二) 纯灰岩型

纯灰岩型主要在我国华南及华北的石灰岩山区。其特点是，上面的灰岩岩溶裂隙发育，地层破碎，不含水；下面则多为较坚硬的灰岩，岩溶裂隙相对发育不完全，地层结构较为完整。

在这类地层钻进时，一般采用空气钻进 + 回转钻进的钻进方法。

第四章　水井成井技术

水井的成井技术是指在完成钻探任务，运用物理或化学方法，对井进行必要的处理后，安装井内装置，使之能够保质、保量地抽出地下水的工艺技术。

第一节　疏孔、换浆和试孔

一、疏孔

疏孔破壁的目的是将钻进过程中在孔壁上形成的泥皮除掉，并进一步调直井孔，以保证成井质量。

（一）疏孔

一般用疏孔器进行。回转钻进，可在一根钻杆上焊 3 个导正圈组成疏孔器，疏孔器直径根据井孔直径确定，长度一般不少于 9m。冲击钻进，可用肋骨抽筒或金属管材做成疏孔器。下置疏孔器时，若中途遇阻，应提出疏孔器，进行修孔，直至疏孔器能顺利下至孔底。

（二）破壁

在松散层中采用回转钻进，钻至预计深度后，应再用比原钻头直径大 10~20mm 的钻头扫孔，以刮洗井壁泥皮。操作时要轻压慢转，采用大泵量，至含水层时，应上下提动，多扫几次，以刮掉泥皮。

二、换浆

换浆的目的是清除孔内稠泥浆和孔底沉淀物，以保证下管深度、填砾质量、便于洗井，提高成井质量。

（一）换浆方法

正确的换浆方法，是不断地向靠近井孔的泥浆循环沟中均匀地注入少量清水，使流出孔口的泥浆逐步稀释，便于岩屑沉淀；严禁向泥浆池内大量注入清水。换浆应按下述三个阶段进行。

1）初期阶段。仍用原浆循环，把较大颗粒的岩屑全部冲出，孔口捞取不见大颗粒为止。

2）中期阶段。向靠近井孔的泥浆沟中连续少量注入清水，使泥浆逐渐稀释，用分层排浆法将底部泥浆排走，直至沟底有明显的粉砂沉淀为止。

3）后期阶段。继续采用分层排浆法排浆，并经常向泥浆池内注入少量清水，直至孔口捞取无粉砂沉淀为止。

（二）换浆应达到的质量要求

1）泥浆相对密度一般在 1.1 以下。
2）孔口捞取无粉砂沉淀。
3）出孔泥浆与入孔泥浆性能接近一致。
4）孔底沉淀物高度在允许范围内。

三、试孔

试孔（也称探孔）的目的，是在下管前最后一次检查井孔是否圆正直和上下畅通，校正井深，以便顺利安全下管。

试孔器由钻杆和导正圈组成，也有用直径 350～400mm、长 5～8m 的钢管，下接带喇叭头的试孔器。试孔器的直径应比井孔直径小 20mm。

试孔时，将试孔器连接在钻杆上，下入孔内，如试孔器顺利下至孔底，说明井孔圆直，孔壁光滑。如中途遇阻，就要进行修孔，直至试孔器上下无阻为止。试孔后应立即下管。

第二节 电 测 井

电测井主要用于确定孔内含水层的位置、厚度，以及划分咸、淡水界面，并估算井的水量和水质。

一、常用仪器

电测井按其测量方式可分为连续测井和点测井。

连续测井工作效率高，适用于较深井孔。常用仪器有：JBC－2 型轻便全自动测井仪、JDC－1 型轻便电子自动测井仪、JBT－2 型半自动测井仪和 56 型半自动测井仪等。

点测井所用设备简单，只用地面电法的设备再加轻便绞车、电缆、电极系、井口滑车等，即可测井。该法操作简便、设备配套容易，是农用管井施工中的主要测井方法。常用仪器有：电子自动补偿仪、UJ－4 型、UJ－18 型电位差计，还有晶体管的 DDC－2B 型、JDC－1 型、JDC－2 型、JD－3 型、JCA 型等。

二、常用方法

(一) 视电阻率法

1. 电极系结构

井下电缆依一定顺序和距离排列的三个电极称电极系。A、B 为供电电极；M、N 为测量电极。功用相同的如 M、N 或 A、B 称为成对（同名）电极；功能不相同的如 A、M 或 B、N 称为不成对（异名）电极。

视电阻率法按岩层界面，可分为梯度电极系法和电位电极系法。梯度电极系又分为正装和倒装两种。

1) 梯度电极系。当成对电极 M、N 或 A、B 的电极距小于不成对电极 A、M 或 B、N 的电极距时，称梯度电极系。

2) 电位电极系。当成对电极距大于不成对（异名）电极距时，称电位电极系。电极系的结构与井孔直径、泥浆、含水层厚薄等因素有关。

2. 操作方法

(1) 梯度电极系测井

1) 单极梯度电极系测井的线路连接，如图 4-1 所示。图中 R 为电位器，用以控制供电电流的大小。mA 为电表，用以指示电流的大小。

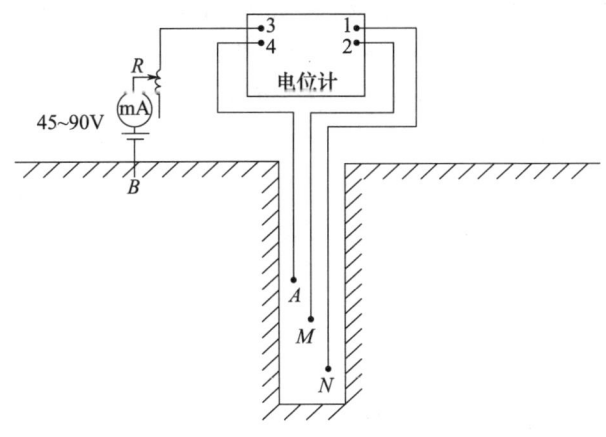

图 4-1 单极梯度

1、2—电位极；3、4—电源极；R—电位器；mA—毫安表或万能表

电极系的 M、N 极与仪器的电位插孔连接，1、2 孔可以与 M、N 极任意连接。A 极与仪器的一个电源极插孔连接，地面电极 B 与另一个电源极插孔连接。在 A 极或 B 极与仪器连接的线路中，串联上电源、电位器和电表。电源可用 45～90V 电池。电位器可选用 13K 的，作用是调节供电电流的大小。供电电流强度可直接从串联的电表中读出，也可不用电表，而用电位计测出。地面电极打在井口附近的较湿润处。注意使各

电极通电性能良好。

2）双极梯度电极系测井的线路连接，如图 4-2 所示。

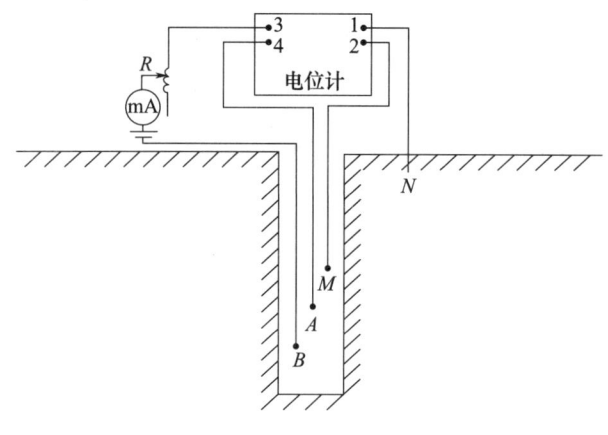

图 4-2 双极梯度

测井时，将电缆放入井底，从下向上逐米进行测量，按式（4-1）计算视电阻率：

$$\rho_s = k \frac{\Delta U}{I} \tag{4-1}$$

式中，ρ_s 为电阻率；k 为电极系数；I 为电流强度；ΔU 为电位差。

如果用电位器将电流强度 I 调整到与 k 值相等或为 k 值若干分之一，则可使计算简化。例如当 $I=k$ 时，$\rho_s = \Delta U$；当 $I=k/2$ 时，$\rho_s = 2\Delta U$。在测量过程中，由于 I 变化很小，可以间隔几十米调整一次。其他测点只做电位差测量。

底部梯度电极系，对高阻层的下界面和上界面反映都较明显，在测井时一般常用底部梯度电极系。

（2）电位电极系测井

电位电极系与梯度电极系的工作方法不尽相同，主要是电极距的选择和曲线分析不同。

电位电极系测出的 ρ_s 曲线是对称的。故不论成对电极在上或在下，测出的 ρ_s 曲线都是相同的。

为了减少井液的影响，当地层电阻率为井液电阻率 5 倍时，电极距应大于或等于井径；当地层电阻率为井液电阻率 20 倍时，电极距应大于或等于井径的 3 倍。

当电极距大于砂层厚度时，砂层反应不明显；当电极距小于砂层厚度时，砂层在曲线上有明显的反应。

选择电极距时，应同时兼顾以上两个方面。

（3）二极法测井

二极法是指井下只用两个电极，即 A、M 极。B、N 电极在井上，线路连接如图 4-3 所示。

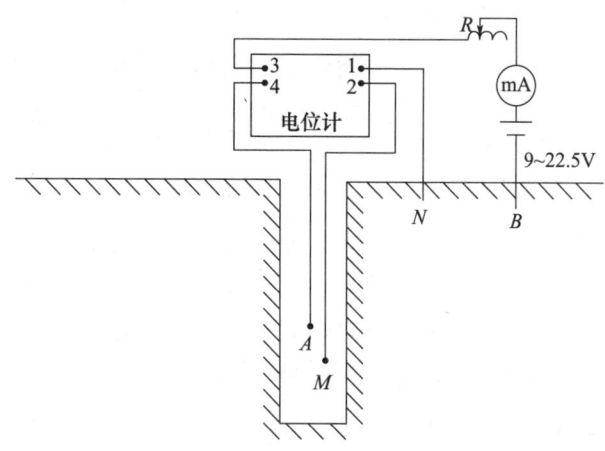

图4-3 二极测井线路连接示意

A、M 电极互换，对测量结果没有影响。B、N 两个电极的相互位置可任意选择，但 B、N 间的距离必须保持固定。M、N 与仪器的1、2插孔可任意连接，A、B 与仪器电源极插孔3、4连接。电极系数（装置系数）k 的计算公式为：

$$k = \frac{2\pi}{\frac{1}{2\overline{AM}} + \frac{1}{\overline{BN}}} \quad (4-2)$$

对于测量深层淡水，为了减少 A、M 极之间和 B、N 极之间的互相影响，B、N 极离井口的距离不得小于20m。

A、M 之间的距离为二极法的电极距，记录点在 A、M 的中点。电极距一般可取0.5m、0.75m、1.0m。

为了使 k 值成为整数，A、M 间的距离，B、N 间的距离及相应的 k 值如表4-1所示。

表4-1 $\overline{AM}$、$\overline{BN}$ 及 k 值

$\overline{AM}$/m	$\overline{BN}$/m	k
0.5	3.9	5
0.75	1.7	5
1.0	1.32	5
1.0	7.8	10

二极法的分析方法与电位电极系相同。它的优点是反映砂层数据可靠，曲线圆滑，便于分析。缺点是受井液影响较大，单独用二极法测井时，电极距可选用1m。

3. 视电阻率测井曲线分析

在孔隙含水层中为淡水时，含水砂层在视电阻率曲线上，呈相对高阻反映；黏土层呈相对低阻反映。当砂层充满矿化度较高的咸水时，视电阻率曲线异常幅度明显变

小，呈低阻反映，与黏土难以区分，则需用自然电位测井来区分。

在裂隙、岩溶含水层中，由于含水层的导电性比围岩好，所以视电阻率曲线呈低值异常。

（1）梯度电极系测井曲线解释

1）厚度大于电极距的高阻厚砂层。当采用底部梯度电极系时，在视电阻率曲线上，相应于高阻岩层的底界面处 ρ_s 值最大，而在高阻岩层的顶界面处 ρ_s 值最小，实际工作中根据这一特征来划分含水层（淡水）的顶、底界面。顶部梯度曲线与此相反。具体确定含水层厚度方法为：①底部梯度在最大值点和最小值点向下移动 $\overline{MN}/2$ 的距离，即为含水层厚度。②当为顶部梯度时，最大值点和最小值点向上移动 $\overline{MN}/2$ 的距离，即为含水层厚度，如图4-4所示。

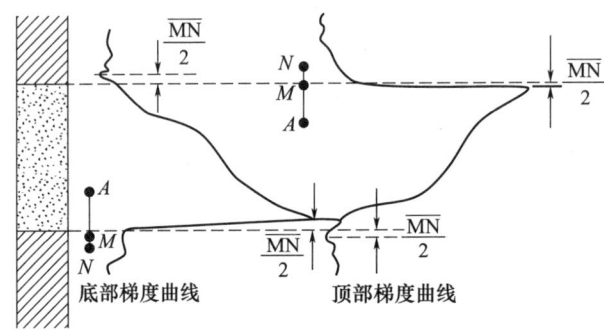

图4-4 视电阻率梯度曲线确定砂层厚度示意

2）厚度小于电极距的高阻薄砂层。顶部梯度和底部梯度曲线都是对称的，砂层的中心出现 B 最大值。砂层界面位于曲线急剧上升的地方，通常取曲线最大值的2/3为界面位置，如图4-5所示。

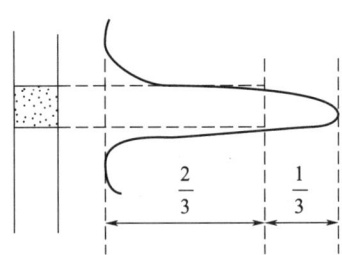

图4-5 砂层小于梯度电极距的含水层厚度确定

（2）电位电极系测井曲线解释

对厚砂层 $h > 5\overline{AM}$，可根据测井曲线急剧上升的拐点划分含水层上、下界面，如图4-6a所示。对中厚砂层 $\overline{AM} < h < 5\overline{AM}$，可用异常的1/2幅值点确定砂层上、下界面，如图4-6b所示。对薄砂层 $h < \overline{AM}$，可用异常的2/3幅值确定砂层的顶、底界面，如图4-6c所示。

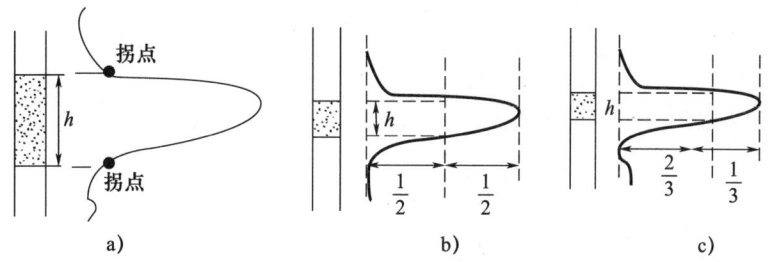

图 4-6 视电阻率电位曲线确定砂层上下界面示意
a) $h > 5\overline{AM}$; b) $\overline{AM} < h < 5\overline{AM}$; c) $h < \overline{AM}$

(二) 自然电位法

1. 测井方法

自然电位法测井线路连接如图 4-7 所示。井下电极 M 一定要接电位计的电位极插孔 2，否则会出现正、负异常恰恰相反的结果。地面电极可埋在井口附近，并踏实浇水。

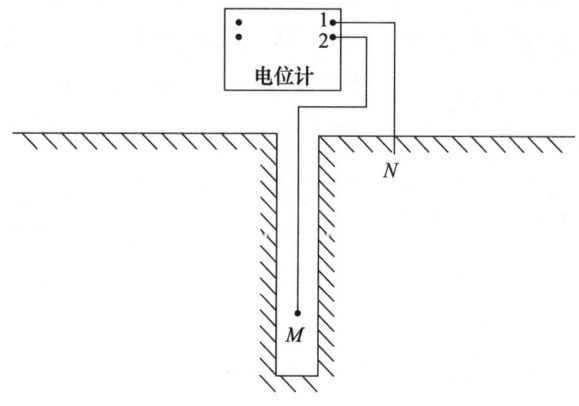

图 4-7 自然电位测井线路连接示意

测井时，先将 M 极放入孔底，在提升过程中每隔 1m 测量一次。在测第一个点时，如果检流计指针不稳定，说明极化电位差还不稳定，可以等一段时间，指针基本稳定后再测。如果第一个测点自然电位差很大，可用极化补偿器补偿一部分，只测量剩余的部分，在以后的整个测量过程中，极化补偿器不可再动。在每个点测量读数的同时，应从电位计的换向开关上读出自然电位的正、负。在进行自然电位测井时，应关闭附近的一切电器设备。

2. 曲线分析

（1）含水层解释

在孔隙含水层中，当地下水矿化度高于井液矿化度时，含水砂层部位产生负异常；地下水矿化度低于井液矿化度时，含水层部位产生正异常。当砂层厚度大于 4 倍井径时，可用 1/2 幅值点来确定砂层的顶底界面，如图 4-8 所示；当砂层厚度小于 4 倍井径时，可用 2/3 幅值点来确定砂层的顶底界面。

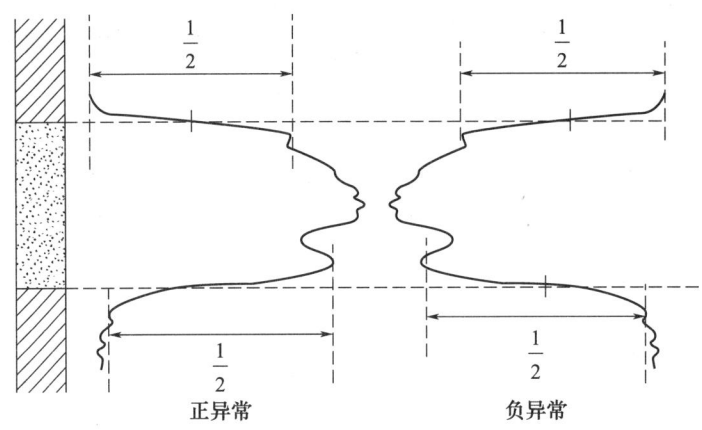

图 4-8　自然电位曲线确定含水层厚度示意

(2) 咸淡水界面的划分

咸淡水界面在自然电位曲线上的反映，主要决定于井液矿化度和含水层矿化度的差异，其差别越大，扩散吸附电动势越大，曲线反映就越明显。

设井液矿化度为 C_0，浅层淡水矿化度为 C_1，咸水矿化度为 C_2，深层淡水矿化度为 C_3，分以下四种情况来分析。

1) 当 $C_2 > C_0 > C_1 > C_3$ 时，自然电位曲线反映特征如图 4-9 中的 $JDHZ_1$ 所示。由于井液矿化度大于浅层和深层淡水矿化度，故自然电位曲线在淡水砂层上有明显的正异常；而井液的矿化度小于咸水的矿化度，所以自然电位曲线在咸水段出现负异常，此时再根据视电阻率测井的异常大小，就可以很容易划分出咸淡水界面。

2) 当 $C_2 > C_0 \approx C_1 \approx C_3$ 时，自然电位曲线反映如图 4-9 中的 $JDHZ_2$ 所示。由于 $C_0 \approx C_1 \approx C_3$，故自然电位曲线在淡水段砂层上无明显反映，而咸水砂层则出现明显的负异常，此时再对照视电阻率测井曲线，就能确定咸淡水界面。

3) 当 $C_0 > C_2 > C_1 > C_3$ 时，即井液矿化度很高，在自然电位曲线上凡属含水层的均反映出正异常，如图 4-9 中的 $JDHZ_3$ 所示。此时，淡水砂层的正异常非常明显，而咸水层正异常较小，应结合视电阻率测井曲线来划分咸、淡水界面。

4) 当 $C_0 < C_3 < C_1 < C_2$ 时，即井液的矿化度既小于咸水层的矿化度，又小于淡水层的矿化度。在自然电位曲线上凡属含水层的均反映出负异常，如图 4-9 中的 $JDHZ_4$ 所示。此时，淡水砂层在自然电位曲线上所反映的负异常较小，而咸水砂层则出现极明显的负异常。矿化度越高，负异常越大。

因此，在划分咸、淡水界面时，应根据视电阻率曲线和自然电位曲线互相配合，才能正确地划分。

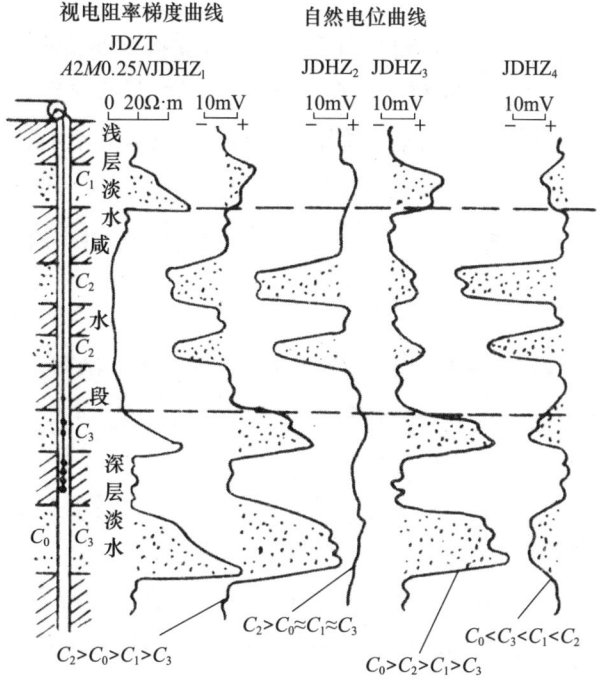

图 4-9　井液矿化度 C_0 不同时，自然电位曲线的反映特征

第三节　安装井管

安装井管是指在钻成的井孔内，按照标准和要求安装沉淀管、滤水管和井壁管的过程。其目的是确保井孔长期稳固，为取水设备提供安装空间等。

一、井管质量检查与排列

（一）常用井管的质量检查

1. 混凝土管

1) 井管应做到圆、平、正、直。内外径偏差不大于 5mm。壁厚偏差不大于 4mm。井管弯曲度每米不大于 3mm。两端面应平整，并与中心轴线垂直，同一节管不同位置的高度差不大于 3mm。内外表面均不得有裂纹残缺和蜂窝麻面。无砂混凝土滤水管两端不透水部分的长度为 5~7cm。

2) 应有足够的抗压强度，极限抗压强度不应低于 15MPa。

3) 无砂混凝土滤水管的渗透系数不小于 400m/d；孔隙率不小于 15%。

4) 钢筋混凝土管的开孔率为 15%~18%。

2. 钢管、铸铁管

1）检查井管有无残缺、断裂和弯曲。采用管箍连接，要检查井管及管箍丝扣的松紧程度及完好情况，螺纹必须完整、吻合。

2）井管弯曲度、井管外径偏差、管壁厚度偏差，必须符合规范要求。

3. 滤水管

滤水管孔隙率偏差不得超过设计的10%，缠丝间距偏差不得超过设计丝距的20%。

（二）井管排列

全部井管应按照井孔岩层柱状图与井管安装设计图次序排列、丈量及编号。

1）用钢尺准确地丈量每节井壁管和滤水管的单根长度，并计算井管的总长度。

2）必须使滤水管与含水层位置相对应。

3）按照下管顺序，以井孔最底部一节井管为1号，对井管进行排列编号，并详细记录。最后检查井管总长与井管安装设计图是否相符。

4）找中器（也称扶正器）的数量和位置应确认，在井管排列时，应按井管安装设计图把找中器放在相应位置的井管上，同时排列好，以便下管时安装。

（三）选用适宜的下管方法

1）井管的下入方法，应根据井深、管材类型、管材强度与质量，以及起吊设备条件等选择。各类井管允许一次安装长度如表4-2所示。

表4-2 各类井管允许一次安装长度

井壁管和过滤器种类	钢制井壁管或过滤器	钢筋骨架过滤器	铸铁井壁管或过滤器	钢筋混凝土井壁管或过滤器	无砂混凝土井管
允许一次吊装长度/m	250~500	200	200~250	100~150	
托盘下管允许一次安装长度/m				150~200	50~100

2）井管在井孔中的质量（指重力），小于管材允许抗拉强度和钻机安全负荷时，可用提吊法下管；当井管质量大于钻机安全负荷时，可采用提吊浮板法或多次下管法。

3）井管在井孔中的质量，超过管材允许抗拉强度时，可采用钢丝绳托盘法下管。当小于钻机安全负荷时，可用钻杆托盘法下管。

二、悬吊下管法

悬吊下管法适用于金属管材，金属管材的抗拉力要大于管材总质量，同时，管材总质量还要小于钻机起重能力或卷扬机的起重能力，以及钻塔的负荷，上述条件都是下管深度的主要控制条件。选用悬吊下管法，还有一些专用工具供选用，如铁滑车、钢丝绳套、井管铁夹板等，其规格要求如表4-3～表4-5和图4-10所示。

表4-3 铁滑车的规格及荷重

滑轮直径/mm	每只滑车滑轮数			每只滑轮的额定起重力/t	适用钢丝绳直径/mm
	卸扣式	吊钩式	开口吊钩式		
100	1～3	1～3	1	0.5	5.5
150	1～3	1～3	1	1.0	7.5
200	1～4	1～3	1	2.0	11.0
250	1～4	1～3	1	3.0	14.0
300	1～5	1～3	1	4.0	15.5
350	1～6	1～3	1	5.0	17.0
400	1～6	1～3	1	8.0	21.5
450	1～6	1～3	1	10.0	24.0
500	1～6	1～3	1	15.0	28.0

表4-4 钢丝绳套的规格及安全荷重

钢丝绳直径/mm	钢丝绳每端钢丝绳卡子数目	6×19麻芯钢丝绳的安全荷重/kg		
		吊重形式		
		60°	90°	120°
6.5	2	770	630	450
8.0	2	980	800	570
9.5	2	1500	1250	860
11.0	2	2000	1680	1180
13.0	3	2600	2150	1520
16.0	3	3850	3200	2250
19.0	3	5400	4500	3200
22.0	4	7300	6000	4200
26.0	4	9400	7700	5450
28.0	5	12000	9800	6900
31.0	5	15000	12000	8500

表4-5 井管铁夹板规格及荷重

井管直径/in	A	B	C	D	质量/kg	荷重/t
6	170	20	150	640	41.0	8
8	220	20	150	680	43.3	8
10	275	22	200	750	64.8	15
12	325	22	200	800	70.0	15
14	375	22	200	850	75.0	15

续表

井管直径/in	A	B	C	D	质量/kg	荷重/t
16	430	22	200	900	81.0	15
18	480	25	250	950	90.7	25
20	535	25	250	1000	131.0	25
24	640	25	250	1100	147.0	25

注：1in = 25.4mm。

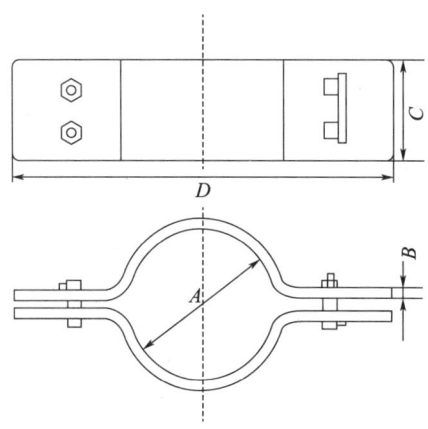

图 4-10　井管铁夹板

现将悬吊下管法简述如下。

首先，将第一根井管，即沉淀管装上木导向、找中器和铁夹板，套上钢丝绳套，并将钢丝绳套挂在动滑车吊钩上，锁上保险销，而后起吊。此时用小锤轻敲井管，听其是否有破碎声，进行最后一次检查。随后将管扶正，对准中心，徐徐下入孔内，使铁夹板搁置在预先安设在井孔两侧的方木上，用以支撑井管质量，如图 4-11 所示。其次，用同样的方法吊起下一根井管，当上下两根管对正后，可使刚吊起的井管缓慢下降，使两管口对准接合，拧紧丝扣或对焊使其连接牢固。最后，将井管微微吊起，卸掉钢丝绳套和铁夹板，再将井管徐

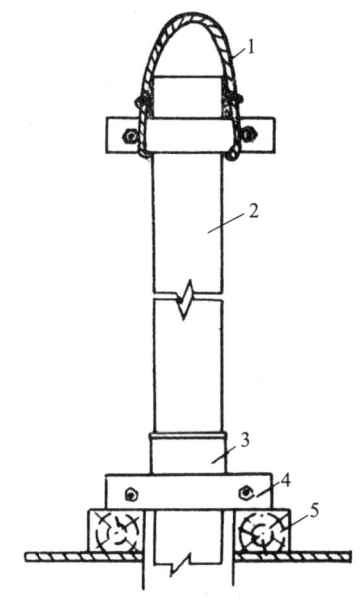

图 4-11　悬吊下管法
1—钢丝绳套；2—井管；3—管箍；4—铁夹板；5—方木

徐下入井孔内,并使铁夹板落在方木上,卡住井管。如此往复,直到下完为止。

悬吊下管法的起动惯性力较大,特别是在接近下管终了时,这时负荷最大。故操纵卷扬机要始终平稳,不可猛起猛落,以减少冲击负荷,以防井管折断、损坏设备或造成脱落管事故。

三、浮板悬吊下管法

在安装井管中,常遇到井管总质量超过钻机设备起重负荷,或超过井管本身所能承受的拉力,因此必须减轻负荷。浮板下管是减轻负荷的有效措施。

(一) 浮力计算

当被浮板密闭的井壁管沉没入孔内泥浆时,被密闭的井管成为一个整体,泥浆被它排开,产生的浮力即等于与密闭井管同体积的泥浆重力。浮力的计算公式为:

$$F = \frac{\pi D^2 L \gamma}{4} \tag{4-3}$$

式中,F 为浮力(N);D 为井管外径(m);L 为密闭井管没入泥浆长度(m);γ 为泥浆相对密度。

(二) 浮板承受的压力计算

浮板承受的压力是根据浮板没入泥浆的深度决定的。浮板受力计算公式为:

$$P = \gamma H \times 10^4 \tag{4-4}$$

式中,P 为浮板单位面积上承受的压力(Pa);H 为浮板没入泥浆的深度(m);γ 为孔内泥浆相对密度。

(三) 浮板厚度的计算

常用式(4-5)计算浮板厚度:

$$T = \sqrt{\frac{3PR^2}{4S}} \tag{4-5}$$

式中,T 为浮板厚度(cm);P 为浮板单位面积承受的压力(Pa);R 为浮板的有效半径(cm),可采用井管内径之半;S 为浮板安全弯曲应力(Pa)。

求出浮板厚度后,要根据实际情况选择一个安全厚度。

(四) 浮板类型

常用的有木浮板、多层木浮板、薄铁板夹木板浮板、双横带木制浮板、钢板浮板和水泥浮板(塞)等,如图4-12所示。

其中,水泥浮板(塞),一般用500号水泥,按水:水泥:砂之比为3:10:3,搅拌均匀,灌入特制短管内捣实,养护后使用。

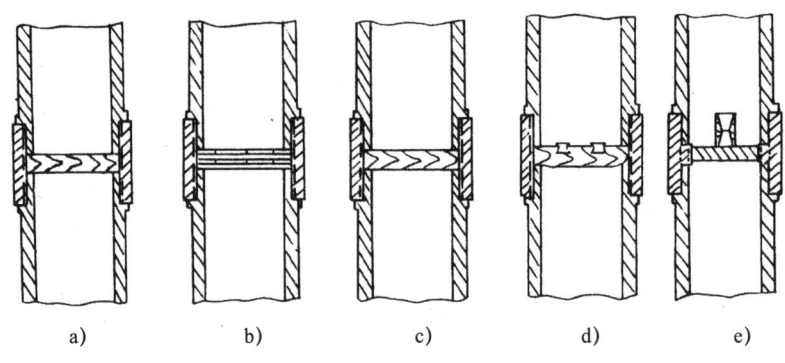

图 4-12 浮板的种类

a) 木浮板；b) 多层木浮板；c) 薄铁板夹木板浮板；d) 双横带木制浮板；e) 钢板浮板

水泥浮板（塞）的厚度，取决于水泥浮板（塞）没入泥浆的深度。一般可按实践经验确定，如表 4-6 所示。

表 4-6 水泥浮板（塞）厚度

没入深度/m	50~100	100~200	200~300	300~400
水泥浮板（塞）厚度/m	200~300	300~350	400	500

（五）浮板（塞）下管注意事项

1) 浮板或浮塞应安装在预定位置。下管前，应检查浮板或浮塞安装是否牢固和严密。浮板（塞）与井管和以上井壁管的连接必须封闭严密。

2) 下管时，对排出的泥浆应做好引流工作。

3) 下管时，不得向井内观望，防止浮板或塞突然破坏，泥浆上喷伤人。

4) 下完井管应向管内注满和孔内相对密度相等的泥浆后，再取出或打破浮板或浮塞。

四、托盘下管法

托盘下管法，主要用于混凝土井管的安装。

（一）钢丝绳托盘下管法

钢丝绳托盘是由钢丝绳通过销钉和托盘连接在一起形成的托盘结构，销钉上连有心绳。下管时，将井管置于托盘上，随着托盘的不断下放，井管一根接一根地下入井孔中，井管下完后，放松吊重钢丝绳，起拔心绳将销钉拔出，钢丝绳与托盘分离，抽出钢丝绳。将井管顶部固定于井孔中心。

1. 下管专用设备

1) 托盘。托盘是在井管底端托持井管的主要构件，托盘直径应稍大于井管外径。

常用的有木制、混凝土制、钢制三种，如图 4-13 所示。

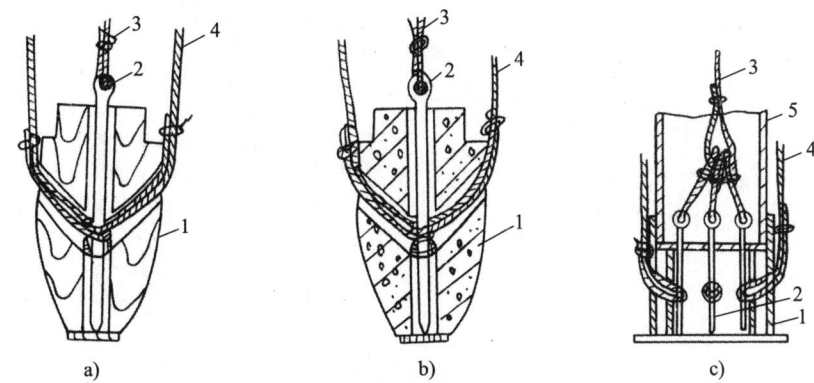

图 4-13 钢丝绳托盘下管法的托盘

a) 销钉木制托盘；b) 销钉混凝土制托盘；c) 三销钉钢制托盘

1—托盘；2—销钉；3—中心绳；4—兜底绳；5—井管

2) 销钉。一般用直径 30~50mm 的圆钢制成。其长度应略大于托盘高度。

3) 吊重钢丝绳与心绳。吊重钢丝绳一般为直径 12.5~15.5mm；心绳一般为直径 9mm。两者单绳长度均应超过井管总长 25~35m。

4) 井口架，其结构如图 4-14 所示。下管时，要将井口架平稳、匀称、牢固地安装在井口上，用以改变吊重钢丝绳的方向，并承受全部井管的质量。

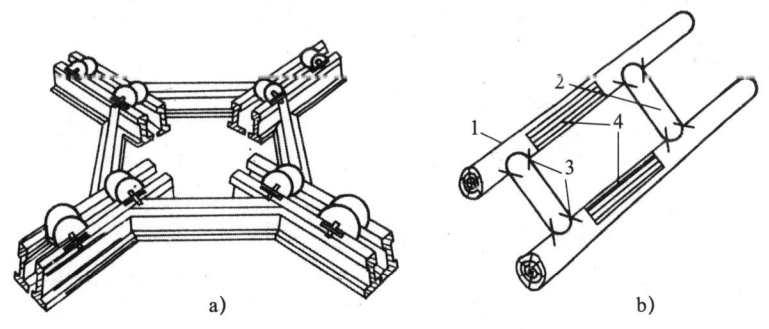

图 4-14 井口架

a) 四轮滑车井口架；b) 木梁井口架

1—木梁；2—短圆木；3—骑马钉；4—竹板

5) 简易绞车。其结构如图 4-15 所示，用以缠绕吊重钢丝绳。

2. 钢丝绳托盘下管注意事项

1) 下管应缓慢，吊重钢丝绳应松放均匀，速度一致。

2) 井管接口严密、连接稳固，下入井孔内不得转动。

3) 心绳随井管下入孔内，应保持一定余量。销钉必须具有足够强度，受力后不弯曲。

4) 绞车安装必须牢固。

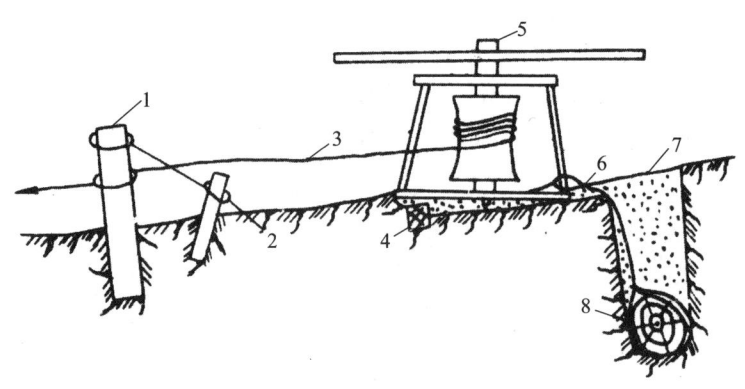

图 4-15 绞车安装示意

1—安全桩；2—锚桩；3—兜底绳；4—横木；5—绞车；6—钢丝绳；7—回填土；8—地锚桩

（二）钻杆托盘下管法

钻杆托盘下管法是用回转钻杆以反扣与托盘相连，用托盘承托全部井管下入井孔中。此法的下管深度受钻杆的抗拉强度、钻塔承重能力和钻机卷扬安全负荷的限制。同时，还要有一定的安全系数。

1. 下管主要设备

1）钻杆。一般为回转式钻机所用普通钻杆，也有下管专用钻杆。

2）特制钻杆接头。一端为普通钻杆丝扣与钻杆连接，另一端为特制方丝扣与托盘方丝反扣接箍连接。

3）托盘。托盘的结构根据安装井管的种类及深度而定。托盘用厚钢板制成，其直径略大于井管外径，小于井孔直径 6~8cm。托盘底中心焊一个方丝反扣回转钻杆接箍，接箍与盘底钢板的连接必须牢固，一般是接箍穿过盘底钢板，然后焊接牢固。结构如图 4-16 所示。

4）扇形垫叉。扇形垫叉用于将穿在钻杆上的井管托住并从地面吊起，其外径稍大于井管外径，其结构如图 4-17 所示。

2. 下管操作方法

1）先将第一根钻杆底端的反扣接头涂上润滑油，并与托盘接好。

2）按井管的排列次序，先将第一节井管穿到钻杆上，依次再穿其他节。第一根钻杆上

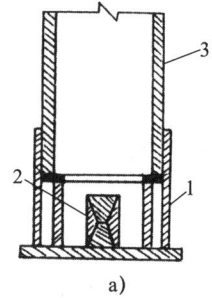

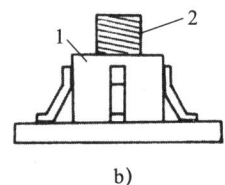

图 4-16 钻杆托盘下管法的托盘

a) 带外支撑的托盘；b) 不带外支撑的托盘

1—托盘；2—反扣接头或反扣孔；3—井管

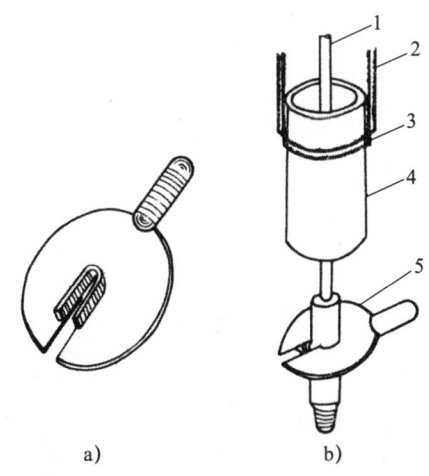

图 4-17 扇形垫叉
a) 扇形垫叉; b) 扇形垫叉的应用
1—钻杆; 2—大绳套; 3—小绳套; 4—井管; 5—扇形垫叉

穿井管的总长,要比钻杆短 0.5m 左右,然后挂上提引器,吊起井管,随后再用人力滑车吊绳将钻杆上的井管吊起,离开井盘,用黏合剂将井管与托盘黏接牢固。然后将托盘下入孔内,在孔口插好垫叉。此时,井管顶端不得没入泥浆中。

3) 再用第二根钻杆依次穿上井管,将扇形垫叉插在井管下端的钻杆上,托住井管。然后吊起钻杆与孔内钻杆对正连接好,用人力滑车吊绳把扇形垫叉以上井管吊起,取下扇形垫叉。黏接捆扎井管,然后微吊井管,取下垫叉,将井管下入孔内,在孔口插好垫叉。依次反复下管,直至下完全部井管。

4) 围填好井管后,将井内钻杆吊直,使钻杆与井盘的连接处拉、压力都接近于零时,反转钻杆,使其与井盘脱开,提出钻杆。

3. 钻杆托盘下管注意事项

1) 钻杆反丝接头,必须松紧适度。
2) 钻杆长度应注意调整,使其接头位置位于井管连接面附近。

五、二次下管法

二次下管法,即把全部井管分为两次下到孔内。第一次下井管深度应比第二次下管长 20m,值得注意的是,钻杆必须在第一次下入的井管内,至少应保持 20m 长的钻杆,以便导正居中,便于第二次下管连接。因此,第二次下管时,由于井管自重所承受的压力和钻杆、钢丝绳所承受的拉力以及所需起吊设备能力都较第一次下管法少得多。二次下管时,多采用钻杆托盘法,与第一次下管不同之处,主要是两根管的接头处理。

(一) 钻杆托盘二次下管法的专用工具

1. 活托盘

活托盘如图 4-18 所示。

2. 下接口

下接口如图 4-19 所示。

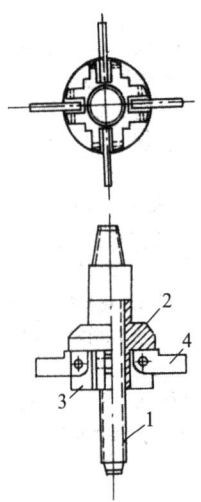

图 4-18　活托盘

1—丝杠；2—压盘；3—托盘体；4—托爪

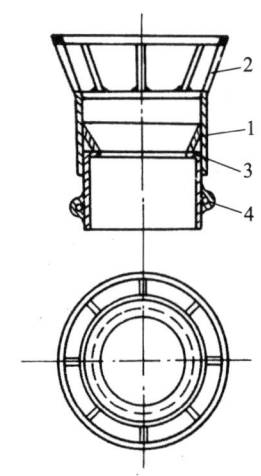

图 4-19　下接口

1—接头体；2—导向圈；3—隔板；4—拉环

3. 上接口

上接口如图 4-20 所示。

4. 防砂罩

防砂罩如图 4-21 所示。

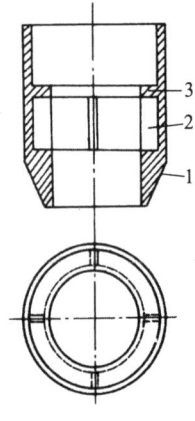

图 4-20　上接口

1—接头体；2—挡板；3—隔板

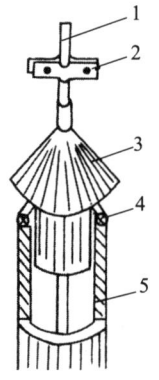

图 4-21　防砂罩

1—钻杆；2—小夹板；3—防砂罩；4—护口圈；5—井管

5. 扇形垫叉

扇形垫叉如图 4-17 所示，此处不再描述。

（二）钻杆托盘二次下管的操作方法

1）用钻杆托盘法，先下第一组（一次）井管。在一组井管最上边的一根井管上安装找中器，以防止井管靠壁难与第二组（二次）井管连接。将井管下接口安于第一组井管的顶端，再用防砂罩盖住下接口。在防砂罩上面 200mm 处安好固定夹板，不得紧靠防砂罩。

2）逐步加长钻杆，将第一组井管送至孔底稳住，而后回填滤料，填滤料高度应低于第一组井管上口一定距离。

3）填滤料完毕后，即可慢慢反转钻杆与托盘脱离，提出钻杆，取下防砂罩。

4）安装第二组井管之前，先将井管上接口安于第二组井管第一根井管的下管口，用钻杆连接活托盘和导正器，将活托盘的托爪托于上接口的隔板上，即可将第二组井管逐根连接下至预定深度。

5）下管时，应准确计算好使用钻杆的长度，使钻杆下入孔内的长度正好使第二组井管上接口与第一组井管下接口相吻合。两组井管空内结合情况如图 4-22 所示。

6）上下活动钻杆，有 200mm 活动范围时（这是托爪在上接口隔板内上下活动的距离），即可证明两组井管正确重合了。此后，反开活托盘，将钻杆全部提出，即可围填滤料。

目前，有些打井队应用二次下管法时，以倒钩导正器代替活托盘；以铁腰盘和护口圈代替上接口和下接口，也取得了很好的效果。

（三）二次下管法应注意事项

1）下管用的钻杆长度，必须用钢尺丈量准确。

2）下放井管速度要慢，严禁"猛刹车"。特别是第二组井管快接近下接口时，更要慢慢下放。

3）上托盘时，不要扭得过紧。反托盘时，不要用力过猛，要均匀加力反出。

4）井管对接位置应选在孔壁完整、稳定

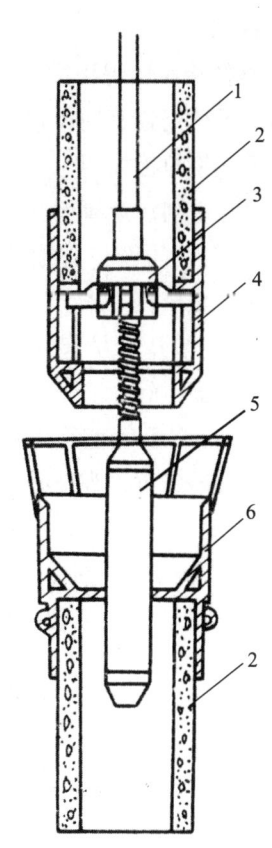

图 4-22 两组井管空内结合情况
1—钻杆；2—水泥管；3—活托盘；
4—上接口；5—导向器；6—下接口

孔段。

5) 下管过程中, 不得扭动孔内钻杆和井管。

六、井管连接的方法和有关黏接技术

(一) 井管连接方法

井管连接有管箍丝扣连接、焊接、螺栓连接、铆接、黏接等方法。

1. 管箍丝扣连接法

常用于无缝钢管、钢板卷管、铸铁管、塑料管等。连接前,首先检查井管两端丝扣和管箍丝扣是否完好无损,不合格的不得使用。检查完毕后,再在地面按下管顺序进行试接,看各连接丝扣是否互相吻合,吻合不好的不得使用。

塑料管用丝扣连接时, 宜用方丝扣、梯形粗扣连接。

连接方法: 在下管前先将井口处上下两节井管口对正调直, 然后稳住下节井管, 旋转上节井管, 将丝扣上满拧紧即可。

2. 焊接法

(1) 钢拉板对口焊接法

常用于无缝钢管、钢板卷管、管口镶有接箍的钢筋混凝土井管等。钢拉板如图 4-23 所示。

焊接时有下列注意事项。

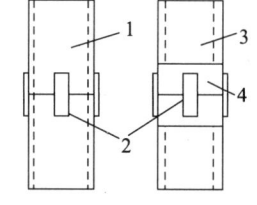

图 4-23 钢拉板
1—钢制井管; 2—钢拉板;
3—钢筋混凝土井管; 4—钢筋箍

1) 对口焊接的管口必须平整, 井管铁夹板紧靠井管拉板, 将铁夹板放在方木上, 使管口保持水平。

2) 将上一节井管吊起并保持垂直, 使两管口对准吻合, 然后在四面点焊, 防止集中烧焊, 导致井管歪斜。

3) 拉板应在下管前, 先焊在井管的一端。拉板的数量和对口焊接后的抗拉强度必须能承受井管的全重。

4) 焊接时, 待自然冷却后, 再下入孔内。

(2) 塑料管的焊接方法

1) 先将管口刨成45°坡口形, 使两管口对焊时成"V"形, 或两管承插并将其缝焊接牢。

2) 用直径 3mm 聚氯乙烯焊条, 从里到外组焊三道焊口, 如图 4-24 所示。

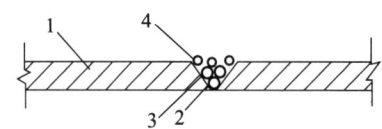

图 4-24 塑料井管焊接方法
1—塑料管; 2—第一道焊口; 3—第二道焊口; 4—第三道焊口

3）使用焊枪规格：300~350W、36V、风压0.1~0.15MPa、电热丝直径0.8mm镍铬丝。

4）焊接时，焊条要垂直于焊缝，并用力压紧。用焊枪加热时，要使焊条与管口同时熔化，至焊条两侧见到管口熔化的浆状物出现时为合格，严防加热过高焊条发生焦化。

3. 螺栓连接法

适用于没有车丝扣的铸铁井管，可以采用井管与管箍穿螺栓的方法进行连接。

1）在加工厂将井管的两端车成坡口，并根据井管直径的大小，在管箍与井管的两端钻6~8个直径19mm螺栓孔，并在井管上套好螺栓的丝扣。

2）下管前，先将井管的一端用螺栓接好管箍。

3）下管时，将井管吊起下入孔内，于管口上端垫以特制的硬胶皮垫。将第二节吊起，对正螺丝孔，穿以螺栓并拧紧丝扣。照此法直至下完全部井管。

采用此法应注意两点：①井管安装深度，根据螺栓和井管强度而定，一般不超过120m；②连接井管的螺栓长度等于管箍和井管的厚度，不准超出井管内壁。

4. 铆接法

此法常用于塑料井管。在井管连接时，将一根井管的平头插入另一根井管的凹头，然后在接头处钻8个直径7.5mm的孔，孔成两行。用8mm×25mm的螺钉拧入固定，如图4-25所示。

5. 黏接法

此法常用于混凝土管、石棉水泥管等。

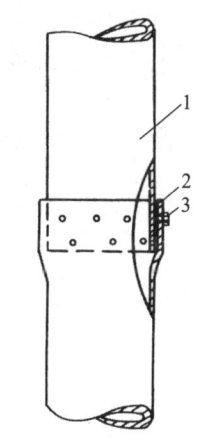

图4-25 塑料井管铆接示意
1—塑料井管；2—凹头；3—螺钉

（二）井管常用黏接材料与黏接方法

1. 常用的黏接材料

常用的黏接材料有沥青水泥砂浆、沥青砂浆、环氧树脂等。它主要用于混凝土井管黏接。

2. 黏接方法

（1）沥青水泥砂浆黏接法

沥青水泥砂浆常用的配比多为4:3:3（沥青:水泥:砂）。但由于井的深浅、管径的大小、管壁的厚薄、管口的平整程度、下管方式等情况的不同，各地用的配比相差甚大，有的用4:2:4或3:4:4等。

沥青水泥砂浆，是用沥青、水泥、细砂混合制成。配制时，先将沥青熔化（加热至160~170℃，冒白烟成稀粥状），然后将水泥、细砂掺入搅匀即可。

黏接时，先把沥青水泥砂浆浇到井管上端接口处，再将上一根井管置于上面，被水泥沥青砂浆黏合住。然后用一条宽20cm左右的布条，涂上热沥青水泥砂浆之后在接口处缠绕 2~3 圈，并用沥青水泥砂浆将其缠绕的布头黏住。

（2）沥青砂浆黏接法

沥青砂浆常用的配比多为 1:4（沥青:砂）。其配制方法和黏接方法与沥青水泥砂浆方法基本相同。

（3）环氧树脂黏合剂

一般用于混凝土井管、石棉水泥井管的黏接。其配比为：①环氧树脂 1009；②二丁酯 109；③乙二胺 89；④二乙烯三胺 89；⑤锯末适量。

配制时按以上顺序和比例加料搅拌，前四种原料先搅拌均匀后，再加适量锯末，搅成稠的糨糊状为止。要现用现配，3h 后初凝，24h 全凝。

第四节　填　滤　止　水

在井管结构中，对井管与孔壁之间的环状间隙充填滤料和封闭材料，是构筑管井的重要环节。主要作用是：①固定井管，保证管井安全运行；②滤料可起到拦砂滤水作用，保证成井质量，延长管井使用寿命；③防止地表污水沿井管入渗，污染水质；④隔离不良含水层或封闭非计划开采的含水层。

一、检查滤料质量标准

1）回填滤料的规格，是根据井孔中含水层颗粒大小而决定的，必须符合设计要求。

2）检查滤料的形状是否圆滑，一般不应用碎石作滤料。

3）检查滤料质地是否坚硬，与水是否起化学变化。

4）检查筛选的滤料粒径是否符合设计要求，粒径大小是否均匀，不合格的滤料颗料不得超过 15%。

5）检查滤料数量是否与计划数量相符，一般要比计划数量多备足 20%。

二、回填滤料方法和注意问题

（一）回填滤料方法

1）一般采用循环水填滤料或静水填滤料，以循环水填滤料为好。

2）无论采用哪种方法回填滤料，均应沿井管周围连续地、均匀缓慢地填入，速度不宜太快。若滤料中途受阻，不许摇动或强力提动井管，可用小掏筒或活塞下入井管内慢慢上下提动，直至滤料下沉为止。

3）回填滤料要用已知的计量容器，便于及时与计划数量校对。当滤料填入一定数量时，可等滤料下沉，用测棒测量回填滤料高度，边填边测，直到计划位置为止。测棒用圆铁棍制成，长 0.5~1m，两端呈圆尖形，其质量一般须超过所用测绳总质量的 1 倍。

（二）回填滤料应注意的问题

1）采用循环水填滤料，中途不许停泵，填滤料也不许间歇，要一气呵成。
2）严禁一侧集中填滤料，不可快速猛倒冲击井管或造成堵塞。
3）必须按管井设计的位置及高度回填滤料，以防滤料下沉而失去拦砂滤水作用，而影响成井质量。

三、管外封闭

（一）常用的封闭材料

1）黏土块。宜采用天然杂质少的优质黏土，其含砂量（粒径大于 0.05mm）不应大于 5%，含水量为 18%~20%，黏土块最大直径不应大于 50mm。它适用于要求封闭程度不高的孔段使用。

2）黏土球。采用上述的优质黏土，经人工浸泡拌和，制成直径 25~30mm 黏土球。黏土球必须揉实风干，风干后表面无裂纹、内部湿润，含水量约为 20%。它适用于要求封闭程度较高的孔段使用。

3）水泥砂浆和水泥浆。一般采用 325~425 号普通硅酸盐水泥或其他水泥。它适用于封闭程度要求高的孔段使用，如严格封闭不良含水层段或有特殊要求处理的孔段使用。

（二）封闭前的准备

封闭前，应按照管井施工柱状图所要封闭的深度，计算出需要填入的黏土球的数量。黏土球实际准备的数量，应比计划数量多 25%~30%；黏土块实际准备的数量，应比计划数量多 10%~15%；有特殊要求时，还可准备棕头、干海带等其他封闭材料。

（三）封闭方法

管井封闭材料的填入方法与填滤料方法相同。为了保证将黏土球填至计划位置，必须弄清黏土球在泥浆中的崩解时间。投入前，先取孔内泥浆进行崩解时间试验，一般要求黏土球的崩解时间等于黏土球下沉至预定位置所需时间再加 0.5h。黏土球在泥浆中下沉时间可计算为：

$$v = k\sqrt{\frac{d(\gamma-\gamma_1)}{\gamma}} \qquad (4-6)$$

式中，v 为黏土球下沉速度（cm/s）；k 为系数，常选用 35~40；d 为填入黏土球直径

（cm）；γ_1 为泥浆相对密度，一般采用井孔上、下部取样的平均值；γ 为填入黏土球的相对密度。

1）当管井开采一个厚层含水层组，按规定将滤料填至含水层顶板以上8m时，其上部到井口段若没有需要严密封闭的地层，采用优质黏土块封闭到井口，即可达到要求。

2）当管井开采的含水层组在两个或两个以上，且层间相隔距离较大，两个含水层的颗粒直径又有较大差别，则两个含水层所填滤料直径也不同。在两种滤料之间，一般都充填黏土球或黏土块，以节省滤料及投资。在上层滤料层顶上，再填入黏土球或黏土块封闭到井口。

3）当管井揭穿被污染的含水层，或苦咸涩的不良含水层以及非计划开采的含水层时，必须用黏土球进行严格的封闭，其封闭位置应超过不良含水层顶底各不少于5m。对于人畜饮水井，有条件时可用水泥砂浆严密封闭。

4）在特殊高压含水层地区建井，尤其是水压较高时，常采用速凝水泥砂浆封闭。其配方是水泥：砂为1：4，再加入相当于水泥质量2%的氯化钙。先将水泥与砂掺匀，加水搅拌，倒入溶于水的氯化钙，搅拌均匀，即可用泥浆泵注入封闭或用提桶注入封闭。封闭段的高度应大于15m。有的在最上部的含水层顶上放置1~3个棕头或压入干海带，然后再灌水泥砂浆，其封闭效果更好。

5）井口封闭，在井管周围开挖深度1.5m的坑，填入黏土球或优质黏土块，边填边夯实，直至井口。上部最好铺用20cm厚的混凝土护面。

第五节 洗井和抽水试验

洗井是在下管结束后，正式抽水前，及时利用洗井设备，将在钻井、下管、填砾过程中形成的废弃物洗出来，包括井内的钻井液、井壁的泥皮、混入砾料中的泥粒、渗入含水层的岩屑洗出来，从而使滤水管周围形成良好的人工过滤层。

洗井尤其要强调及时性，因为在刚钻完井后，井壁的泥皮处于软化状态，易于清洗。若放置时间太长，就会引起泥皮老皮、板结，给洗井带来不便，增加洗井的成本，同时也可能影响到井的出水量。

一、洗井要求

1）进行试验抽水时，在相同水位降深条件下，最后两次的单位涌水量之差不超过15%。

2）抽水开始10min后，水的含砂量不超过1/20000（体积比）。

3）如果在同一水文地质单元内，有3个以上抽水孔时，可用单位涌水量比拟法来检查洗井效果，但比拟井要经过标定。

二、洗井方法

（一）机械洗井方法

机械洗井就是利用机械的方法，对井壁泥皮进行直接冲、刷，从而使其逐渐脱落，以达到疏通含水层、增加管井出水量的目的。目前常用的方法有：空压机洗井、活塞洗井、钢刷洗井、潜水泵洗井、喷射洗井等。

1. 空压机洗井

空压机既是一种抽水工具，也是一种洗井工具。空压机洗井是一种最古老的，也是一种最实用的抽水洗井方法。

（1）工作原理

空压机洗井系统由空压机、风管和水管组成，如图 4-26 所示。

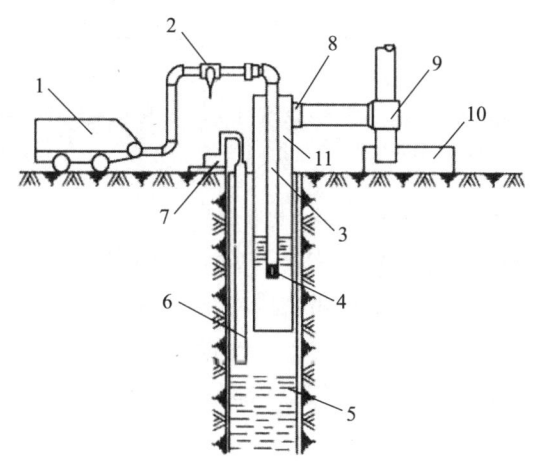

图 4-26 空压机洗井示意
1—风压机；2—阀门；3—风管；4—混合器；5—滤水管；6—测水管；7—电测仪；
8—出水管三通；9—分离水气三通；10—三角堰；11—出水管

风管下部有 1m 左右的混合器。在工作时，空压机通过风管将高压空气送到混合器中，形成高压水气混合物。该混合物通过滤水管，对管外砾石、井壁进行反复振荡冲洗，然后沿水管上升到地表，从而达到洗井抽水的目的。在洗井时，空压机不是连续送气，而是间断送气，这样送风—停风—送风反复进行，形成振荡气流，可以较好地达到洗井目的。一段洗完后，可以将风管与水管向上移动，如此反复，从而完成对全井的清洗。

（2）风管及出水管的安装形式

在用空压机洗井时，风管与出水管的安装形式如图 4-27 所示。图 4-27a 所示为同心式，风管位于出水管内，一般适用于小口径洗井；图 4-27b 所示为并列式，风管与出水管并列安装,比较适用于大口径洗井;图4-27c所示是利用井壁管或井壁作出水管,其实质也是同心式,但不需再下入出水管。在水头压力较高的承压含水层或是含水层上部井壁完整、不漏水的稳定地层中洗井时,可以用井壁管作出水管。

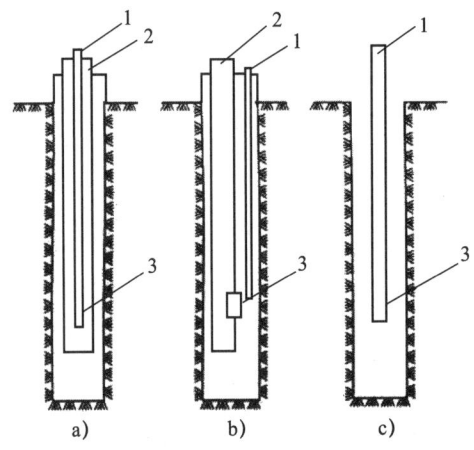

图4-27 空压机洗井时风管与出水管的安装形式
a) 风管位于出水管内;b) 风管与出水管并列;c) 利用井壁管或井壁作出水管
1—风管;2—出水管;3—混合器

用空压机洗井时,在安装时应注意以下五点。

1) 如要获得洗井过程中的水位变化,当水位较大时需下入测水管。测水管下入深度至少应超过混合器5m,同时出水管亦应超过混合器3~5m。

2) 混合器应导正于出水管的中心,下入位置由风管浸沉比来确定,且应比滤水管顶端高3~5m。不能直接对准滤水管的工作部分,以免水气混合物侧向溢水,影响出水量和水位测量。

3) 风管、出水管和井管的口径要相匹配,其直径选择表如表4-7所示。

表4-7 风管、出水管和井管直径选择表

排列方式	出水管	风管	井管	排列方式	出水管	风管	井管
并列式	89	25~30	200	并列式	146	50~63	300
	108	30~38	200		168	50~63	350
	127	38~50	250				
同心式	108	30	150	同心式	146	50~63	200
	127	38	175		168	75	250

4) 出水管上应安装水气分离器(消能桶、出水三通等),以减少出水的冲力。

5) 在下管前应严格检查风管、出水管的质量,各接头丝扣要缠棉纱、涂铅油拧紧,以防漏风、漏水现象的发生。

(3) 混合器结构

混合器工作部分长度一般为1m以上,底端封死,喷气段钻有许多直径为4~5mm

小孔。喷气孔总面积是风管截面积的 2~4 倍，呈上稀下密径向均匀布置。常见的混合器有直式和钩式两种（图 4-28）。还有一种多级的混合器（图 4-29），有 3 个喷头，其间由 2 段管子连接，上接风管。喷头为锥角较小的圆锥体，每个锥体中部外围有排成环形的喷气孔，孔轴与锥体成 15°交角。该混合器的优点是：沉没比较小，可减低到 0.3，适用于各种安装形式，扩大了应用范围。

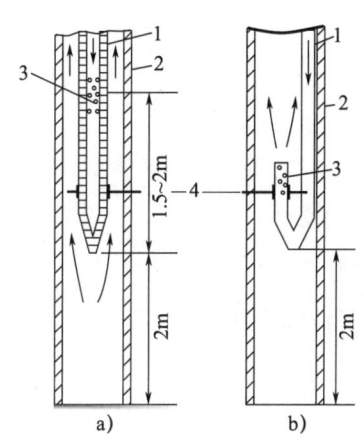

图 4-28 同心式混合

a) 直式；b) 钩式

1—风管；2—出水管；3—喷气管；4—导正器

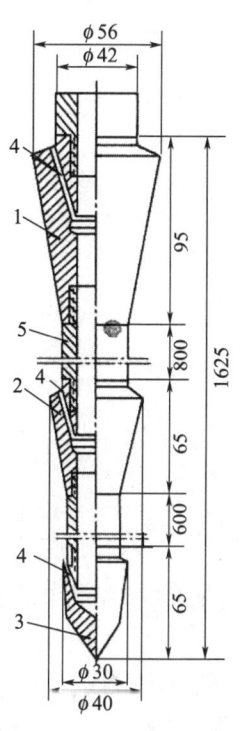

图 4-29 多级混合器

1、2、3—分别为第一、二、三级喷头；
4—喷气孔；5—连接管

(4) 工作参数计算

1) 风管沉没比计算。空压机洗井时的关键是掌握好沉没比，这是提高效率和洗井效果的关键。风管沉没比计算示意如图 4-30 所示。沉没比 α 的计算公式如下：

$$\alpha = H/(H+h) \tag{4-7}$$

式中，H 为风管沉没深度（m），从动水位算起；h 为液体上升高度（m），从动水位算起。

一般来讲，风管沉没深度越深，即 α 值越大，空气单位消耗量越小，但所需风压增加。因此，从空压机额定风压来考虑，随着动水位的增加，沉没比应增少，动水位越浅，沉没比应增大。过小的沉没比会使抽水不连续，甚至抽不上来，达不到洗井的效果。因此，为保证洗井的效果，沉没比不应小于 0.5~0.6。

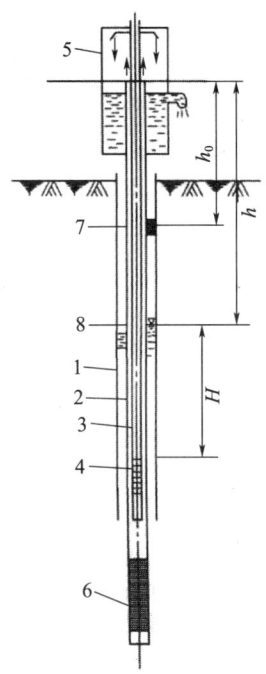

图 4-30 风管沉没比计算示意

1—外层套管；2—出水管；3—风管；4—混合器；5—接水桶；6—滤水管；7—静水位；8—动水位

2）风量的计算。每抽 1m³ 水所需压缩空气量 V 计算公式如下：

$$V = K_0 h / 23 \left[\lg (H+10)/10 \right] \tag{4-8}$$

式中，$K_0 = 2.17 + 0.016h$，其他符号同前。

3）风压的计算。风压分启动风压与工作风压两种。启动风压比工作风压要大。风压计算可参照空压机的常用压力，不能超过其规定限度。

抽水开始时启动风压为：

$$P_n = 0.1 (H + h - h_0 + 2) \text{（大气压）} \tag{4-9}$$

抽水过程中工作风压为：

$$P_n = 0.1 (H + L_p) \text{（大气压）} \tag{4-10}$$

式中，h_0 为由出水口算起的静水位深度（m）；L_p 为空气运送途中的压力损失值（换算为 m），一般不超过 5，通常取 2~3。

(5) 适应范围

空压机洗井是一种传统的洗井、抽水方法，一般适用于 300m 以下的水井。但随着技术的进步，目前也出现加强型的空压机（60m³），可以满足较深水井的洗井、抽水工作。

空压机洗井的特点是适应性强。它对井管没有特别的要求，可以适应各种类型的井管，因而有比较大的市场潜力。同时，它还可以将井底的泥、砂带出地表，从而起到掏井的作用。

2. 活塞洗井

活塞洗井工艺是一种传统且常规的洗井工艺，因其成本低廉和操作简单而被广泛应用。它的主要目的是：清除下管后井壁残留泥皮，抽拉出滤水管周围含水层渗入的稠泥浆和部分杂质，初步恢复其原来的渗透性；初步洗去含水层中的粉细砂，增大含水层的渗透率；使管外砾料重新排列压实，初步形成一个新的过滤层。

制作活塞的材料普遍，一般钻机现场都有。而制作工艺简单，可因地制宜。因此，它是一种简便灵活、实用的洗井方法。目前，多用废弃的煤矿输送带做成胶皮活塞。

（1）工作原理

活塞是由数块胶皮组成的洗井工具，如图4-31所示。

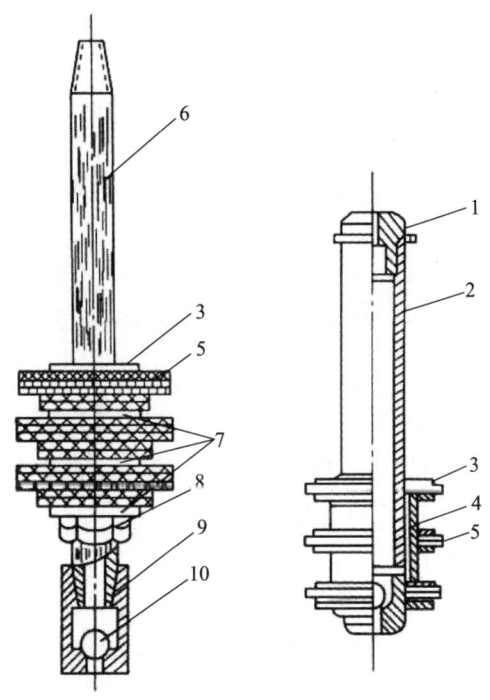

图4-31　洗井活塞

1—岩心导径接头；2—岩心管；3—压卡；4、7—垫片；5—胶片；6—钻杆；8—螺母；9—阀座；10—球阀

洗井时，一般用钻杆或钢丝绳与之相连（最好用钻杆），下入井内，用钻机的低速挡（一挡或二挡，速度一般为1m/s左右）在井内上下反复提拉，从而在井内造成瞬时局部真空，形成水力冲击，通过滤水管破坏井壁残留泥皮，并把渗入含水层中的细小颗粒挟带至井内，以达到疏通含水层的目的。为加速活塞下降，连接活塞的钻杆底端常有一球阀，活塞上升时，球阀关闭，并将钻杆中的水带上来，形成一定高度的重力能；活塞下降时，球阀打开，钻杆中的水也快速流下去，形成对井壁的冲击力，对井壁泥皮进行破坏。在选择用钢丝绳与活塞相连接的形式进行洗井时，为了加速活塞下降，还会在活塞底部加一重物（钻铤等）。

(2) 适应范围

它一般适用于 300m 以下的第四系松散层粉细砂含水层水井的洗井工作。由于活塞在上提时形成瞬时真空,具有很大的抽吸力,因而它一般只能用于井管材质抗压强度高且井壁光滑的钢管和铸铁管,其他如水泥和塑料管应谨慎采用。

(3) 技术要求

活塞直径应根据井管性质及光滑程度来确定。一般情况下,活塞直径应大于井管内径 3~5mm。

活塞下降速度要平稳,在提拉过程中,不得硬拉、猛蹾,以免拉断钻杆,造成孔内事故。

采用从上往下逐段进行的洗井顺序,一般洗井效果好。

3. 钢刷洗井

用具有一定弹性和强度的钢丝做成洗井刷 (图 4-32),然后将其下入井内含水层的位置,上下窜动,以刷掉井壁泥皮等杂物,从而使新鲜含水层面露出来,达到疏通含水层孔隙、裂隙,增加水井出水量的目的。

此方法适用于基岩含水层的裸孔段。在使用该方法洗井时,可以将井壁中的易掉岩块刷掉,避免下泵时卡泵事故的发生。

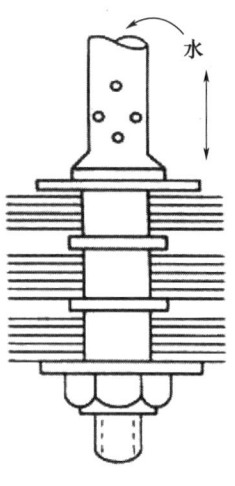

图 4-32 洗井钢刷

4. 潜水泵洗井

在水位埋藏较深,没有其他有效方法洗井时,可直接用潜水泵进行抽水洗井。该方法的优点是可以根据水位深浅与水量大小选择适当扬程的水泵,洗井效果较好,缺点是由于井中泥砂较大,容易损伤泵的叶轮等部件。

在选择用水泵进行抽水洗井时,不仅可以达到洗井的目的,还能起到试验抽水作用,初步了解含水层水位、水量等情况,为下一步配泵打下基础。现场一般采用旧泵进行抽水洗井。

5. 喷射洗井

喷射洗井也叫高压喷射洗井,如图 4-33 所示。它是利用钻机钻进过程中用的泥浆泵、钻杆或钢管,在末端加上 3~4m 长的喷嘴 (也可制成旋转的),同时封闭好井口,然后采用较大泵量或较大压力向井内压水,依靠高压水柱冲刷孔壁或管壁上的泥皮,扰动滤水管外的砾石,迫使管外砾石发生旋涡移动,不断冲击井壁,从而有效清除管壁上的锈垢,并使泥皮软化或脱落,达到洗井、增加管井出水量的目的。

这种方法适用于泥浆泵泵量和压力较大、水源充足、井的漏失量较小的第四系松散含水层铸铁管、钢管所成的供水管井中的深井。

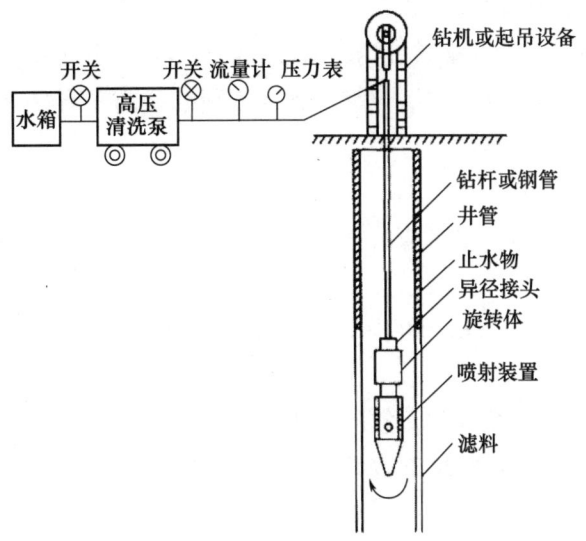

图 4-33 自旋转高压喷射洗井示意

(二) 化学洗井方法

这种方法是通过化学物质与井壁泥皮反应,以软化、分解和去除泥皮的过程。按照化学反应物质形态及作用方式,可分为以下三种。

1. 化学试剂洗井

(1) 工作原理

它是用固态的化合物,如焦磷酸钠、六偏磷酸钠、三聚磷酸钠等,与井壁泥皮反应,使其软化、分解的过程。在使用焦磷酸钠时,可以注入一些表面活性剂,如十二烷基苯磺酸钠等,以促使黏土颗粒在溶液中分散,增加洗井效果。

(2) 常用材料

1) 焦磷酸钠,也称磷酸四钠、无水焦磷酸钠。分子式为 $Na_4P_2O_7$,它的相对分子质量为 265.9。其为白色粉末状,碱性,pH 值为 9.2,无毒,密度为 $2.534g/cm^3$,易溶于水,20℃时 100g 水中的溶解质量为 6.23g。

关于焦磷酸钠的洗井机理,目前有多种说法。其中普遍的说法是,焦磷酸钠与井内钻井液中的黏土发生络化作用,形成水性络离子,其反应式为:

$$Na_4P_2O_7 + Ca^{2+} \rightarrow CaNa_4(P_2O_7)^{2+}$$
$$Na_4P_2O_7 + Mg^{2+} \rightarrow MgNa_4(P_2O_7)^{2+}$$

上述反应生成的离子为惰性离子,不发生可逆反应。络离子本身不会聚结沉淀,也不与其他的离子化合沉淀。它易于在洗井抽水中排出孔外,从而达到洗井的目的。

2) 六偏磷酸钠,又称六聚偏磷酸钠、磷酸钠玻璃体、格兰汉姆盐。它是透明玻璃片或白色粉末状,分子式为 $NaPO_3$,相对分子质量为 611.7,密度为 $2.484g/cm^3$,易溶于水，不溶于有机物，吸湿性强。

3）三聚磷酸钠，又称三磷酸五钠、磷酸五钠、五钠。分子式为 $Na_5P_3O_{10}$，相对分子质量为367.86。其为白色粉末，易溶于水，对钙、镁离子有显著的整合能力、能软化硬水，弱碱性，有多种形式，密度为 $0.35 \sim 190 g/cm^3$。

（3）用量计算

井中水的体积（质量）的计算公式是：

$$V = \pi D^2 H/4 \tag{4-11}$$

式中，D 为井的直径（m）；H 为井内水柱的高度（m）。

（4）下入方法

化学洗井试剂，也称洗井粉，它的下入方法正确与否，直接关系到洗井的效果好坏，因而，其下入方法在化学试剂洗井中有着举足轻重的作用。下入方法主要分为两个步骤。

第一步是浸泡。化学物质的溶解度与温度有很大的关系，温度越高，溶解度越好。因而，在浸泡洗井粉时，一定要用温水（30℃左右），使其充分溶化，这样才能达到较为理想的效果。

第二步是送入井内。这里又分两种情况，一种是钻机为冲击钻，没有泥浆泵。先把泡好的洗井粉用水桶慢慢倒入井内，每桶之间的间隔为10min左右，以使洗井粉能充分沉入井内的含水层部位，而不至于漂浮在水面上。当发现洗井粉漂浮在水面上时，一定要及时用清水进行冲洗，直至漂浮的洗井粉沉入井下。另一种是钻机为回转钻，有泥浆泵。这时只要用泵将泡好的洗井粉泵入井内即可。在送入时，要不断地上提钻具，从而使洗井粉送入不同的含水层位，达到最佳的洗井效果。在结束时，应用清水对泵及钻杆进行冲洗。

（5）浸泡时间及适用地层

对于洗井粉在井内的浸泡时间，目前没有统一的标准。一般是根据当地的气温、井内水温及泥皮薄厚等因素决定。对于当地气温较高、井水温度也高、泥皮厚度不大的新井，一般浸泡1天，而对于当地气温较低、井水温度也低、泥皮厚度大且放置一段时间的井，最多可以浸泡7天，一般情况下，浸泡3天左右即可。化学试剂洗井主要适用于松散层中的新打水井，其井的深度一般不超过300m。

2. 二氧化碳洗井

二氧化碳洗井，也叫液态二氧化碳洗井，具有设备简单、用时少、效果好的特点。

（1）工作原理

在通常情况下，二氧化碳是无色、无味、无臭、无毒、易溶于水的气体。在标准状况下，它的密度为1.977g/L，约为空气的1.5倍。在20℃将二氧化碳加压到 $5.73 \times 10^6 kPa$，它即可变成无色液体，常压缩到钢瓶中储存；在 -56.6℃，$5.17 \times 10^5 kPa$，即可变为固体，也叫作"干冰"。同理，在压力减小和温度升高的情况下，固体、液态的二氧化碳也会变成气态。

二氧化碳的摩尔分子量是44g，故1瓶质量25kg的液态二氧化碳为568.18mol。1mol气体在标准状态下的体积为22.4L，因此，一瓶质量为25kg的液态二氧化碳在常温常压下可膨胀的体积为12727L。

二氧化碳能部分与水反应生成碳酸：

$$CO_2 + H_2O \rightarrow H_2CO_3$$

与水中的氢氧化钙反应生成碳酸钙和水：

$$CO_2 + Ca(OH)_2 \rightarrow CaCO_3\downarrow + H_2O$$

与碳酸钙反应又可生成可溶性碳酸氢钙：

$$CO_2 + CaCO_3 + H_2O \rightarrow Ca(HCO_3)_2$$

二氧化碳洗井（图4-34）就是借助于液态二氧化碳在压力减少时变成气态的原理。当将瓶装液态二氧化碳通过高压胶管、钻杆等输送至井内时，液态二氧化碳迅速吸热膨胀，变为气态，同时释放强大的压力。随着气化二氧化碳体积迅速增大，井内压力也迅速增加。与此同时，二氧化碳气泡与井中水柱混合，产生低密度水气混合流。这些混合流，在井内压力作用下，由下向上运动，并猛烈冲击井壁泥皮、裂隙和井底泥砂等，并随即以井喷形式挟带被冲洗的泥皮、岩粉等喷出井口，喷出高度一般为30m左右。在井上形成井喷的同时，井下出现短暂的真空区，含水层的水会在水压作用下，快速流入井内，并将其在钻井施工时裂隙、孔隙中的钻井液颗粒也带进井内，从而使含水层的水路通畅，达到洗井的目的。在形成1~2次或数次井喷后，井内的水还会在余气作用下，上下反复振荡，不断对井壁泥皮、裂隙进行冲击，从而使含水层的水路更加通畅，效果越来越好。有时为了增强洗井效果，还在形成井喷后，再向井内注入1~2瓶液态二氧化碳气体，让井里的水反复振荡，以达到更为理想的洗井效果。

（2）使用深度

二氧化碳在洗井时，能形成井喷的深度为300m左右。

当井内的含水层埋深超过300m时，由于此时的水柱压力也很大，液态二氧化碳不易发生气化作用，因而就很难产生体积膨胀现象，压力得不到有效释放，形成不了井喷就在所难免了。

但是，如果井内的水柱高度太小（一般小于70m），而且静止水位又很大（一般大于80m），一般也不会形成井喷现象。其原因是，二氧化碳的压力太大，水柱的压力太小，在二氧化碳将水柱向上推举的过程中，由于推的路程太长，会将水柱击穿，因而形不成井喷。

由此可见，在正常情况下，要想形成井喷，二氧化碳的洗井深度，亦即水柱高度一般为300m左右；若水柱高度小于70m，则很难形成井喷。

（3）洗井效果的检查

洗井效果的好坏，与所在地区的岩性、富水性、渗透性、补径排条件，钻井液的

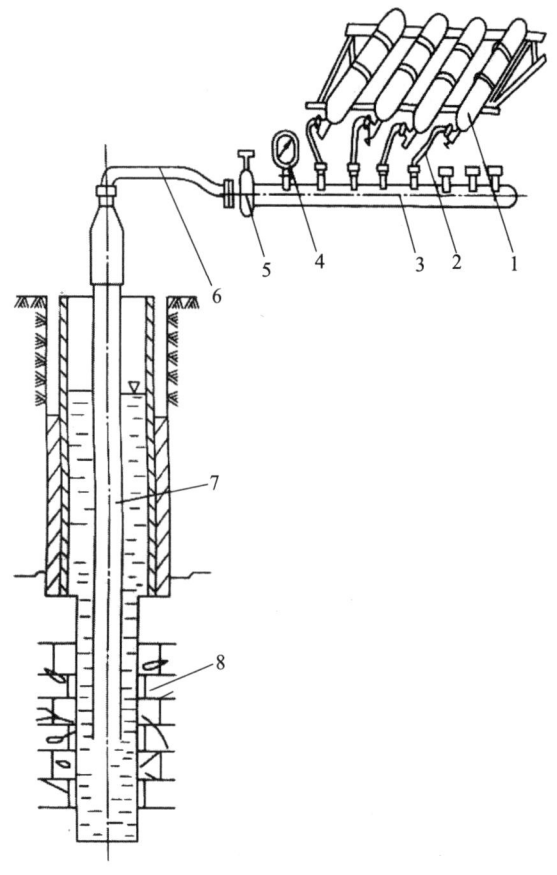

图 4-34 二氧化碳洗井示意

密度、钻井方法等密切相关，是多因素影响的结果。形成井喷是二氧化碳洗井成功的标志，而且越多越好，其次是井喷形成后的水位恢复时间越短越好。

并不是只有井喷才能起到洗井效果，有时虽未形成井喷，但只要二氧化碳气体带动水柱上下往复地运动，同样可起到理想的洗井效果。

（4）适用范围

由于二氧化碳压力高，对井壁管抗压强度有较高要求。一般而言，该方法适用于井内下入钢管、铸铁管等抗压强度较高的井。对水泥管、塑料管等强度较低的井管则要视情况具体分析。

洗井时，首先要了解井管的质量及井内滤水管位置等相关信息，然后进行预洗。预洗时，可先向井内放 1~2 瓶二氧化碳，目的是让井管坐实，管外的砾石重新压实，起到对井管的保护作用。与钢管、铸铁管不同的是，水泥管洗井时的控制闸门是绝对不关死的，目的是防止压力掌握不好而压坏井管。在向井内送二氧化碳时，要一瓶一瓶地开，并随时观察井口的情况，一旦井内水喷出井口，要立即关闭控制总闸门，防止井内气量太多，损害井管。井喷形成后，要注意监听井内的情况，如发现异常，及时采取对策。

在实践中，二氧化碳洗井方法可以单独使用，也可以与活塞、钢刷、盐酸和化学试剂等洗井方法联合使用，这样往往可以起到大幅度提高管井出水量的目的。

（5）注意事项

二氧化碳是高压气体，所以在加工洗井设备时，所使用的汇管、阀门、气管、压力表等与气瓶连接的设备必须与气瓶压力适应，最好是由压力高的耐高压材料制成。设备在使用前，要进行耐高压检验，合格后方能使用。

下入井内的钻具直径应与汇管的直径相近，最好是直径50mm钻杆。钻杆接头处要用麻绳等缠住，以防漏气。

在运输气瓶时，要避免暴晒。洗井结束拆卸气瓶、管路时，要先将二氧化碳气瓶的阀门关闭，然后再将管路中的余气放完，最后依次进行拆卸工作。二氧化碳气瓶在拉回厂方时，要将气瓶的气体放完以利重新充气。

禁止在高压线下、变压器旁等危险地带进行洗井作业。同时要注意洗井时的风向，对可能波及的地方要进行防护处理，以防造成不必要的损失。

洗井设备应离开井口15m以上。放气时，无关人员要撤离到井口20m以外的地方，以免造成伤害。

3. 酸化洗井

酸化洗井也叫压酸洗井。它是利用向井内含水层位置注入能与岩石或井壁泥皮起化学反应的酸类物质进行酸化，以达到清除钻井所留下的岩屑、泥皮，疏通含水层出水通道的目的。

根据不同的酸化对象和目的，可以选择不同的酸类。对于碳酸岩，为达到增加出水量的目的，大都选用盐酸；对于以清除井壁泥皮为主要目的的洗井，大都选用磷酸；对于砂质白云岩选用氢氟酸加盐酸。为保护金属井管不被盐酸腐蚀，通常在酸液中加入甲醛等防腐剂。

由于酸化洗井中大多数用的是盐酸，因此，通常的酸化洗井也多叫作盐酸洗井。在酸化洗井时，盐酸不但能将井壁的泥皮腐蚀，使新鲜的岩石面露出来，疏通含水层的孔隙、裂隙，同时又能将原有的孔隙、裂隙扩大，因此，它不仅是一种常规的洗井方法，而且也是一种增加水井出水量的方法。

（1）工作原理

碳酸岩的主要化学组分是碳酸钙、碳酸镁等，这些组分都与盐酸有着较好的反应。反应生成的氯化钙和氯化镁都易溶于水，可以随水一起被带走。而生成的二氧化碳气体，当其量足够多时，可以将井内水柱推举到地面，从井口喷出，即所谓的压酸井喷，可以起到与液态二氧化碳洗井相当的效果。

组成钻井液的含钠、含碱物质及有机物，在遇到盐酸等酸类物质时，其结构将被破坏，从而起到破坏井壁泥皮及杂质，疏通含水层的目的。

在旧水井的钢、铁制滤水管中,常常会有铁锈形成,从而造成滤水管孔隙率的下降,影响管井出水量。盐酸可以破坏铁锈结构,使其分解,从而使堵塞滤水管铁锈溶解,滤水管的孔隙率增大,提高管井出水量。

(2) 盐酸使用浓度和用量

不同地层及目的选用不同浓度和量的盐酸。

对于白云岩或白云质灰岩为主的地层,选用的盐酸浓度为15%~20%;对以泥质灰岩和泥质白云岩为主的岩层,选用的盐酸浓度为20%~31%;对于钙质胶结的砂岩,选用的盐酸浓度为4%~8%。

在实际使用时,一般建议用相对较低浓度的盐酸。在使用高浓度盐酸(31%)时,为防止其对井管的腐蚀,应在盐酸中加入甲醛、丁炔二醇、碘化钾和碘化钠等防腐剂,其加量为盐酸总体积的2%~4%,加入后稍加搅拌即可。

盐酸用量与含水层厚度、井径和岩石性质及裂隙发育程度等有关,其计算公式如下:

$$V = \pi (R^2 - r^2) h \eta K \tag{4-12}$$

式中,V 为盐酸用量(m^3);R 为预计酸化半径,一般按 0.6~1.2m 计算;r 为钻孔半径(m);h 为含水层厚度(m);η 为含水层孔隙率,一般按 0.15~0.3 计算;K 为系数,取值 1.5~2.0。

(3) 盐酸洗井时注意事项

在向井内注入盐酸时,应先将钻具下到含水层位置,然后在钻杆顶部放一漏斗,使盐酸通过漏斗进入钻杆,最后下沉到含水层位置。注完酸后,应立即用清水对钻杆进行冲洗,并提出井口或静水位以上。盐酸在井内反应时间一般为 4~8h。

盐酸对人体和衣物都有强烈的腐蚀作用,因此在注入过程中,工作人员要佩戴防护用品,其他人员应远离施工现场;注酸时要注意风向变化,人一定要在上风头进行工作;在酸化阶段,尽量不要到井口去,以免瞬时井喷的伤害;最好运用浓度适当的盐酸,避免在现场进行稀释作业,如必须进行此项工作,必须由专业人员进行操作;需要加防腐剂时,可先用水将其溶解,然后在其溶液中加入盐酸。

(4) 应用范围

盐酸洗井主要用于碳酸岩类地层。同时,它在旧水井修复中也可起到腐蚀滤水管上的铁锈,增加水井出水量的作用。

(三) 水压强力洗井

使用回转钻机时,可用水压强力洗井法,如图 4-35 所示。工作时将工具放到滤水管里面,开动泥浆泵,高压水经过钻杆冲开球阀,进入用弹簧支撑的胶皮囊,使之进一步膨胀紧贴滤水管内壁,从而起到充分封闭的作用。高压水经带孔的外管射入滤水管外面的含水层中。胶皮囊的充分封闭使这一作用力进一步加强,冲开堵塞滤水管的砂、泥颗粒,使得滤水管外面的含水层颗粒组合破坏后重新组合,然后上下移动冲洗工具并进行冲洗,直至将全部滤水管冲洗完毕。

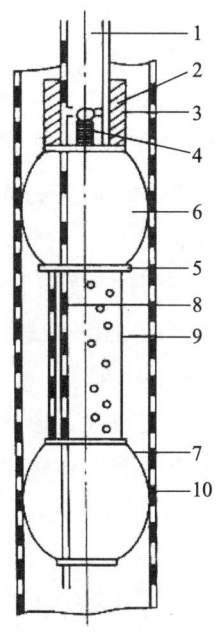

图 4-35　水压强力洗井
1—水管；2—球阀；3—栓钉；4—弹簧；5—支撑环；6—胶皮囊；
7—导向弹簧；8—内管；9—带孔外管；10—滤水管

(四) 气囊封闭洗井

气囊封闭洗井如图 4-36 所示,长 1m 的带孔管,其上、下两端带封闭胶囊。洗井时,首先用气泵充气充满整个胶囊,其目的主要是封闭该段滤水管。关闭出水管的阀门,然后开动空压机,使高压空气压入含水层中,冲动渗入含水层的钻井液,经过数分钟或数十分钟后,打开出水管的阀门,空气和水流将急速带动含水层中泥砂涌至井内,而后排出井外。当一段滤水管冲洗完毕后,使胶囊放气,移动吹洗工具,逐段吹洗滤水管的其他部位,直至吹洗全部滤水管完毕。

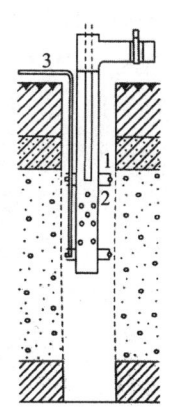

图 4-36　气囊封闭洗井
1—气囊架；2—气囊；3—气管

(五) 联合洗井方法

它是两种或两种以上洗井方法在同一井中同一含水层的混合使用,既发挥了单一洗井方法的优点，又弥补了其不足，两者相互利用，相得益彰，因而洗井效果十分明显，在生产实践中占有主导地位，是值得推广使用的洗井方法。常用的联合洗井方法主要有以下几种。

1. 化学试剂配合机械洗井

它是化学试剂与机械洗井方法的联合应用。洗井时，先将焦磷酸钠、六偏磷酸钠、三聚磷酸钠等洗井材料用温水浸泡足够的时间后，再进行机械洗井。当机械洗井方法选用钢刷时，可用带有钢刷的钻具将洗井材料送到井内的含水层位置，让其充分与井壁泥皮进行化学反应，使井壁泥皮不断崩解、软化；最后用钢刷对含水层进行刷洗，对井壁的泥皮进行二次破坏，从而使基岩的新鲜面露出来，进入含水层的钻井液颗粒在水压的作用下随水流流出来，以达到疏通含水层孔隙、裂隙，增大井的出水量的目的。当机械洗井方法选用活塞、空压机、水泵时，也会达到理想的洗井效果。

该方法比较适用于钻井时钻井液密度较大、形成泥皮较厚的以砂岩等为主要含水层的碎屑岩，或是以中砂、细砂为主的松散岩类含水层。使用时，要严格按照各洗井方法操作要领进行。

2. 化学试剂配合二氧化碳洗井

该方法与上面的化学试剂配合机械洗井类似，只不过是将机械洗井改成了二氧化碳洗井。当然，随着洗井方法的改变，其适应性也发生了相应的改变。所以该种方法同样适用于钻井时钻井液密度较大、形成的泥皮较厚的以砂岩等为主要含水层的碎屑岩，或是以中砂、细砂为主的松散岩类含水层，且适用于井壁管抗压强度较高的井管（钢管、铸铁管、有钢筋的水泥管等）的洗井工作。

该方法特别适合在中等或贫水区使用。

3. 盐酸配合二氧化碳洗井

它是一种物理-化学联合洗井方法，既利用了盐酸与岩层或井壁泥皮反应的化学特性，又充分展示了二氧化碳在洗井时的井喷及振荡功能，从而使洗井效果达到最佳。盐酸与岩层或井壁泥皮的化学反应，可以使岩层的孔隙、裂隙更加通畅，井壁泥皮迅速崩解、软化；二氧化碳洗井的井喷作用可以将盐酸洗井的生成物及时喷出井口，而它的振荡作用又加大了盐酸的腐蚀范围，从而使盐酸的作用发挥到极致。

该方法一般用于碳酸岩类地层的洗井工作，同时在旧水井修复中也有不错的表现。它不仅是一种传统意义上的洗井方法，而且也是一种增加出水量的方法。

盐酸是腐蚀性极强的化学物质，液态二氧化碳又具有很高的压力，两者在操作时都有极其严格的规程、规范。因此，在用该方法洗井时，一定要按照各自的要求进行，以免造成不必要的人身伤害。

4. 空压机配合活塞洗井

它是两种传统方法的洗井组合。这两种传统方法的共同特点是操作简单、效果明显。空压机同时还有进行抽水试验、获取水文地质参数的功能。它们比较适合含水层为第四系松散层的粉、细砂，中间还夹有亚黏土、黏土，钻进过程中又填入了大量的黏土，井内钻井液密度较大，或是成井后放置时间较长的管井。

洗井后砾石的补充：砾石的填入多半是人工一锹一锹倒入井壁与井管的环状间隙中，然后依靠其自重下沉到井内一定的位置。由于井壁的粗糙性和填砾速度的不均一性，难免出现砾石的"架空"现象。随着时间的延续和洗井的振荡作用，这些架空的砾石势必会重新捣实，从而导致井外砾石高度的下降。因此，需要在洗井结束后，及时补充砾石，以保证成井质量。

第六节 下 泵

下泵是指洗井结束后，将抽水设备下入井内进行抽水的过程。钻探孔抽水试验，是在抽水过程中，不间断地观测水量、水位、水温等的变化情况，以取得水文地质参数，为评价区域水文地质条件和供水水源的开发提供依据。水井在抽水过程中，无须过多地观测水位、水量的变化，而注重看结果。水量越多，水质越好，说明越成功。

在抽水过程中，随着时间延长及水流对管外砾石的冲击作用，管外砾石会出现程度不同的下沉现象。因此在抽水过程中，要注意观测管外砾石高度变化，如果下降幅度过大，应及时补充，以免影响抽水效果。

一、常见泵的类型

目前主要用深井泵（离心泵）和潜水泵进行抽水。

（一）深井泵

1. 构成及工作原理

深井泵包括地面系统和地下系统两个部分，如图4-37所示。地面系统主要是电机，地下系统主要是泵管、定子、叶轮、壳体、轴承和联轴器等。地面系统和地下系统通过传动轴相连接。

工作时，电机将电能转化为机械能，带动传动轴，传动轴再带动叶轮高速旋转，把水甩向边缘，沿定子逐级向上运动，通过泵管到达井口。同时，由于离心力在叶轮中间形成真空（负压），从而使地下水不断被吸入。叶轮的作用是把轴旋转的机械能传递给水，变成水流动的动能和势能，导轮（定子）的作用是引导水流向排水口。深井泵为垂直安装，叶轮和定子均为水平方向，叶轮水平方向旋转，定子引导水体垂直向上流动。

2. 一般特点

（1）流量大、扬程小

深井泵的流量取决于它的定子和转子直径和泵轴数。随着深井泵制造技术的发展和泵轴转速的不断提高，泵径范围也很广泛。如用电动机的转速为2900r/min，泵径为

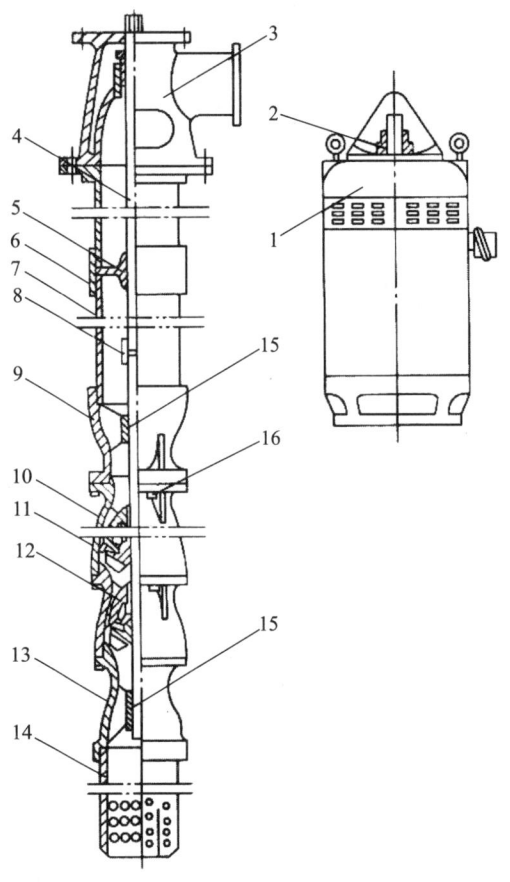

图4-37 深井泵结构

1—电机；2—电机轴调节螺母；3—泵座；4—传动轴；5—传动轴支架轴承；6—扬水管接箍；7—扬水管；8—联轴器；9—上壳；10—中壳；11—叶轮；12—定子；13—下壳；14—滤水管；15—上、下壳轴承；16—泵壳连接螺丝

101.6～508mm，流量可从每小时几立方米到1400m³，甚至更大。

深井泵的扬程一般在40～100m，个别可达200m以上，但总体较低。因为太长的泵轴制造和安装都有困难，从而限制了扬程的提高。

（2）井的垂直度要求高

深井泵的电机在地面，靠很长的泵轴传递动力，所以要求安装的技术要高，稍有不慎就会影响泵的正常工作，所以对井的下泵段的垂直度要求就高。一般要求下泵段的孔斜不超过3°。

（3）井的含砂量不能太大

深井泵抽水时，地下水要流经叶轮和轴承，所以水中的含砂量大时容易对其进行磨损，导致出水量下降。严重磨损时，还要进行更换维修。所以要求井的含砂量小于1/10000。

（4）维修不便

深井泵的结构复杂，里面的部件配合密切，每上下一次，都要对其进行拆分安装。

因此，每次修理维修都要花费很长的时间，从而给正常使用带来不便。

3. 型号说明

国内常用深井泵的型号表示方法，如图4-38所示。

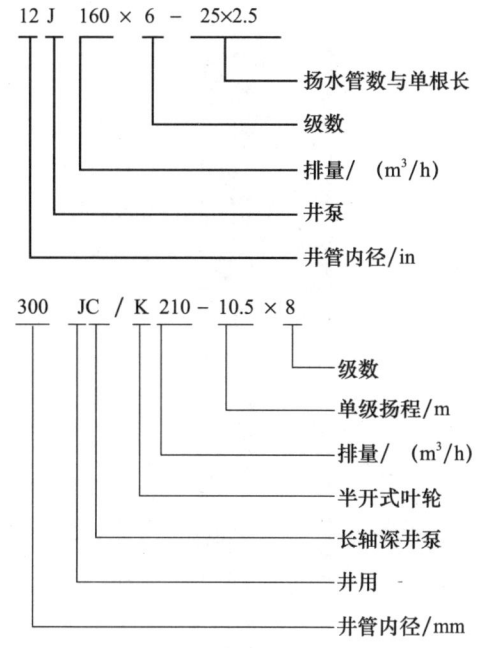

图4-38 深井泵型号表示方法

4. 适用范围

根据以上特点，深井泵比较适用于水位埋藏较浅、井的垂直度较高、井中含砂量不大、水量较大的水井。

（二）潜水泵

1. 构成及工作原理

与深井泵不同，潜水泵的电机与水泵都位于水位以下，且电机立于水泵的下面。它主要由电机、叶轮、泵壳、泵管和电缆等组成（图4-39）。电机上部的电机轴通过联轴器直接与水泵的泵轴相连。潜水泵有一端吸水和中间吸水两种。中间吸水的潜水泵分上下两套，各若干组叶轮与定子。它的优点是消除了叶轮工作产生的轴向推力，减少了止推轴承的磨损。为防止停泵时泵管中水下流造成叶轮反转发生的机械事故，水泵上端都装有逆止阀。

潜水泵的工作原理与深井泵类似。都是电机带动泵轴，泵轴的旋转带动其上叶轮的转动，将水由下往上一级一级地送去，最后通过泵管到达井口。

2. 一般特点

与深井泵相比，潜水泵有如下特点。

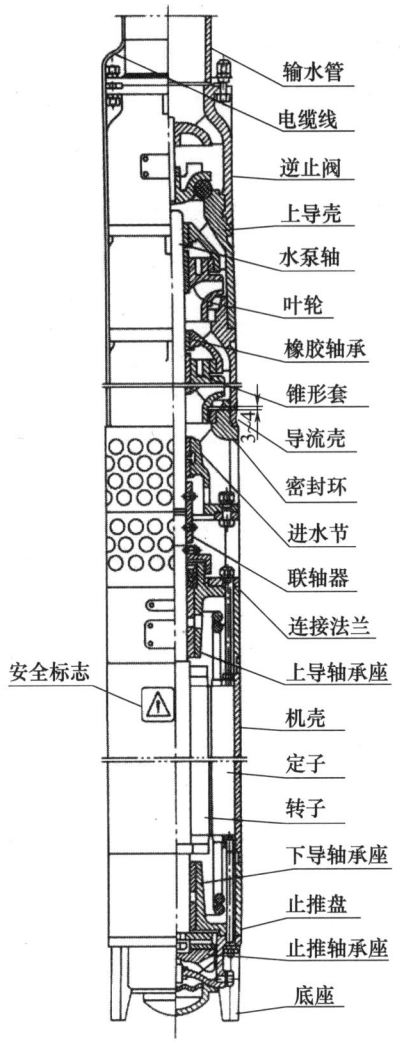

图 4-39 潜水泵结构

(1) 流量大、扬程高

潜水泵的扬程取决于转子、定子的级数和转数,泵的效率和结构特征;泵量则决定于泵的叶轮直径、电机转数和结构。目前,国内潜水泵的扬程可达 800m 以上,流量可达 1800m^3/h。

(2) 对井的垂直度要求较低

由于潜水泵电机和泵体直接相连,省去了深井泵那样长的长驱动轴,电机与泵体的长度大大缩小,因而对井的垂直度要求较低,只要电机与泵体能顺利下入即可。

(3) 对电缆的绝缘要求高

潜水泵与电机相连使电缆长期处于水中,会受到水浸泡腐蚀,而且在下泵过程中也可能受到井壁的磨刮,因而对电缆的绝缘性要求较高。

（4）维修方便

相对于深井泵，潜水泵的结构简单，泵管长度也可以较长，因而上下泵相对容易，从而给维修带来便利。

3. 型号说明

国内常用潜水泵的型号表示方法，如图4-40所示。

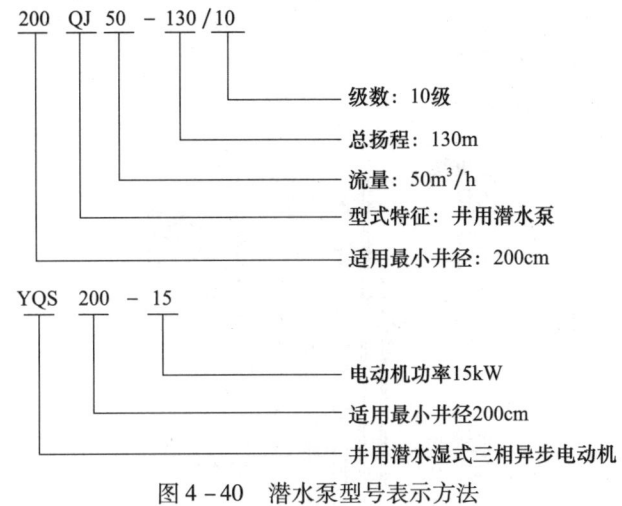

图4-40 潜水泵型号表示方法

4. 适用范围

基于以上特点，潜水泵适应于各种流量的浅井及深井，是目前水文地质勘探中抽水试验与水井抽水用泵中应用最为广泛的抽水工具。

二、泵型的选择

潜水泵对孔斜的要求不高、泵体结构简单、上下方便。随着现代成井技术的发展，井越打越深，静止水位也越来越深，对泵的扬程要求也越来越高。潜水泵具有极强的适应性，下入过程也容易掌控，因而，潜水泵成为大部分水井的首选。

在选择泵型时，首先，要对区内相邻的、已投入使用水井情况进行必要的调查，了解其井深、取水层位、静止水位，所选泵的厂家、型号、泵量、扬程，泵的下入深度、配备动力，以及使用过程中容易出现的问题等，以便为泵的选择提供可靠依据；其次，根据水井的具体情况和经济承受能力选择适合的泵型，如果本井的情况与周围井相比有所不同，则一定要请教专业技术人员，并进行必要的计算后再进行选择；最后，要考虑维修的便捷性。

三、泵的下入

（一）下泵前

1）检查泵的标签与实物是否相符。丈量和测试相关尺寸和运行情况，避免造成不必要的损失。检查完毕后，将泵体与电机连接起来，并进行试运行。

2）对下入井内特别是静止水位以下的电缆绝缘性能进行检查。电缆与电机的接头必须由专业人员处理，以确保下入井内电缆绝对绝缘。

3）逐一排查泵管。逐个丈量和检查泵管，发现其上有裂纹、砂眼、弯曲、压瘪等可能影响出水量的情况，及时更换。同时，检查泵管中间是否畅通，及时清除堵塞物。

4）认真检查配套的泵体、泵管接头、胶垫、垫片以及下泵过程所用的缠丝等辅助材料，保证下泵过程的顺利进行。

潜水泵安装如图4-41所示。

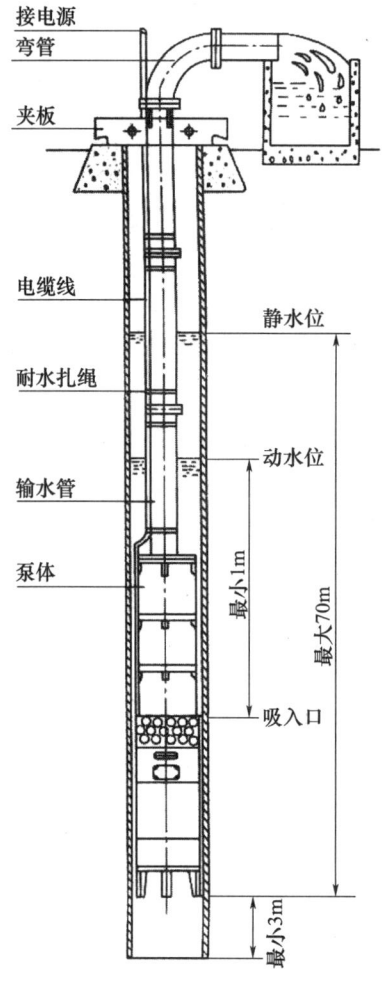

图4-41 潜水泵安装示意

（二）下泵过程中

1）井口要由业务熟练、反应灵敏的技术人员进行操作，统一指挥、分工明确、相互配合。

2）电缆入水后，要随时对入井的电缆的绝缘性能进行检测。发现绝缘性能不好，要及时提泵，进行处理。

3）下泵作业一段时间后，要进行替换、休整，严禁疲劳工作。

（三）下泵后

下泵结束后，开泵试运行。开泵前要注意以下事项。

1）对电缆的绝缘性能进行确认；对下入井内的泵管数量进行清查，长度进行计算；对电源、启动装置进行检查。

2）保证排水系统的通畅，避免形成回灌。

3）若要监测抽水过程中的水位、水量变化，还应安装相应的测量设备。

四、开泵抽水

1）开泵后 0.5~1.0h 最容易发生问题，这时要密切注意井的出水量与电流变化情况，监听电机及泵的运转状况，发现问题应及时处理。

2）抽水稳定后，现场留专业技术人员值守，并详细记录井的出水量、电流、电压等抽水参数。发现异常情况，要妥善处理。

第五章　事故预防与处理技术

第一节　井孔坍塌事故

一、井孔坍塌的判断

在钻进过程中，往往会有很多不正常现象出现，如：孔内泥浆冒泡，泥浆变稀且含砂量增高，泥浆大量漏失，泥浆柱急剧下降或泥浆溢出孔口，孔底突然增高而钻具下不到孔底等，这些现象就是井孔坍塌的前兆。在钻井施工中，应及时注意观察孔内情况的变化，采取必要的措施，防止造成严重的坍孔事故。

二、井孔坍塌的预防

钻井施工主要依靠泥浆柱压力或高压水头的压力，来平衡孔壁的土压力和地下水的压力。当泥浆柱和高压水的压力发生变化时，即泥浆柱和高压水的压力小于孔壁的侧压力时，孔壁的稳定性和完整性就会遭到破坏，易发生井孔坍塌事故。掌握坍孔的原因及一般规律，在施工中就易于采取必要且有效的预防措施。

1）施工前应根据施工区的水文地质情况，配制适宜的泥浆，并随时根据地层的变化及时地调整泥浆各项指标。如在钻进高压含水层时，应加大泥浆密度；在易坍塌地层中钻进深井时，应尽力提高泥浆胶体率和黏度。

2）孔内泥浆液面应至少高于静水位2.5m或保持在略低于井口位置上，以保证泥浆柱有足够的压力。

3）根据地表岩层及地下水初见水位情况，安设护口管。其外径一般应比开孔钻头直径大50~100mm，下入深度一般应在潜水位以下1m左右。当潜水位较深时，可根据地层及水位具体情况确定，但不得少于3m。护口管外边间隙用黏土或其他材料填实，不能使泥浆在护口管底部内外串通。

4）钻进特殊地层，须预先采取预防措施，如配制和储备特需泥浆及备有一定数量的套管等，以应急需。

5）停钻期间，应经常注意检查孔内泥浆指标变化情况，定时搅动或循环孔内泥浆，使其上下均匀，并针对孔内泥浆漏失情况，及时向孔内补充泥浆。

6）在修孔扩孔时，应先根据地层情况，把循环用泥浆质量指标调整好，然后再进行修孔或扩孔。

因此，突出的预防措施是保证泥浆质量，确保泥浆柱的水头压力大于含水层的水头压力。

三、井孔坍塌的处理

1）当井孔发生坍塌时，应首先将钻具提离孔底，并尽快将全部钻具提出孔外。

2）处理前，先摸清坍塌的深度、位置、塌孔部位的地层、孔内泥浆指标和淤塞情况等，查明塌孔原因，针对具体情况进行处理。①当塌孔发生在井孔口时，如未安装护口管，则应立即安装，如已安装但不合要求，则应提出重新按要求安装。②当塌孔发生在井孔上部含水层时，一般可用加大泥浆相对密度和黏度的方法处理。若仍不能解决，有条件的可采用下套管隔离坍塌地层，并用黏土封闭，然后清除井孔下部的坍塌物，增大泥浆的相对密度和黏度后，继续钻进。③当塌孔发生在井孔下部含水层时，一般可用加大泥浆相对密度和黏度的方法处理。如调整泥浆指标仍不能排除事故，则应填入黏土，将坍塌部分全部填实，然后加大泥浆相对密度，重新开孔钻进。

3）在填滤料过程中塌孔时，可先在管外以直径50mm管子压入优质泥浆冲其坍塌物，再将钻杆活塞下入井内，并封闭井口，由上而下依次向各层滤水管上部压注泥浆，冲尽坍塌物后再填滤料。

第二节　泥浆漏失事故

一、泥浆漏失的判断

当在松散砂砾石层、岩石破碎、节理、裂隙、溶洞发育等地层钻进时，很容易发生泥浆大量漏失。

（一）漏失的原因

1）钻进中使用的泥浆不当，泥浆柱静水压力超过或接近岩层颗粒之间的空隙阻力，再加修孔、扩孔、升降钻具过猛产生动水压力致使泥浆渗入空隙中去。

2）在砂砾石层、构造破碎带、岩溶裂隙发育地带，由于颗粒之间空隙较大，且分布不均，在钻进中，泥浆在孔壁上不能很快地形成泥浆皮而造成泥浆大量渗漏。

（二）漏失的特征

了解泥浆漏失原因，可根据漏失程度分为三种情况。

1）轻微漏失。其漏失特征是：在回转钻进中，泥浆能返出地表，但返出量小于水泵的注入量，泥浆液呈逐渐减小趋势。

2) 一般漏失。其漏失特征是：回转钻进时，泥浆泵注入量正常，但泥浆不能返出井口，而井孔内尚有一定的泥浆液面水位；当泥浆的泵入量增大时，井口能返出一小部分泥浆。

3) 严重漏失。其漏失特征是：只进不出，泥浆全部漏失或大部分漏失，孔内基本无水位。

二、泥浆漏失的预防

（一）轻微漏失

多属于孔隙和微小的裂隙渗漏，可采用如下预防措施。

1) 采用优质泥浆，要求泥浆相对密度小、黏度大、失水量低。
2) 避免采用大泵量、高泵压冲洗井孔。

（二）一般漏失

多属于裂隙漏失，可采用如下预防措施。

1) 采用优质泥浆防漏。
2) 采用堵漏泥浆。
3) 找准漏失位置，用黏土球堵漏。
4) 锯末堵漏。
5) 如为非含水层，用速凝水泥浆或速凝混合液堵漏。

（三）严重漏失

多属于大的裂隙、溶洞漏失，可采用如下措施。

1) 黏土球堵漏辅以泥浆堵漏。
2) 如为非含水层，可灌注化学浆液或用速凝混合液堵漏。
3) 下入套管隔离，快速钻过漏失层。

三、泥浆漏失的处理

（一）锯末堵漏

在砂砾石层中、构造破碎带、节理裂隙岩溶发育地层钻进，一般漏失都比较严重，可采取锯末堵漏。

锯末堵漏的方法是先将锯末清除木屑及杂物，经 $6 \sim 8$ 孔/cm^2 的筛子分选后使用。开动清水泵将锯末缓缓地从井口投入，直到井孔内水位升高到井口为止。暂停 $5 \sim 10min$，若停泵后水位下降，可继续再投入锯末，反复 $2 \sim 3$ 次，必要时可将井口封闭后送水，通过泵压使锯末送入有空隙的地方进行堵漏，待水位不再下降，可加大泥浆比重继续钻进。

（二）黏土球堵漏

黏土球堵漏适用于泥浆漏失量比较严重的地层，其材料及配方如表5-1所示。

表5-1 黏土球材料及配方

种　类	材料配方	备　注
普通黏土球	黏土加纤维物如锯末、麻刀纸筋、马粪等	
"CMC"黏土球	优质黏土加碱4%，适量水湿润后用"CMC"粉包裹	
混合料黏土球	$425^\#$水泥:锯末:黏土:水玻璃 100:(5~10):(10~20):20	如湿度不够可加入适量的水

（三）泥浆堵漏

1. 石灰乳泥浆

在泥浆中加入一定数量的石灰乳，搅拌均匀，泵入孔内；或以石灰、锯末、泥浆按比例混合，注入孔内，静止2~4h即可钻进。适用于一般漏失或较严重漏失地层的堵漏。

2. 锯末碱剂泥浆

选膨胀性较大的锯末，用烧碱浸泡后，加入泥浆中，在一定泵压下，将锯末压入地层。适用于承压水头不大的含水层裂隙的漏失处理。锯末碱剂泥浆配比如表5-2所示。

表5-2 锯末碱剂泥浆配比

材料	配方比 (烧碱:锯末)	浸泡时间/h	加入量 (%)	注入方式
杉木、白杨、桦木等锯末	2:10	24~48	20	水泵注入

3. 水泥泥浆

在泥浆中加入1%的水泥后，泥浆黏度会急剧上升。在漏失程度较严重的裂隙、破碎地层非取水段，可采用泥浆水泥的配合比为1:0.5~1:1，搅拌均匀后泵入孔内，待凝固后即可钻进。

4. 水玻璃泥浆

在普通泥浆内加入水玻璃溶液，加入量一般为1%~3%，不应超过5%，用于处理一般漏失地层。

5. 食盐泥浆

在普通泥浆内，加入食盐溶液，可提高泥浆质量。但加入过量的食盐会使泥浆性能下降，为此，应用时不仅要掌握好食盐加入量，而且还要加入栲胶、植物碱液等，以改善泥浆性能指标。食盐泥浆配比如表 5-3 所示。

表 5-3 食盐泥浆配比

泥浆名称	加入处理剂及用量（%）	性能			
		比重	黏度/s	失水量/(mL/30min)	静切力/(N/cm²)
食盐泥浆	食盐 0.3	1.33	29	36	70×10^{-2}
植物碱液泥浆	清香树 0.25	1.37	25.5	9	25×10^{-2}
食盐与植物碱液泥浆	食盐 0.1	1.37	38	10	100×10^{-2}
食盐与植物碱液泥浆	食盐 0.2	1.38	60 以上	10	120×10^{-2}
食盐与植物碱液泥浆	食盐 0.3	1.37	不流动	10	160×10^{-2}

第三节 孔 斜 事 故

一、孔斜的原因

钻孔孔斜的原因很多，也比较复杂，总的来讲是地质条件和工艺技术操作两方面因素综合作用的结果。

（一）地质条件因素

实践证明，岩石的软硬互层、岩层的层理及片理发育是造成钻孔孔斜的重要原因，而且有一定规律性。此外，钻孔遇到断层、破碎带、坚硬的包裹体、大裂隙和溶洞时，也易发生孔斜。

1）钻头在松软的第四纪地层内遇到大卵石、大砾石时，由于软硬不均，钻具常沿着软地层方向弯曲。

2）钻孔遇到较大裂隙，且裂隙方向与钻孔方向近似时，钻孔极易沿着裂隙方向弯曲。

3）当钻孔遇到溶洞时，钻孔易沿着溶洞弯曲。

4）当钻孔穿过软硬岩层互层时，由于软硬岩层抵抗破碎能力不同，使孔底产生不均匀破碎，造成转速差，引起钻孔顶角及方位角产生变化，致使井孔出现弯曲。

5）在片理结构发育的地层中钻进，如果钻孔轴线与岩层层面呈锐角相交时，钻孔将逐渐向垂直于层面方向弯曲；如果岩层层面倾角很大，而钻孔轴线与层面交角小于 15°~20°，会出现"顺层"弯曲。

6）钻孔遇到断层、构造破碎带、节理裂隙发育、岩脉穿插等地段，钻孔极易发生弯曲。

（二）工艺技术操作因素

1）钻机安装不正、不平或地基不坚固，受振后易沉陷。回转钻机的天车（前缘切点）、转盘中心和孔口中心这三点不在同一垂直线上，或安装冲击钻机桅杆角度不好，桅杆不牢靠，均易造成斜孔。

2）钻机性能不良，如齿轮、立轴系统等部件松动，致使钻机在运转过程中发生左右摆动，又不及时调正。

3）护口管下得不正、不牢。

4）使用的钻具是弯曲的、刚性差、不同心或使用磨损过度的钻头及钻杆。

5）变换孔径或扩孔时，没有使用导向钻具。

6）钢粒钻进时形成孔壁间隙大，特别是用大直径钢粒和一次投砂法，使孔底右下方钢粒多，而左上方钢粒少，产生不均匀破碎，而使钻孔向左上方弯曲。

7）选用的钻进技术参数不当，如压力过大，钻杆严重弯曲而易靠近井壁一侧；转速过高则离心力大，加剧了扩壁作用；冲洗量过大，在松散层中易冲刷井壁等情况，都容易造成斜孔。

二、孔斜的判断

当钻孔倾斜或弯曲时，在钻进中就会出现以下特征。

1）钻进阻力增大，动力机负荷大大增加，钻进效率明显下降。

2）提升钻具时，钻具偏离井孔中心，并且提升钻具费力，当下入钻具时又遇到阻力。

3）钻孔弯曲可以导致钢丝绳或钻杆严重磨损，尤其是在孔斜段磨损更严重，有些钻杆被磨得很光亮。

钻进中发现上述征兆，应立即停钻，进行井孔测斜，查清原因。

三、钻孔弯曲事故的预防

（一）回转钻进井孔弯曲事故的预防

1）钻机的地基必须夯实、垫平，钻井机械的安装必须平稳、牢固，不允许在钻进中产生位移。护口管安装必须垂直、牢固，与井孔同心。

2）开钻前对钻机要进行严格检查，不使用磨损严重的转盘补心、钻杆、接头、钻头等部件。

3）钻进中要定期对钻机各部件进行必要的校正和调整，使天车、转盘、钻孔三者中心保持在同一条铅直线上。

4）钻进中不使用弯曲的钻杆。特别是主动钻杆，如有弯曲，必须调直后，方准使用。

5）开钻前，水龙头上的高压胶管必须采取调正的牵引措施，以防主动钻杆倾斜。

6）钻头切削具的焊接必须牢固，切削具的出刃长度一致，切削点形成的圆心必须与钻杆中心在同一轴心线上。

7）使用粗径钻具钻进时，粗径钻具连接必须牢固、正直、同心。

8）应根据地层变化情况，合理选用钻进技术参数。在松散地层中钻进，坚持小泵量冲孔，钻进正常后适当加大泵量；在坚硬岩石中应采用大泵量、加压钻进，在软质岩石中应采用减压钻进。

9）钻进有覆盖层的基岩孔，要安装大径护口管。在揭穿覆盖层后进入基岩时，钻具上部必须加导正装置，以保证井孔同心。

10）钻进中若遇到需要缩小孔径的孔段，必须按级别进行变径并加导正装置。

11）钻进基岩孔时，岩心管长度一般不应小于6m，如无长岩心管，必须加导正装置。

12）提钻时，应注意观察钻头磨损情况，以便及时补焊或更换。

13）每钻完一根钻杆，应提起钻具自上而下细致地进行划孔，然后加接钻杆，继续钻进。

14）定期测量孔斜，早期发现，及时纠正。

（二）冲击钻进井孔弯曲事故的预防

1）钻机一定要安装牢固、平稳。拴绷绳的地锚要埋好，4根绷绳要松紧适度，避免桅杆在钻进中晃动。

2）开钻后，钻具进入井孔即应盖好井台板，并在井台板上钉好固定钢丝绳位置的木板，不准钢丝绳前后左右自由摆动，特别在开孔时更应注意。

3）钻具全部进入井孔后，通过钻进钢丝绳测出井孔的中心位置，设置测量井孔中心的标记。并对4根绷绳进行紧固，紧固后，在整个钻进过程中，不得轻易变动。

4）钻进中及每次停钻提钻时，要注意观测钢丝绳是否偏离了井孔中心，如有偏离，必须查明原因，及时予以纠正。

5）要保持孔底清洁，特别是硬层变软层时，一定要把孔底硬层岩屑掏净，在软硬不均的地层中钻进，不得使用大冲程。

6）使用钻头或抽筒钻进，要保证钢丝绳活芯灵活。

7）使用抽筒钻进，要保证抽筒提梁焊接周正，肋骨焊接匀称，抽筒底靴要平。在抽筒提梁的下部应焊导正器。

四、孔斜的纠正方法

纠正斜孔是一项复杂而又难以办到的事情，对于钻孔严重倾斜或弯曲，一般难以纠正过来。因此，必须重视孔斜的预防工作，经常检查和测量孔斜，在孔斜发生的初期予以纠正。

（一）回转钻进孔斜的纠正方法

1. 松散岩层井孔纠斜方法

1）扩孔法。采用大于原井孔直径的钻头，自上而下扩孔纠斜。操作时应轻压、慢转、进尺不得过快。

2）导正法。在钻具上加导正装置，从孔斜段以上开始向下垂直钻进。纠斜方法有两种：①后导纠斜：在一次成孔的钻孔中发生孔斜时采用。即在钻具以上安装数个直径略小于钻头直径的导正圈，加导正圈的钻杆长度一般为8~10m。将钻头下至孔斜段以上数米处开始钻进。操作中应采用轻压、慢转、自上而下反复扫孔，直至钻具上下无阻为止。②前导纠斜（图5-1）：在扩孔钻进中，因变径造成孔斜时采用。在扩孔钻头的下端接上适当长度的小径导正装置，当钻具下入井孔后，小径导正装置进入原小径钻孔之中，然后轻压、缓慢钻进，上下反复修孔，直到纠正为止。

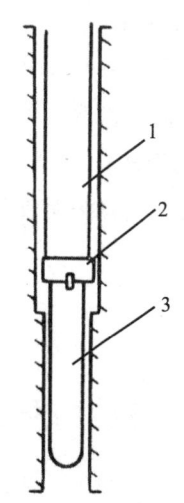

图5-1　前导纠斜导正法
1—岩心管；2—扩孔钻头；3—导向管

2. 基岩岩层井孔纠斜方法

1）扶正器法。在粗径钻具上部加扶正器，把带合金钻头的粗径钻具，提到井孔不斜的孔段向下修孔。开始切下新月状和半圆形岩心，直至取出完整岩心，使孔斜得以纠正。

2）灌注水泥法。在孔斜段灌注水泥砂浆。若孔斜段较长，为了节省水泥砂浆，可减少回填段，在计划回填段的底端，先用膨胀塞塞住，然后灌注水泥砂浆。要尽量做到水泥砂浆凝固后的硬度与孔斜段岩石的硬度接近一致。待灌注的水泥砂浆凝固后，重新钻进。

3）爆破纠斜。适用于井孔弯斜较大的情况。方法是将爆破器放置在从孔斜顶端向下适当距离的位置上，爆破后，孔内形成台阶。然后用原钻具继续钻进，开始要轻压、慢转，直至取出完整岩心后，再进行正常钻进。

（二）冲击钻进孔斜的纠正方法

1. 修孔法

当轻度孔斜时，可利用原钻进钻头做适当补焊，下到孔斜段的上部数米处，以小冲程、缓冲次向下切割修孔纠斜，冲击时应少松、勤松钢丝绳，稳打慢放，防止钻头在井孔内晃动。直至孔直，再正常钻进。

2. 扩孔法

当井孔成漏斗形（上大下小）有一定坡度形成孔斜时，可利用正在使用的钻头进行补焊，使其切削刃、摩擦刃稍大于孔斜段的井孔直径。放至孔斜段的上部数米处，以小冲程、缓冲次向下切割修孔纠斜，冲击时应少松、勤松钢丝绳，稳打慢放，直至孔直，再正常钻进。

3. 回填法

当井孔弯曲较大时，可先回填近似于孔斜段地层的黏土或碎石，填入物应略高于孔斜段的顶端，然后下入钻具重新钻进。

4. 爆破法

使用上述方法无效时，可将设计好的爆破器下入孔斜段，进行爆破纠斜。

第四节 埋钻事故

一、埋钻的原因

产生埋钻的主要原因是井孔坍塌，其次是岩粉、泥浆沉淀、钻粉过多而引起的。

1）钻进中出现坍孔征兆而未被发觉，仍盲目继续钻进。

2）长时间停钻未把钻具提出孔外，或正在处理孔内事故，由于处理时间长而又忽视了钻孔的维护，致使坍孔埋钻。

3）孔内岩粉、钻粉过多。在钻进软岩层时，由于进尺过快，产生大量岩屑，送水量不足，岩粉不能及时排出，又未能及时调整供水量，使岩粉、钻粉聚积过多，沉淀易于埋钻。

4）在松散地层中钻进，如泥浆质量不合格，盲目采用大泵量、大压力、快转数，则由于泥浆液的冲刷和钻具的振动，使孔内岩粉大量增加，也易导致埋钻事故。

二、埋钻的征兆

1）埋钻前，下钻下不到孔底，钻进时钻具回转阻力增大，并有蹩车现象。当提动回转钻具时，钻进阻力略微减轻。

2）钻进中产生严重蹩泵现象，随后井口就不返水。

三、埋钻的预防

防止埋钻的根本措施，在于有效维护井孔不坍塌。

1）钻进中，必须根据地层的情况安装一定长度的护口管。

2）要有足够的高压水头和泥浆柱压力护孔，合理选用泥浆指标，并及时监视冲洗液的变化。

3) 保持孔内清洁，及时排除岩粉。

4) 停钻期间，要将钻具提离孔底或提出孔外。经常向孔内补充泥浆，并定时搅动或循环泥浆。

5) 处理井孔事故期间，尤其注意井孔维护。防止井孔坍塌。

四、埋钻的处理

发生埋钻事故后，首先加大孔内泥浆的黏度和相对密度，防止塌孔继续发展。若用清水钻进，一般不要停水，以防孔内岩粉继续沉淀。若使用冲击钻机，可先试提钻具，如果是轻微埋钻，有可能将钻具拉活，提出孔外，待清除孔内淤埋物后，继续钻进。若使用回转钻机，则不要停止泥浆循环，同时提拔钻具，如果是轻微埋钻，有可能将钻具拉活，提出孔外。

若采取上述措施仍然无效，则证明埋钻严重，淤淀物沉淀过多过厚，必须清除后，才能处理钻具。

（一）清除淤积物的方法

1. 利用抽砂筒清除淤积物

在冲击钻进时，当钻具被埋，钻具上的钢丝绳已经折断，且孔内坍塌物为松散的砂砾时，可采用抽筒掏取孔内淤埋物。操作方法与钻进时的掏泥掏砂方法相同。但清理至接近钻具上端时，应改变清理方法，以防将钻具丝扣碰坏。

2. 利用泥浆泵冲洗淤积物

回转钻进时，当钻具被埋，钻具未被折断，孔内淤埋物为松散的砂砾，可采用泥浆泵清除孔内淤埋物。清孔时向孔内下入钻杆，必要时可在钻杆底端接上喷头或冲铲（图5-2）以增加冲击力。当钻杆接近淤埋物时，即可开动泥浆泵送浆，冲动淤埋物，使其悬浮排出孔外。当淤埋物将要被清至孔底时，可在钻具负荷允许的范围内，用千斤顶起拔，边顶边冲，待钻具活动后，即可提出。

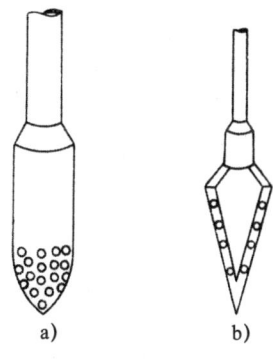

图5-2 喷头和冲铲

a) 喷头；b) 冲铲

3. 利用空压机冲洗淤积物

当冲积钻具被埋而钢丝绳未折断或回转钻进的钻具被埋而连接钻具的钻杆亦未折断，且井孔内坍塌物为松散地层时，也可利用空压机清除孔内淤埋物。清除前，必须在孔口附近挖好泥浆沉淀池，池内储存足够的泥浆与井孔相通。然后根据卵、砾石直径的大小，选择适宜直径的出水管和风管，安装于井孔中，利用空压机，将孔内泥浆和淤埋物从出水管中排入泥浆沉淀池，沉淀后再流入孔内，直至淤埋物排净。采用此法的优点是能排出较大颗粒的卵、砾石。缺点是泥浆循环系统处理不好，容易造成坍孔。须根据操作技术水平慎重采用。

利用上述方法将淤埋物清除，使钻具裸露或部分裸露，这是处理埋钻事故的第一步。

（二）清除孔内障碍的方法

井孔中的淤埋物排除后，往往因有块石卡住钻具，成为提升钻具的障碍物；也有时因钻具周围淤埋碎石太多，未能全部清除致使钻具不能提出。遇到上述情况，需要采用特别爆破器将块石击碎、松动，清除障碍物后，才能提钻。

（三）处理埋钻的方法

1. 打捞法

清除井孔淤埋物和清除提升钻具的障碍物后，即可选用打捞钻具的专用工具，采用综合方法将钻具捞出。

2. 返取法

返取法主要用于返出孔内未埋钻杆，为处理钻孔下部钻具创造条件。若钻杆未折断，一般使用反扣钻杆或反扣丝锥进行处理。返取前，先将钻杆顶上的吊勾松开，在钻杆允许扭力范围内正推钻杆，将钻杆接头尽力上紧。然后将钻杆下入孔内并吊直，与孔内未埋的钻杆对接好后，再进行返取，一般可从钻杆底部卸开，提出井外。再用反丝锥具对孔内钻具进行返取，直至取出钻具为止。

3. 套钻法

套钻主要是冲扫事故钻具周围的淤积物，以减少提升钻具的阻力。一般采用粗径岩心钻具，其直径与原来钻进钻头相同，把出现事故的钻杆套在里面，冲扫事故钻杆周围的淤积物，套钻一段，返取一段，经过返取、套钻，只剩下钻头时，再用丝锥、套筒等专用工具打捞。

第五节 卡钻事故

卡钻事故经常发生在不稳定地层中，由于孔壁岩石错动，使钻进或提升钻具受阻。卡钻事故可分为探头石卡钻、坍塌掉块卡钻、缩径卡钻和键槽卡钻等，如图5-3所示。

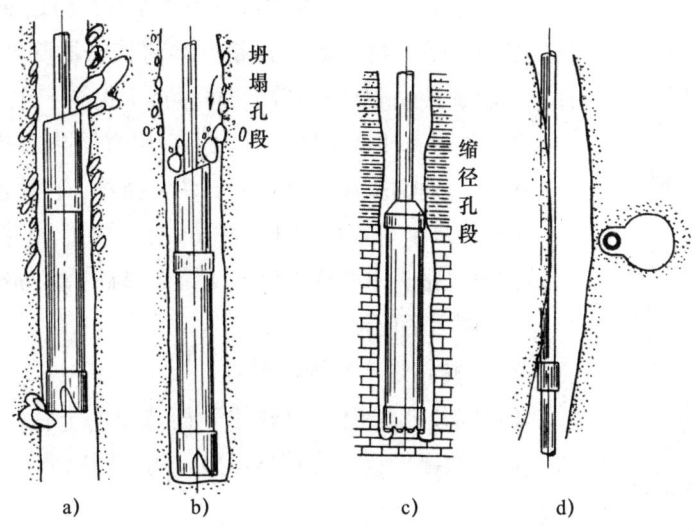

图 5-3 卡钻情况示意
a) 探头石卡钻;b) 坍塌掉块卡钻;c) 缩径卡钻;d) 键槽卡钻

一、卡钻的原因

1) 钻孔穿过的岩石破碎,出现坍塌掉块现象;岩层倾角大,破碎岩石发生下滑位移;遇水膨胀的岩石产生缩径;松散层中出现探头石。

2) 钻进中钻具的稳定性差,对孔壁振动性增大,再加冲洗液的冲刷,增加了掉块和探头石的可能性。

3) 钻进规程掌握不当,在冲洗岩粉或扩孔时破坏了孔壁的完整性,钻孔出现严重弯曲并产生键槽现象,在破碎地层中盲目采用大压力、快转速,都会增加掉块的概率。

二、卡钻的征兆

1) 提钻后,岩心管和钻头上有明显的擦痕。

2) 提钻或下钻有阻力,如遇卡、挤夹、涩滞等。钻进时钻具回转有阻力,有时有蹩车现象。

3) 若是探头石或键槽卡钻,提钻或下钻到达此深度就遇阻,卡钻位置不变。

4) 若岩石发生错动或岩层遇水膨胀卡钻,提升钻具遇阻,回转阻力增加。

三、卡钻的处理

(一) 松散地层卡钻事故的处理方法

1. 冲击钻进卡钻事故处理

1) 钻具下卡,可将冲击钢丝绳绷紧,用力摇晃,或用千斤顶起拔。

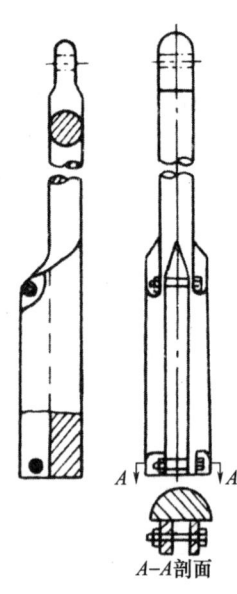

图 5-4 捣击器

2) 钻具上卡,可将钢丝绳稍稍绷紧,再用抽筒钢丝绳提引捣击器(图5-4),沿冲击钢丝绳将捣击器降至钻具处,慢慢冲击钻具,使钻具略有转动,再慢慢上提。

3) 坠落石块或杂物卡钻,不宜用力强提,应使钻具向井孔下部移动,使钻头离开坠落的石块或杂物,再慢慢提升钻具。

4) 钻具卡得很死,用上述方法无效时,可采用爆破法,将爆破器通过钻头水槽送至钻头下部,爆破后立即提钻。

5) 用无活门抽筒扩孔解卡。

2. 回转钻进卡钻事故处理

1) 因井孔产生"螺旋体"而造成的卡钻,可采用回转钻进,边转边提,直至将钻具提出。随后用标准直径钻头修孔后,继续钻进。

2) 因孔壁不稳定,发生掉块或探头石造成的卡钻,在保持泥浆继续循环的条件下,采用千斤顶既顶又松的方法,逐渐使钻具松动,等钻具能转动时,再用边转边提的方法,直至将钻具提出孔外。

3) 孔壁泥皮粘卡钻具时,可先用轻提猛放和强行转动的方法解卡。若此法无效时,可采用套钻法解卡。

4) 泥包、键槽卡钻,采用轻提猛放钻具的方法,其效果较好。

(二) 基岩地层卡钻事故的处理方法

1) 在易坍塌、掉块、缩径的岩层钻进时,岩心管上可带反丝钻头,如图5-5所示。必要时钻杆接头也可镶焊小型肋骨,一旦钻具遇卡后,用以扫掉卡阻岩块。一般卡钻时,钻具能转动,下钻遇卡向下扫,提钻遇卡向上扫。如发现上、下同时受卡,则应先向上扫,扫通后再向下扫。

2) 掉块卡钻时,如果钻具能回转,也能在一定范围内上下活动,可采用串动的方法处理。提升钻具吃力时,不要拉死,留少许回绳量使钻具能够串动,并用管钳回转钻具。每次提升的距离,应大于串回的距离。如此反复进行,即可将钻具逐步提出孔外。

3) 遇探头石、缩径卡钻,经升降机强力起拔、吊锤打、千斤顶起拔无效时,可将钻具向上

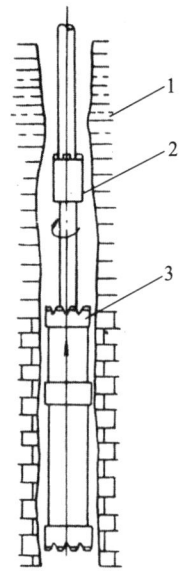

图 5-5 带反丝钻头的钻具
1—缩径岩石;2—接头;3—反丝接头

提升与障碍物卡紧，然后返回取心管上的钻杆。再用同径钻具扫孔，或用加重钻具冲打，如图5-6及图5-7所示，将事故钻具打下去后，再将上部剩余的障碍物扫掉，最后用丝锥捞取事故钻具。

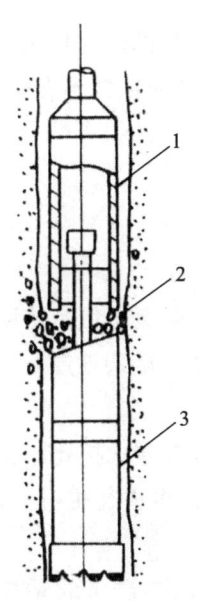 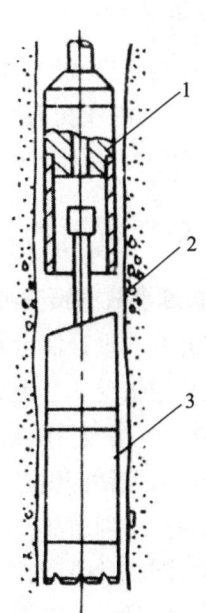

图5-6　同径钻具扫孔　　　　　　　图5-7　加重钻具冲打
1—扫孔钻具；2—被扫孔的障碍物；3—事故钻具　　1—加重钻具；2—障碍物；3—事故钻具

如遇探头石卡钻，钻具起拔不动，探头石卡得很死时，应将钻具送回孔底，将探头石以上钻具返回，扫掉探头石，再进行打捞钻具。

4) 被卡钻具在孔底，经卷扬机提升、吊锤打、千斤顶起拔均无效时，应将沉淀管以上钻杆返回，再用扩、套、磨、劈等方法处理。一般对软岩层和浅孔，可用扩孔套取的方法；对于深孔和坚硬岩层，应以磨、劈等方法处理。易缩径地层中发生的卡钻，也应用磨、劈的方法进行处理。

第六节　钻具折断与孔内落物事故

钻进工具在井孔内经常发生钻杆、岩心管、钢丝绳、各种接头折断以及钻头和各种接头脱扣脱落等事故。

一、回转钻进钻具折断事故

（一）钻具折断的原因

1) 钻进中钻具受压力、扭力、拉力、离心力过大，超过钻具材料的极限强度。

2）钻进中选用的钻头、钻压、转速等技术参数不当。

3）钻进大口径的井孔，使用小直径钻杆。

4）钻进中发生卡埋钻事故后处理不当，强力起拔，所加外力超过钻具材料极限强度而使钻具折断。

5）使用磨损严重或加工质量不合格的钻具，如连接的丝扣锥度不一致，岩心管和钻杆过于弯曲，钻杆丝扣磨损严重，钻杆连接不牢，墩粗钻杆不合格或热处理不当等，都会降低钻具强度，使钻具断落。

（二）钻杆折断的预防和处理

1. 钻杆折断事故的预防措施

1）根据井孔的设计深度和直径，合理选用钻具，避免超负荷使用。

2）根据地层情况，合理选用钻进参数，在坚硬破碎复杂地层，避免用高转速、大钻压，以防突然蹩钻而扭断钻杆。

3）使用小直径钻杆钻进大直径井孔，应采用二次或多次扩孔成孔。

4）钻具发生卡埋事故，一般应先排除孔内故障，再进行提升。若需要强力提拔，其提拔外力应控制在钻具允许抗拉强度以内。

5）注意检查钻具加工部分的质量，不使用弯曲磨损严重的钻杆，不同质量的钻杆，不可混在一起使用。

6）要注意钻杆丝扣的维护与保养，防止丝扣的腐蚀或碰伤。

2. 钻杆折断事故处理方法

钻杆折断事故发生后，应首先提出上部钻杆，检查断头情况，并仔细分析孔内情况和钻杆断头在孔内的位置。查明情况后，可根据不同情况，采用以下方法处理。

1）捞钩打捞法。钻杆折断后，断头倾于孔壁一侧，可用捞钩打捞，如图 5-8 所示。

钻杆断头处无接头时，打捞时，捞钩接于钻杆上，下入孔内钻杆断头向下第一个接头以下 1m 左右处，旋转并提升捞钩，使捞钩套入事故钻杆，并卡住接头，即可将事故钻杆提出，如图 5-9 所示。

2）套筒打捞法。当孔内折断钻杆上端有钻杆接头时，可用套筒打捞法。捞取时以钻杆连接套筒，下入孔内，使钻杆接头压入套筒弹簧内（图 5-10），钻杆接头即可卡于套筒倒簧上，提升套筒，即可将事故钻杆提出。

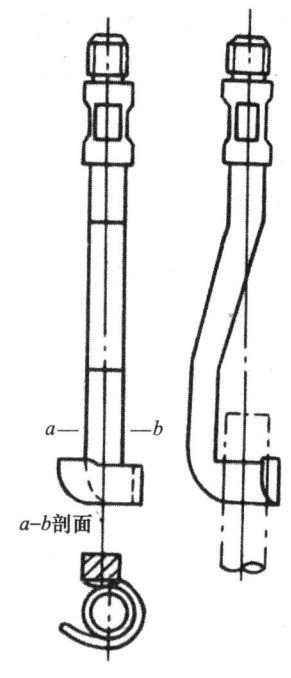

图 5-8 捞钩捞取钻杆之一

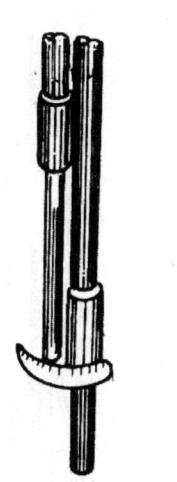
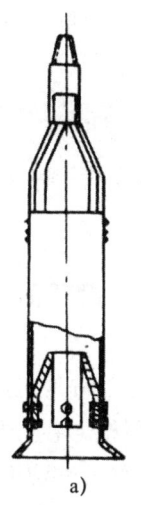
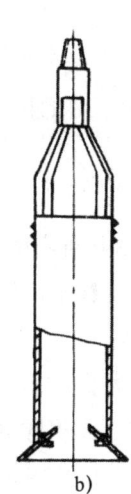

图 5-9 捞钩捞取钻杆之二　　　　图 5-10 套筒

a) 卡簧套筒；b) 活门套筒

3) 丝锥打捞法。捞取钻具的丝锥分公锥和母锥两种，如图 5-11 所示。打捞时，应根据钻杆断头形状选择丝锥。如果断口平整，两种丝锥均可用。如果断口有大斜坡，则应用母锥打捞。打捞时，以正丝钻杆连接母锥，并根据事先算好的事故深度，在孔外钻杆上做好标记，然后将丝锥下入孔内折断钻杆断头以上 1m 处。此时开动泥浆泵，循环孔内泥浆，以保护孔壁和清除沉淀物。待孔内泥浆恢复正常后，慢慢下放丝锥，小心地使丝锥喇叭口接触钻杆断头，然后以人力扭转丝锥钻具，使钻杆断头进入喇叭口，待丝锥套入断头后，强力扭转丝锥钻具，使丝锥入扣。直至丝锥不再进扣为止，即可提升钻具。

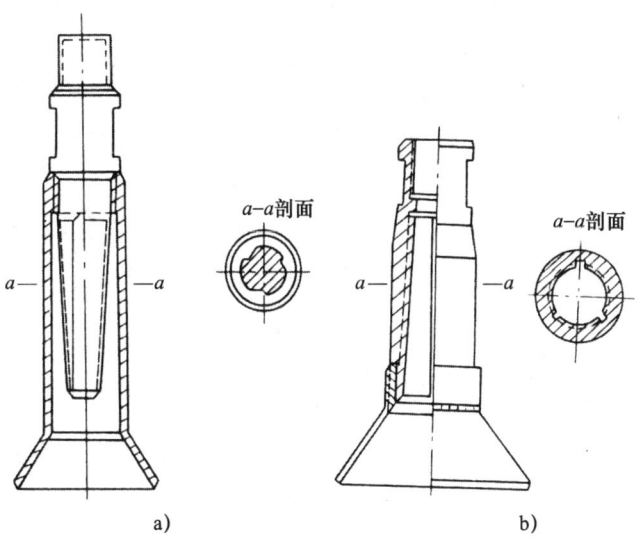

图 5-11 带导向的丝锥

a) 公锥；b) 母锥

4）卡管器捞取法。用于孔内折断钻杆顶端无接头而又有一定长度时。捞取方式如图5-12所示。注意所用卡料的抗压强度、摩擦力要大。

（三）粗径钻具折断的预防和处理

1. 粗径钻具折断的预防措施

1）加强钻具质量的检查，磨损严重的岩心钻具应及时更换。

2）钻取大直径岩心，若岩心钻具扭不断时，不可强力扭取，可用岩心挤断器把岩心折断。

3）经常保持孔内清洁，不使冲洗液中岩粉过多。钻进中不要突然停泵，以防岩粉大量沉淀，淤塞钻具。停泵时，必须将钻具提离孔底一定高度。要避免钻进事故的发生。

4）岩心钻具接头应连接牢固，处理卡钻时，应使冲洗液循环，采用振动法使岩心钻具活动，一般不用强提硬顶。若必须强提硬顶，顶提力一定要控制在钻机、提顶设备、钻具强度允许范围以内。

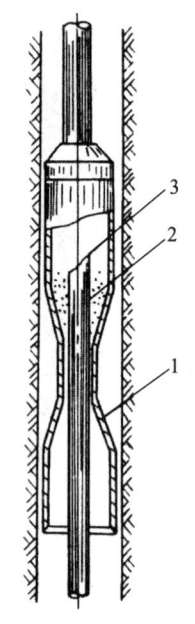

图5-12 卡管器捞取钻杆
1—卡管器；2—卡料；3—事故钻杆

2. 粗径钻具折断脱落事故的处理方法

1）岩心管、岩心钻头脱落于孔底时，可直接用同级的公锥打捞。若岩心管上端还留有岩心管接头时，可用小一级的粗径钻具将岩心管接头上的焊接钢板钻掉，如图5-13所示。落入孔内的钢板用卡取岩心的方法提出孔外，然后再用丝锥打捞脱落的岩心管，如图5-14所示。

2）岩心钻头脱落孔底时，可先将钻头上边的岩心取出，然后用小一级的钻具把事故钻头内的岩心钻透，取出小直径岩心，再下入丝锥捞取脱落钻头，如图5-15所示。

3）在岩心钻进取心过程中，投入卡料后，钻杆在岩心管接头处折断，可先用小一级的钻具将岩心管接头处的钢板钻掉，并将钻掉的钢板及岩心管内之岩心取出，再用丝锥捞取事故岩心管。

如落于孔内的岩心钻具被孔内岩粉或卡料卡得很牢，丝锥无法打捞，即可将事故钻具留于孔内，用小一级的岩心钻具（采用变径办法）继续钻进。

4）在岩心钻进过程中，投入卡料后，既扭不断岩心，又提不动钻具，形成严重卡钻事故。此时，可从钻杆内送入小型爆破器将岩心管接头处的钻杆炸断。然后再用以上方法处理。

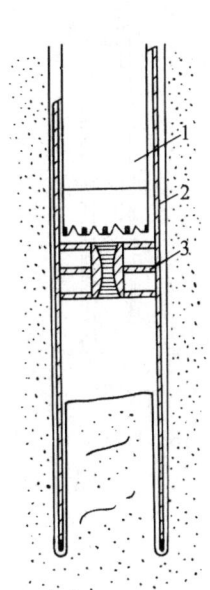 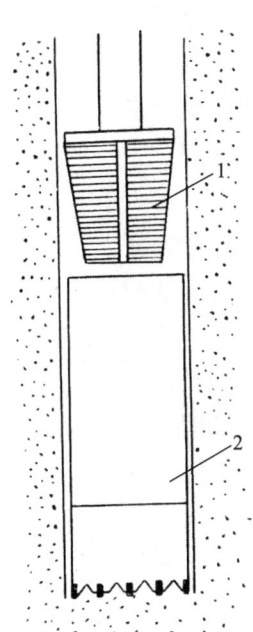 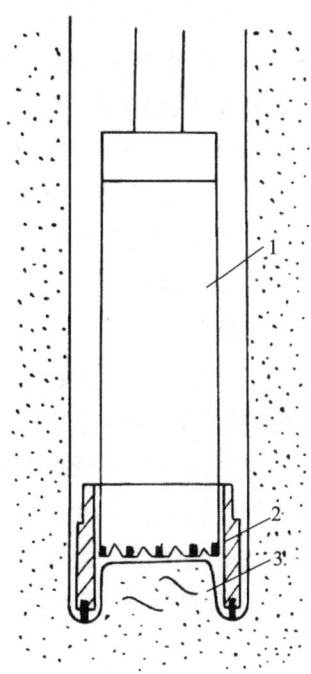

图 5-13 钻掉岩心管接　　图 5-14 用丝锥打捞　　图 5-15 钻取脱落钻头
　　头上的钢板　　　　　　脱落的岩心管　　　　　　下端的岩心
1—岩心钻具；2—事故钻具；　1—打捞丝锥；2—事故钻具　1—岩心钻具；2—事故钻具；
3—岩心管接头　　　　　　　　　　　　　　　　　　　3—残留岩心

二、冲击钻进钻具事故

(一) 钢丝绳折断

1. 钢丝绳折断事故的预防

1) 按钻机配套要求的规格,选配钢丝绳。

2) 钻进前和钻进中,要注意对钢丝绳进行检查,发现断丝根数超过允许值时,应及时更换钢丝绳。

3) 钻进中松绳不能过多,避免孔内钢丝绳打结。

2. 钢丝绳折断后捞取方法

1) 正钩捞取法。捞取钢丝绳的正钩,钩的下部应做成尖形,钩口不宜过大。把正钩连接在钢丝绳上,下入孔中,当其到达孔内折断钢丝绳的深度后,即向上提升 3～4m,然后迅速降下,再慢慢上提,如此反复操作,直至捞出钢丝绳。

2) 单角捞针捞取法。单角捞针,如图 5-16a 所示,它适用于钢丝绳已折断,并且是在井内形成紧密圈,可将单角捞针插入钢丝绳圈内捞取。

3）双角捞针捞取法。双角捞针，如图 5-16b 所示，它适用于孔内钢丝绳形成螺旋状绳圈而且贴在孔壁上的捞取。

4）钩形刀割断钢丝绳法。适用于钻具被卡需要将钢丝绳割断后，才能进行钻具处理。方法是先将钩形刀的活环连接在钢丝绳上，下入孔内，待钩接触绳圈后，轻轻地加力冲击，便可将断落钢丝绳拉断或割断。再用双角捞针配合处理，反复进行，直至割净为止。

5）简易钢丝绳切割器。采用钢丝绳托盘下管法，常因钢丝绳缠绕或互相挤压，或钢丝绳下放不均将插销拉弯，造成钢丝绳无法提出井外。遇到上述情况，需从井孔底部将钢丝绳割断，可采用简易钢丝绳切割器，如图 5-17 所示。

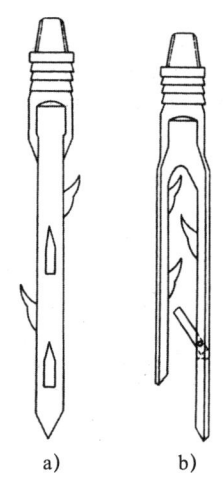

图 5-16 捞针
a）单角捞针；b）双角捞针

操作时，先用钢丝绳（或钻杆）连接切割器，然后将切割器套入要割断的下管钢丝绳，套入时必须使割绳刃口向下。套好后，拉紧下管钢丝绳，再用竹片（使用钻杆的不用竹片）连接切割器，将其沿下管钢丝绳送至孔底。到底后用卷扬机或绞车猛力提升连接切割器的钢丝绳（或钻杆），使切割器突然翻转，在提升力的作用下，割绳刃口。即可将下管钢丝绳割断，如图 5-18 所示，然后抽出下管的钢丝绳。

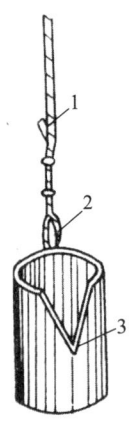 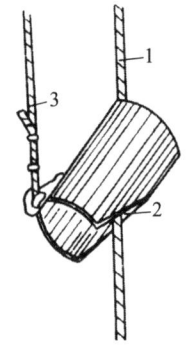

图 5-17 简易钢丝绳切割器　　　图 5-18 割断钢丝绳示意
1—钢丝绳；2—固定铁环；3—割绳刃口　　1—被割下钢丝绳；2—切割器；3—提升切割器的钢丝绳

（二）冲击钻具折断

1. 钻具折断或脱扣的预防

1）根据施工地点的地层情况及井孔直径、井深，选择适宜钻进的钻具，并仔细检查。

2）每次上下钻具都要检查法兰与钻具焊接处及螺栓有无松动情况，每根螺栓均用双螺母，并用销子固定。

3）对有裂纹、丝扣碰伤及不合规格的钻具，严禁使用。

4）钻进中保持孔壁圆滑，孔底平整，消除钻具上所承受的额外应力。

5）连接钻具前，必须刷净丝扣（冬季不得用水刷），连接时将丝扣拧紧。在施工过程中，应经常检查钻具连接处的印记，发现丝扣松动，应及时拧紧。

2. 钻具折断或脱扣的处理方法

1）在打捞之前，首先了解孔内有无坍塌淤塞，钻具在孔内的位置等。了解情况常采用孔内打印的方法。打印器如图5-19所示。

操作时，将打印器安装在钻杆上，将其放入孔内，当降至掉落钻具位置时，可用钻杆加压，使打印器上压上印痕，从而判明事故钻具顶部在孔内的具体位置。

2）打捞方法，最常用的有：①套筒打捞法：常用的打捞套筒有卡簧套筒和活门套筒。打捞时，把脱落的钻具用捞钩扶正，然后下入套筒，使脱落的钻具上端进入套筒，并压入套筒内的卡簧上，即可将钻具捞出。②钢丝绳套打捞法：打捞时，用掏泥筒将钢丝绳套下入孔内，对准钻具的颈部，稍松绳套，上下微动掏泥筒，使绳套与掏泥筒脱离，提出掏泥筒。此时，绳套套住钻具，拉紧并提动绳套的钢丝绳，钻具即可提出，如图5-20所示。

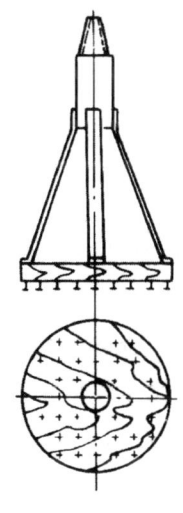

图5-19 打印器

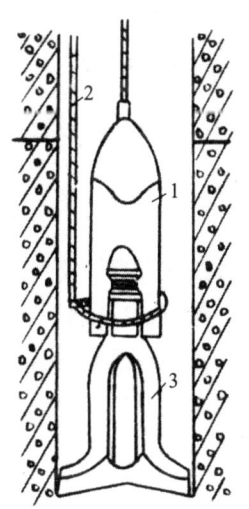

图5-20 掏泥筒送绳套
1—掏泥筒；2—钢丝绳；3—钻头

（三）抽筒或掏泥筒脱落

1. 正钩捞取法

此法适用于抽筒或掏泥筒脱落于孔内，而上部提梁未断时，可用正钩捞取。正钩如图 5-21 所示。

2. 卡刀打捞器打捞法

卡刀打捞器，如图 5-22 所示，此法适用于抽筒或掏泥筒脱落于孔内，而上部提梁已断掉时，可用卡刀打捞器捞取。打捞时，先将卡刀竖起，插入抽筒内，上提牵引卡刀的钢丝绳，使卡刀横起，捞出抽筒。

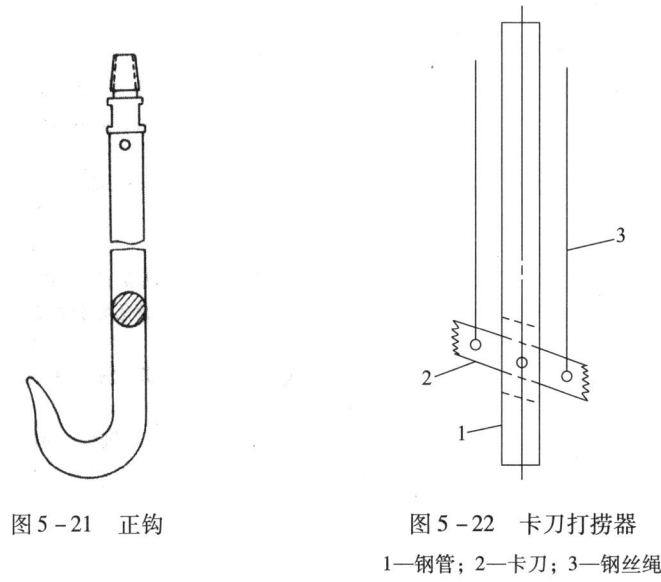

图 5-21　正钩　　　　图 5-22　卡刀打捞器

1—钢管；2—卡刀；3—钢丝绳

三、孔内落物事故

孔内落物事故，在各类钻机钻进工作中都会有发生。

（一）掉落事故的预防

1）刮刀钻头在入孔前，必须仔细检查刮刀片的焊接缝隙是否有裂纹和其他问题；管钻应检查扩刀、凿取刀、活舌销子是否焊接牢固；牙轮钻头应检查牙轮是否转动灵活。新牙轮钻头禁止用柴油、机油浸泡，以免将轴承上的润滑黄油泡化，使其失掉润滑能力。对用过的牙轮钻头，在使用前，应用清水浸泡，用手慢慢来回转动，清除内部淤积的泥砂，使其灵活转动，严禁用锤猛击，以免击裂，在钻进中掉落。

2）下钻前，钻头丝扣、钻杆丝扣必须清洗干净。对丝扣有损伤者，严禁使用。每次换接钻杆或钻头时均应仔细检查。钻头与钻杆的连接，绝对不准使用焊接。对牙轮钻头、刮刀钻头应配制质量好的异径接头。对鱼尾钻头，可在两侧焊上环子，以备捞取。

3）提、下钻或在井口修理转盘时，注意力要集中，井口要加盖板，使用的扳子等小工具，需用绳拴在身上或不影响工作的其他固定物上，以防掉入孔内。

4）用牙轮钻头钻进，在地层无变化时，若出现蹩钻、跳钻，经调整钻压、转速无效时，一般是牙轮卡死，应立即停钻提出检修。

5）刮刀钻头在钻进中，发生蹩钻，打倒车，一般是刮刀脱落。冲击钻进时，如钻进速度慢，冲击有金属碰击声，应提钻检查。

（二）掉落事故的处理

1. 抓筒捞取

抓筒是用钢管或用钢板卷制成的圆筒，其上接钻杆，下端割成 300~400mm 高的齿形缺口，并略向中心弯曲，其直径略小于钻孔直径，如图 5-23 所示。

冲击钻进可用钢丝绳和套环钻杆连接抓筒，将抓筒下入孔底，以小冲程下冲，抓筒因受冲击，其尖端插入地层，并向中心合拢，捞取掉落物。

使用回转钻机可用钻杆连接抓筒，当抓筒降至离孔底 20cm 左右时，慢慢下放抓筒并进行回转，把掉落物套进抓筒内，适当加压，使其尖端插入地层，抓齿扭在一起，即可捞出掉落物。

2. 岩心管套取

当岩心钻具下入孔内接触掉落物时，把钻头提升 10~20cm，用慢转、轻压徐徐向下扫孔，把掉落物套入岩心管内，继续钻进，卡取一段岩心后，即可捞出掉落物，如图 5-24 所示。

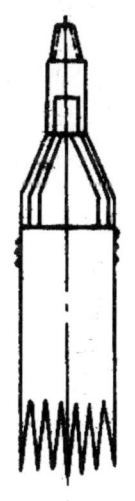
图 5-23 抓筒

图 5-24 岩心管套取失物

3. 钢丝空心钻头捞取

使用时可用钻杆连接钢丝空心钻头下入孔内，接触掉落物时，把钻头提起 10~20cm，然后慢转、轻压，徐徐向下钻进，把掉落物套入钻头，掉落物便被钻头内钢丝卡住捞出。

4. 抽筒捞取

当掉落物比较小时，可用抽筒打捞，操作方法与抽泥砂时一样，掉落物随着泥砂被捞出。

5. 三叉九钩捞取

三叉九钩，如图 5-25 所示。捞取时，将钩子下入孔底，接触掉落物后，轻轻冲击，待掉落物被钩钩住后，即可捞出。

图 5-25　三叉九钩

第七节　井管安装事故

一、井管安装事故的预防措施

（一）预防安装过程中拉断或压坏

1）严格检查井管质量，不符合质量标准要求的井管，一律不得使用。

2）采用丝扣连接的井管，要检查丝扣的加工质量，并在地面先进行试接，丝扣吻合不好的，不得使用。

3）采用黏接或焊接的井管，要检查其管口平整程度、坡口加工质量，不符合质量要求的，必须重新加工，合格后方准使用。

4）采用托盘下管法，应根据井管的抗压强度，决定井管的安装深度，并把质量好的井管放在井的下部。

5）采用悬吊下管法，应根据井管的抗拉强度，决定井管的安装深度，并把质量好的井管放在井的上部。

6）采用钢丝绳托盘下管法，各股钢丝绳要松放一致。

7）严格遵守操作规程，提升、下放井管，要轻、慢、缓、稳，尽量减少井管的动负荷。

8）下管时，严格注意井管管口的连接质量。丝扣连接的要上紧丝扣；焊接的要焊匀焊牢；黏接的管口要对正，黏接材料除起到黏接作用外，还要有相应的抗压强度，严防井管压力加大后，因井管接头间的黏接材料变形，而产生井管弯曲。

（二）预防安装设备超负荷

下管前，必须对井管安装设备，特别是起重设备，进行安全检查，严禁超负荷使用起重设备。

（三）预防井管错口、贴壁、折断、进砂

1）采用二次或多次下管法，应采取有效措施，严格注意井管安装时的对口连接。

2）为防止下管时井管擦孔壁，划破滤网，而成井后大量进砂，必须按设计要求安装好井管找中器。

3）为防止下管时，中途井盘贴孔壁受阻，应在井盘或井管底端安装导正装置。

4）采用铸铁井管，下管前要用疏孔器把井孔疏通直，严防因井孔弯曲而折断井管。

5）为防止因填滤料方法不当，而挤坏井管。滤料应从井管四周均匀填入，不准将整车滤料直接倒入井孔，应先倒在井台上，然后用铁锨从井管四周均匀连续填入井孔中。

6）采用浮板法下管，浮板要经过强度计算，不得超强度使用。浮板应安装牢固，拆除浮板时，要防止弄坏井管。

二、井管安装事故的处理方法

（一）一般要求

1）因井盘靠壁受阻，井管落不下去时，可轻提轻放，试验几次仍下不去时，应全部提出井管，进行疏孔后，重新下管。

2）托盘法下管，出现压破井管时，应提出完好井管，捞出破碎井管，井孔符合下管要求时，再重新下管。

3）悬吊法下管，出现因井管质量或连接不好，而脱落井管时，须提出上部井管，若下部井管质量尚好，过滤器位置又与含水层相对应时，应用套接断管法处理。否则全部提出井管，清理井孔后，重新下管。

（二）木塞捞管法

主要用于铸铁管、钢管强度较高的金属管的提捞，如图5-26所示。

木塞是由两块长 1~1.5m 略呈纺锤形的半圆木（干柳、榆等木材），合抱于钻杆下端，用铅丝捆住，木塞外缘最大直径略小于井管内径。其形状为上小下大的塔形圆头。

起拔井管时，用钻杆通过反丝接头与木塞连接，将其下入井管内，至计划位置，再向井管内投入卡料（带棱角的石子、铁块等），并轻轻上提钻杆，使木塞与管壁卡紧，然后继续轻提钻杆，使其与井管卡得更紧。停置 10~20h，待木塞膨胀与井管卡牢，即可起拔井管。若井管太长，可将井管截成几段，分段捞取。

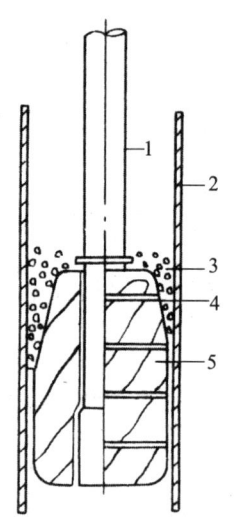

图 5-26 木塞捞取井管
1—钻杆；2—井管；3—沙石；
4—铅丝；5—木塞

（三）分节捞取法

适用于井孔未进行围填的混凝土管，而且是用竹片、铅丝绑扎的井管。

1) 提钩式捞管器，如图 5-27 所示。捞管器收缩时尺寸要小于井管内径，并有足够的间隙，以防下放时碰坏井管。滑块与固定块之间的距离视所捞井管直径而定，确保提钩张开时能牢固地钩住井管底端。

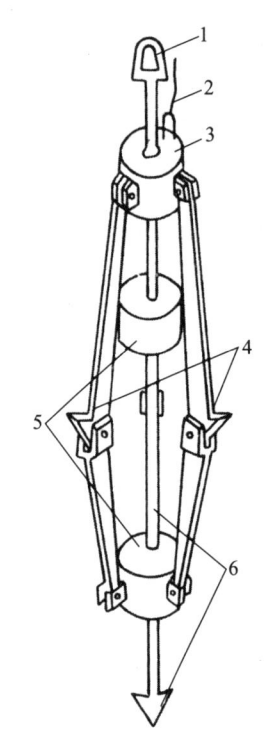

图 5-27 提钩式捞管器
1—提引环上束钢丝绳；2—细钢丝绳；3—滑动块；4—提钩（共3个）；5—固定块；6—导向钩

打捞时，先用细钢丝绳把捞管器送到捞取深度以下一定距离，然后放松细钢丝绳，猛提主钢丝绳，使提钩张开沿管壁上滑，当遇到井管接头凹缝时，提钩插入间隙里，即可将井管提出。用此法捞取，一次可捞十节混凝土井管，效果较好。

2) 撑壁式捞管器，如图 5-28 所示。捞管时，以钢丝绳连接捞管器，将其下入井内，由于井管阻力使撑臂向上收拢，捞管器可顺利进入井管，到达预定位置后停止下降，然后慢慢间歇上提，使撑臂外撑卡住井管，即可将井管提出。

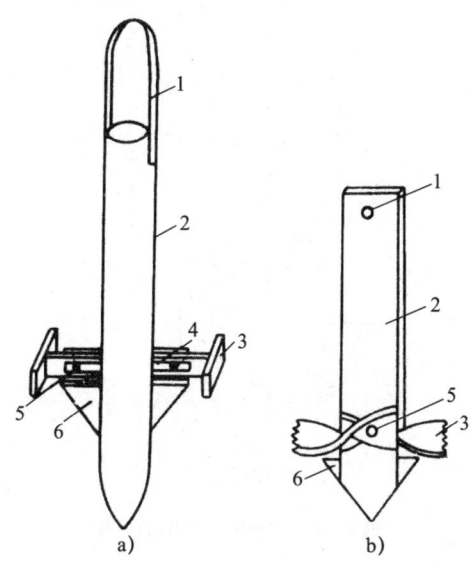

图 5-28　撑臂式捞管器
a) 钢管；b) 扁钢
1—提梁（或圆孔）；2—主体；3—撑臂；4—销耳；5—销轴；6—支铁

（四）爆破拔管法

此法适用于成井后的金属管的起拔。起拔前，先向井内下入爆破器至过滤器深度，将过滤器的管壁炸破，使砾料沿破洞流入井管内，然后安装风管和出水管，开动空压机排出井管内的砂砾，逐步使井管四周形成空洞，减少井管与孔壁的摩擦力，当排出一定数量的砂砾石后，即可起拔井管。

（五）丝锥捞管法

适用于捞取无缝钢管在安装过程中丝扣松脱的井管。

捞取井管用的公锥，如图 5-29 所示，其技术规格如表 5-4 所示。捞取脱落的井管时，把公锥连接在钻杆上，下入井孔中，将公锥引入脱落井管的管箍内，并缓慢回转钻杆，待丝扣拧紧后，提升钻杆，即可将脱落的井管提出。

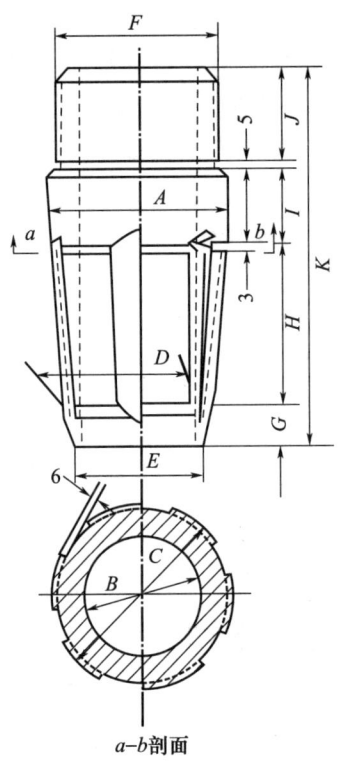

图 5-29 捞取井管用的公锥

表 5-4 捞取井管公锥技术规格

井管直径/mm	A	B	C	D	E	F	G	H	I	J	K	质量/kg
169	185	110	185	150	120	169	50	210	100	90	450	43.4
219	235	160	235	200	170	219	50	210	100	130	490	64.75
273	285	210	285	250	220	273	50	210	108	92	470	

第六章 水井修复技术

供水井在施工过程中因工艺技术使用不当往往造成水井损坏，或成井后常年失修导致水井出水性能下降，此时就需要对水井进行修复使其恢复或提高供水能力。

第一节 旧水井改造

旧水井是指常年失修的供水管井，有些情况下利用原有旧水井是满足供水需求的首选措施。由于旧井原本具有供水能力，经过一定的修复处理，往往能够使其恢复供水能力。

一、处理基本原则

旧水井的处理改造是一项十分复杂的系统工程。处理得好可以起到事半功倍的作用，处理不好则有可能得不偿失。旧水井往往存在各种各样出水量不足的情况，有些是自然的原因，有些是施工工艺与技术措施的原因，有些则是后期使用维护不当的原因。

因此，旧水井的处理原则是：在详细了解当地的水文地质条件基础上，对现有井的基本资料进行全面的分析研究，找出其中影响出水量不足的原因，并对处理可行性进行论证。必要时可走访知情者，并对邻近水井井深、水位、水量及成井情况进行全面了解，从而做出可行性分析报告，并制订出详细的实施方案。

二、现场施工程序

经分析，确认要进行处理时，其现场施工处理的程序如图6-1所示。

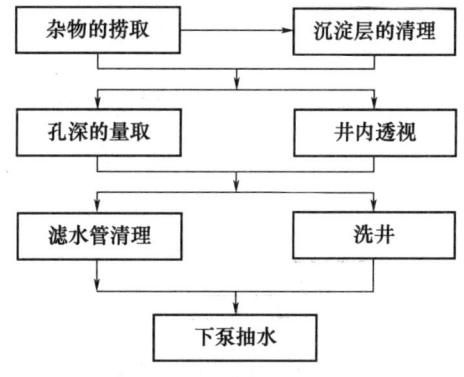

图6-1 旧水井处理的程序

三、旧水井分类

根据井的使用情况，可以将旧水井分为多年不用水井和正在使用水井两类。

（一）多年不用水井

这类井主要指井打成后，因资金、配套和旱情等发生了变化，而没有正式投入使用；或是虽然使用了一段时间，出水量也达到要求，但因当时井太多，而需要较长时间关闭的水井；或是使用后水量明显偏小，经济效益不甚明显，而不得不关闭的水井。当持续干旱，用水量明显增大，或是资金和配套设施等到位后，这些井依然可以发挥其应有的作用。

这些井在使用前，应将其视为旧水井，重新处理后方可使用。切不可盲目将水泵下入井中抽水，以免发生卡泵等意外事故。

这类井的处理可以参照上述原则与程序进行。

（二）正在使用水井

这类井在处理改造时，要在按上述原则分析完后，现场实测井的出水量、静止水位、动水位等第一手资料，然后重点考虑两个方面的内容：一是现在出水层段有无增加出水量的可能性，若有，可按下面介绍的增加出水量的方法有针对性地进行处理；二是其下有无可以揭露的含水层，若有，则考虑对该井进行加深。

四、处理措施

（一）井的加深

在进行井的加深时，常常碰到两种情况：一是目前的取水段是松散层，下部是基岩层，井管下到基岩面。这种情况多是由于当时施工技术设备问题而无法钻取下部基岩含水层，且基岩地下水比较丰富的情况。二是目前的取水段是松散层＋基岩段，但在基岩段下部仍有没有揭露的、含水较为丰富的含水层。

在水井加深时，应注意的问题如下。

1）在掌握加深层段含水性的前提下，对该井所下井管规格、长度、深度，井管坐落位置、深度、岩性等有明确的资料，以便制定出合理井径、深度等加深参数。切不可盲目蛮干，切勿认为井越深水量越大。

2）选择提升能力大的钻机和质量可靠的钻具，并制订好应急预案，以确保施工安全，不发生井内事故。入井钻杆、接手、钻头等钻具的规格要比现井管的尺寸尽可能的小，以方便施工。

3）在施工过程中，要密切注意井内异常情况和现有井管活动情况，若有异常，应立即停钻，分析原因。

（二）管井清淤

井淤是老井、旧井改造过程中经常遇到的情况。井淤产生的原因既有成井后人为产生的，也有成井过程中就潜在的。因此，在清淤前，首先要将产生井淤的原因弄清楚，然后再采取相应的处理措施。

1. 井淤产生的原因

产生井淤的原因常见的主要有以下几种。

1）井处在露天，井盖不严，致使风沙、雨水和泥水流等进入井内。

2）在成井时，未留沉淀管，或沉淀管长度不足。

3）滤水管或砾石选择不当，填砾方法不正确引起的。有三种情况：一是滤水管结构选择不当，或砾石选择过大，致使滤水管挡砂能力下降，砾石层起不到应有作用，从而导致含水层中细砂涌入井内；二是填砾层过薄，致使含水层的细砂没有彻底过滤而流入井内；三是填砾高度不足，或填砾方法不正确，致使抽水后砾石层下沉太快，部分滤水管直接与含水层接触，含水层中的砂粒进入井内。

4）钻探过程中使用的钻井液密度过大，洗井时没有彻底进行清洗，或是下管前没有彻底打捞淤泥层。

5）井管发生破裂，或是下管时井管上的洞眼忘记焊实。

6）井斜或是扶正器加得不够，致使井管不居中，造成井管一侧过滤水层变薄，滤砂效果变差。

7）配套的抽水设备过大，超出了含水层出水能力，致使含水层中细粒物质涌入井内。

在以上七种情况中，1）、4）、7）最好处理，清淤后盖个泵房，将井密封严，选择合适的水泵即可。2）情况下，只要定期清淤，也基本可以满足抽水的要求。3）、5）、6）情况最为复杂，要具体问题具体分析，从根本上解决井淤的源头，需要重新下井管或滤水管的要重新下管，需要补充填砾的一定补充填砾。

2. 井淤的处理方法

（1）掏砂管清淤法

掏砂管类似于冲击钻机所用的掏砂管，由钢板卷成钢管制成，直径视管井的直径而定，一般为100mm，长1.5~2.0m。上部连接提引环或钻杆接头，底部进砂口有活门或扫砂圆球。

（2）水泵抽水清淤法

1）单泵抽水。先用一台较大流量的清水泵，安放在水池旁，水泵吸水管放入池中，被水淹没；然后水泵出口连接胶管，胶管最前端安装一个水枪并放入井内，水枪嘴对准管井淤积面；再开泵抽水压入井内，水枪喷射出的高速水流将淤积物冲起，随着上涌水流排入池内沉淀于池底。随着清水不断压入井内，水枪也不断下落，直至冲洗到预定位置。该方法适用于浅井。

2）双泵抽水。对于直径较大和较深的管井，可用双泵抽水的方法进行清淤。一台泵为冲砂泵，供应清水并搅冲井底淤积层，另一台泵为抽砂泵，用于抽砂排水。冲砂泵可选用高扬程清水泵，冲压大有利于搅冲淤积层。抽砂泵应选用泥浆泵或砂石泵，易于将粗颗粒物抽出。抽砂泵进水口应靠近冲砂泵出水口，这样才能有效地抽吸冲起的砂泥并将其排出井外。

（3）空气压缩机洗井清淤法

该方法原理与空气压缩机洗井相似，是将一根钢管或胶管（4in以上）插入井内距淤积面0.3m左右，另一根风管一端接到空压机上，另一端插入井内，管口距钢管管底0.3m左右。高压空气吹入井底将淤泥冲起并上升，挟带水砂沿插入井内的钢管喷出地面。边喷边将钢管下落，直到井底。该方法要求井内有足够出水量，否则清淤时应不断地向井内注入清水。

（三）滤水管修复

1. 滤水管损坏原因

滤水管是井管中抗压强度最低的部分，是地下水进入井内的唯一通道。滤水管的好坏，直接关系到管井出水量大小和使用寿命。滤水管堵塞、损坏，在旧水井处理中占有很大比例。引起滤水管堵塞、损坏的因素主要有以下几点。

1）地下水位持续下降，导致部分滤水管位于井内静止水位以上，出现氧化、锈蚀。这是由于区域地下水位下降及管井在设计滤水管位置时过于偏上引起的。

2）地应力的作用。在一些地质构造活跃带，常伴随着地应力水平挤压作用，使井内处于垂直状态的滤水管发生水平变形，轻者造成滤水管弯曲，重者将其折断。

3）井内发生坍塌，导致滤水管堵塞、移位等。在抽水，特别是高强度连续抽水过程中，常常发生滤水管外砾石下沉过多且得不到及时补充，或是滤水管上面的包棕、包网在下入过程中被迫移位，或是包棕、包网规格过大，过滤作用减弱，从而使滤水管外砂子随水流被抽到地面，滤水管周围形成巨大空洞。空洞上的地层，随着时间的延长，在自重作用下，会向下坍塌。当坍塌瞬时完成时，产生强大的冲击力，致使滤水管变形或移位。塌下的细粒物质则会堵塞到滤水管的网眼上，使滤水管孔隙率下降，并最终导致井的出水量变小。

4）水中化学物质的腐蚀结垢。化学物质的腐蚀结垢是引起滤水管堵塞和井的出水量减少的原因之一。

5）上下泵管过程中的损坏。在上下泵过程中，常常由于井的垂直度不够，再加上操作不规范，导致泵体或泵管对滤水管进行刮碰。轻则会降低滤水管机械强度，导致其变形，重则会将滤水管碰坏，使过滤效果受到影响。

6）泥砂包裹堵塞。在河流附近及河漫滩地带，受冲积作用影响，含水层岩性分布很不均匀，粉细砂含水层较多。这些粉细砂与地层中的粉质黏土、粉土以及泥质黏土互为薄层和透镜体。该类含水层颗粒细小，稳定性差，极易随水移动。管井开采强度过大，滤水管的进水强度也随之增大。当滤水管的进水速度超过含水层的允许渗透速度时，就会导致含水层中的细小颗粒流向井壁，经长时间堆积、压密而堵塞滤水管，有时甚至会与沉淀的钙质胶结在一起。这些细小颗粒，除少量随水流抽出管井之外，一部分充填于填砾层的孔隙中，对滤水管的包网形成压缩包围，堵塞渗水通道；另一部分则沉淀于井底形成淤泥而埋没滤水管，从而大大减少滤水管的过水面积，最终导致管井出水量的下降。

在上述因素中，2）是目前人们无法改变的，4）、6）可以通过预防和后期的处理来减弱，但效果有限，其他的可以通过完善设计和规范操作来避免。对1）而言，在设计时，可以收集区域水位下降资料，并在预期的区域水位以下设计滤水管，且原则上将滤水管排放在含水层中下部即可。对于3），除了在设计时选择合适的缠丝、包网、包棕规格外，还要禁止长时间高强度抽水，同时在抽水过程中，要注意观察水中含砂情况和管外砾石下沉速度，及时补充砾石，防止滤水管器周围形成巨大空洞；如果发生坍塌现象，要立即停止抽水，将泵提至地面，待坍塌稳定后，然后视情况对井进行洗井处理。对于5），要求操作人员在上下泵时按规范及井内的实际情况操作即可，轻拉轻放，切忌生拉硬放。

2. 滤水管堵塞清洗

1）机械洗井。主要有钢刷、活塞、空气压缩机等，方法同第四章第五节机械洗井作业。

2）化学洗井。一般采用洗井粉配合二氧化碳洗井，效果最好，方法同第四章第五节化学洗井作业。

3. 滤水管损坏处理

当井内滤水管发生严重变形、移位、破裂、折断等损坏，无法起到过滤的作用，影响管井正常出水量；或者是滤水管设计不合理，在使用中出砂较多，无法满足生产和生活用水需要时，应在技术可行、经济合理前提下，对滤水管进行必要修复处理。目前，常用的处理方法有以下三种。

（1）原位修补法

这种方法的特点是利用原来的井管或滤水管，只在损坏部分安装直径小一级的短节。下入短节的材料可采用原来井管的材料，也可以是比原管耐腐蚀性好的管材。短节的长度一般比原管长3~5m，使其将原滤水管封住。短节上下应安装找中器，以便短节能准确安装在原管中间。短节上端安装一个灯口接头，用钻杆送至井下设计位置。短节修复水井如图6-2所示。

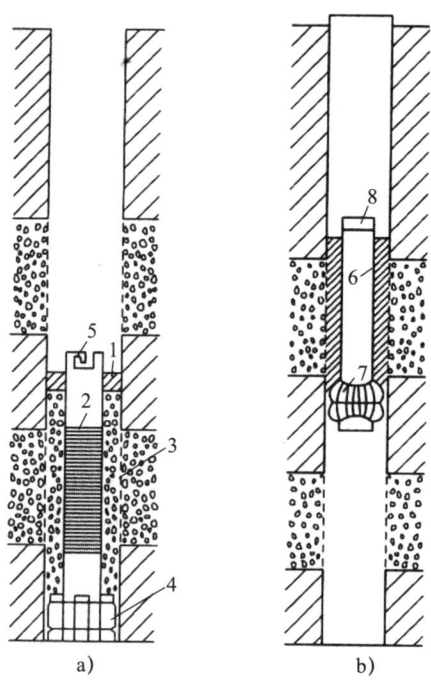

图 6-2 短节修复水井

a）管井低端短节修复；b）井管中段短节修复

1—水泥浆封固；2—小口径滤水管；3—填滤；4—找中器；5—灯口接头；
6—水泥浆封固；7—棕皮海带制封闭塞；8—正反接头

（2）套钻法

当损坏的滤水管位于水井的上部时，一般采用套钻法将上部损坏滤水管反掉，重新安装滤水管。新滤水管一般比原来的大一级，也可以是同径。该方法的特点是花费大，但质量可靠，且上部因管径扩大后还可以安装较大直径的水泵，对提高管井出水量有较大好处。上部井管更换如图 6-3 所示。

（3）起拔法

起拔法是将井内的管子全部拔出，然后重新下入新井管的方法。起拔井管前应先对井管外进行酸化处理，使它与地层联结力减小。

起拔井管大多采用砂塞法，即先在欲起拔井管内下入一个起拔管，然后向井内投入一定量砂子，使砂子在井下产生一个砂塞，借此将井管起拔上来。砂塞形式很多，其结构如图 6-4 所示。

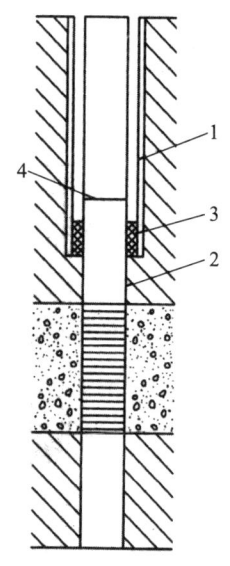

图 6-3 上部井管更换

1—上部新换井管；2—原来井管；
3—井管间的封闭；4—原井管断处

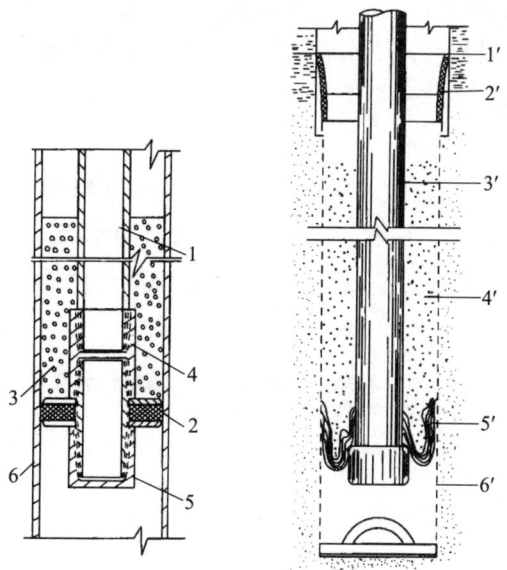

图 6-4 砂塞结构示意
1—钻杆；2—托底用活塞；3—卡料做成的砂塞；5—底托；6—起拔的井；
1′—井管；2′—铅封头；3′—起拔管；4′—砂；5′—布袋；6′—吊环

需要说明的是，该方法在实际操作中，对施工机具有相当高的要求，因而要视井的情况与施工机具能力而定。

（四）井内腐蚀和结垢处理

1. 腐蚀和结垢的产生

腐蚀是指安装在井内管材在化学作用下，表面产生锈斑，从而使其强度降低的现象。结垢是腐蚀产物堆积现象，它主要是指在井内管材表面产生的胶结物层。这种胶结物层具有一定的强度，有的甚至在其周围形成一个胶结带。

产生腐蚀和结垢的化学作用主要有：电化学作用、化学腐蚀和生物化学作用。

1) 电化学作用主要是指将下入井内的井管、滤水管看作带有不同电荷的阴极或阳极，其中的地下水看作电解溶液，由于不同的金属或合金在电解溶液中产生不同电动势，这种电动势差，在地下水作用下就形成了自发的电池，从而使井管、滤水管产生腐蚀和结垢。井下滤水管中的孔眼、缠丝、包网都是容易发生腐蚀的薄弱环节。

2) 化学腐蚀主要是指滤水管在地下水作用下发生了离子交换作用。经常与滤水管发生化学作用的物质是：氧、二氧化碳、硫化氢、盐酸、氯和硫酸等。化学作用与电化学作用往往同时发生，相互加剧。

3) 生物化学作用主要指细菌作用，以铁细菌和硫细菌危害最大。含有不同元素和细菌的地下水，对不同材质滤水管的腐蚀速度是不同的。

在大多数情况下，腐蚀和结垢是同时发生的，但其速度不尽相同。因此，常表现出以其中之一为主要破坏形式。有时,结垢阻碍腐蚀进行,但也发生腐蚀破坏了结垢的现象,这种错综复杂过程与地下水含有离子有关,也与管材材质及加工结构有关。

2. 腐蚀和结垢预防

(1) 根据地下水性质选择滤水管材料

不同地下水中含有不同阴阳离子,不同离子对不同材质有不同的腐蚀和结垢性,因而,在选择滤水管材料时,应尽可能地考虑到地下水性质,以减少腐蚀和结垢现象发生。表6-1和表6-2所示是各种侵蚀情况下过滤器材料的选用和缠丝滤水管的防腐措施,可供参考。

表6-1 各种侵蚀情况下过滤器材料的选用

滤水管安装环境	宜选用滤水管材料
侵蚀性水和强侵蚀性水; 沉淀硬垢的水; 在水位变化幅度内	塑料制滤水管; 带涂料的铸铁或钢管
水井上部暴露于空气中	带涂料的钢管或铸铁管
水的稳定性指数 i = pH(实际氢离子浓度) - pS(水被碳酸钙饱和时的氢离子浓度) > ±0.25 时; 水中 HCO_3^- 含量为 25~90mg/L 时, 水中 SO_4^{2-} 大于 50mg/L 时	不宜采取水泥制滤水管,可选用钢管、铸铁管或者塑料管

表6-2 缠丝滤水管的防腐措施

地下水类型	主要化学成分	适用的缠丝类型
侵蚀性水	总盐类含量超过 1000mg/L; 氯化物超过 500mg/L; 二氧化碳超过 50mg/L; 水中含 H_2S; 水中含溶解氧; pH 值低于 6.5	尼龙制缠丝; 黄铜制缠丝; 不锈钢丝
沉淀硬垢水	总硬度大于 330mg/L; 总碱度大于 300mg/L; 总含铁量大于 2mg/L; pH 值大于 0.8	尼龙制缠丝; 黄铜制缠丝; 10# 以上镀锌铁丝
强侵蚀性水	总盐类含量超过 2000mg/L; 氯化物超过 1000mg/L	黄铜丝; 青铜丝; 不锈钢丝

(2) 酸化处理

滤水管周围出现结垢,降低其孔隙率,影响地下水进入,并最终导致管井出水量减少。结垢成分一般为氢氧化钙、氢氧化铁、氢氢化镁、碳酸铁和碳酸镁等。当向井内注入稀盐酸后,这些物质即发生化学溶解,其化学反应式如下:

$$Fe(OH)_3 + 3HCl = FeCl_3 + 3H_2O$$

$$FeCO_3 + 2HCl = FeCl_2 + H_2O + CO_2\uparrow$$

$$CaCO_3 + 2HCl = CaCl_2 + H_2O + CO_2 \uparrow$$
$$MgCO_3 + 2HCl = MgCl_2 + H_2O + CO_2 \uparrow$$
$$Al_2O_3 + 6HCl = 2AlCl_3 + 3H_2O$$

这些生成物均溶于水，经抽水可排出井外。为了防止 $FeCl_3$ 被中和发生可逆反应，产生 $Fe(OH)_3$ 沉淀，可在盐酸中加入醋酸，使之产生六醋酸盐——$Fe_3(C_2H_3O_2)_6(OH)_2$。

酸处理时，注入盐酸浓度一般应保持在 10% 左右。其注入量可根据滤水管长度和直径而定。

如果滤水管被石英砂堵塞，单用盐酸处理效果不好，可加入 2%~6% 氢氟酸，促使硅酸盐溶解，增加处理效果。

当滤水管中含有多量有机物时，用盐酸处理后可再用硫酸处理。这样不仅可以破坏有机物，同时由于形成大量热能，可以提高溶解速度，破坏黏土及钙类物质，取得满意的处理效果。

值得注意的是，用盐酸处理时，会产生二氧化碳气体，有时还会引起井喷。没有作用的盐酸会被带出来，对人员和设备造成损害。为了防止盐酸所造成的损害，可加入 0.25% 甲醛溶液。

第二节 管井出水量增大

影响管井出水量的因素有自然因素和人为因素。前者与管井所处的水文地质条件，如含水层类型、岩性、厚度、水位埋藏深度、渗透性能、补给能力等有关，是客观因素，很难改变。而后者，主要受管井结构设计与施工技术影响，是可以主动改变的。因而，应注意从管井结构设计、施工技术方法及使用过程三个方面增加管井出水量。

一、设计过程中

一般情况下，管井出水量和施工区地层岩性和地质构造关系密切。但是在相同地层岩性及地质构造条件下，不同的管井设计方案、施工方法和成井工艺，都会使管井出水量差别很大，有的甚至相差 4~5 倍之多。

管井设计对出水量的影响最大，也最容易被忽视。一个好的管井设计，可以最大限度抽取地下水，而且使管井使用寿命延长。因此，在管井施工前，必须重视管井设计工作。

在设计前，一方面要收集施工区地层岩性和地质构造等地质资料，另一方面也要收集管井施工方面的资料，如井的深度、井径，井管类型、规格、长度，滤水管器结构、长度，施工钻机类型，钻井液使用情况，洗井方法，以及施工中出现的问题、解决方法等。同时，还要对这些情况进行认真的分析总结，找出哪些是成功的，哪些是有待商榷的，哪些是有待改进的。

在研究掌握了施工区地质情况后，还要研究邻近地区在管井施工方面有哪些独到之处，并将它们引进到本区的可行性进行评估。在此基础上，进行管井设计工作。

（一）选择合理的取水层位

取水层位的确定，直接关系到水井出水量和水质。在选择取水层位时，首先要以井内物测井确定的地层剖面为基础，然后结合钻进施工过程取心、简易水文观测资料，同时还要参考邻近水井和水井钻孔实际抽水情况等方面因素综合确定。

1) 水的用途是选择取水层位一个非常重要的因素。如果是饮用水，则必须以国家生活饮用水标准为依据进行合理的选择，做到以水的质量为根本，宁可水量小，也要水质好。若是工业生产、农业灌溉、养殖等方面用途，则要在保证水量的前提下，尽量使水质能更好一点，但也要参考相应的规程规范。

2) 有条件时，可根据分层抽水试验所确定的各层段的水质、水量来选择适宜的取水层段。也可以进行专门的水文地质测井（扩散法和流量测井），然后根据测井结果来确定取水层位。

3) 在松散岩层中，按钻进过程中的初步判断，取样颗粒大小及分选程度来确定取水层位并非难事。但在基岩中确定裂隙及溶洞层位，一定要根据现场施工中简易水文观测、取心资料，结合测井资料进行综合确定。

4) 由于垂直剖面上含水层位变化的多样性，因此，在最终确定取水层位时，一定要选择那些厚度大、在区域上比较稳定、渗透性比较大的强含水层段作为水井的取水层位。

（二）增大井径

根据裘布依公式，潜水的出水量计算公式为：

$$Q = \frac{2.73KMs}{\lg\frac{R}{r}} \qquad (6-1)$$

承压水的出水量计算公式为：

$$Q = \frac{1.336K(2H-M)s}{\lg\frac{R}{r}} \qquad (6-2)$$

式中，Q 为井的出水量（m^3/h）；K 为渗透系数；M 为含水层厚度（m）；s 为水位降深（m）；R 为影响半径（m）；r 为井的半径（m）；H 为水头高度（m）。

在一个地区，含水层渗透系数 K、影响半径 R 与其富水性有关，无法改变。能改变的只有井的半径 r 与降深 s。而井的降深 s 与含水层的富水性和抽水机械的扬程等有关，是成井以后的事。

从式（6-1）、式（6-2）可以看出，井的出水量与半径成对数关系，影响不是很大。按照该公式，井径增大 1 倍，井的出水量只增加 10% 左右；井径增大 10 倍，井的出水量仅增加40%左右。但实际情况远非如此，井径对出水量的影响比上面公式反映的要大得多。如某钻井队根据进行的井径与出水量的对比试验，得出如图6-5所示的关系。

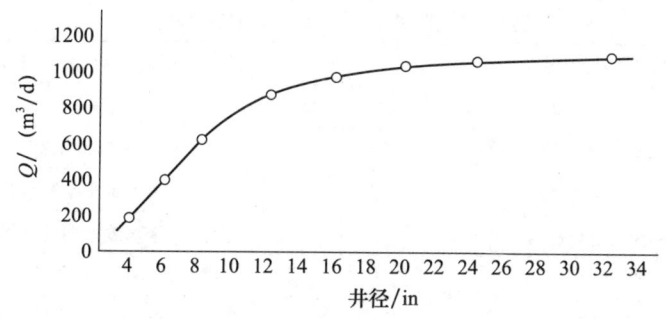

图6-5 井径与出水量的关系曲线

1) 当降深相同时，井径增加同样的幅度，渗透系数大的地层井的出水量增加得比渗透系数小得多。

2) 对于同一地层，井径增加的幅度，大降深抽水时井的出水量增加得多，小降深增加得少。

3) 对于同一地层，同样的水位降深，小井径时，如从100mm增加到150mm，或从150mm增加到200mm，所引起的井的出水量增长率大；中等井径时（300~500mm）增长率减小；大井径（大于500mm）时，井的出水量随井径的增加就不十分明显了。

因此，在设计水源时，其井径应尽可能的大。松散层的井径一般设计在500mm以上，基岩段在300mm左右。

基于增加井径，获取更多地下水的考虑，在一些地方出现了井径超过1m的，有时甚至达到了10m的水井，这类井一般称为大口井。它多出现在地下水埋藏较浅，含水层厚度较大，含水岩性为砂或砾石的第四系松散层中。这里的地下水补给、径流条件好，水量丰富，水质优良。有些大口井离地表水体，如河流、湖泊较近，将地表水体视为自己的补给源。大口井多为人工开挖，因而它的井深一般比较小，多在30m以内。

（三）设计合理的滤水管

1. 滤水管结构选择

实践表明，滤水管的结构形式，对于管井出水量大小、水中含砂量多少，甚至使用寿命，都有巨大的影响。

管井要依据拟开采含水层颗粒大小及分选程度来选用滤水管的结构形式。在松散含水层确定颗粒大小及分选程度时，如条件许可，可以先进行含水层粒度分析工作，然后根据分析结果作出粒度累积曲线图，最后再确定相应的滤水管结构形式。

一般情况下，可根据钻探判层及井内物探测井曲线来确定滤水管结构形式。即含水层颗粒越大，分选性越好，可以直接在滤水管骨架外部缠丝（缠丝滤水管）；反之，含水层颗粒越细，分选性越差，就应当在缠丝滤水管外面进行包网（包网滤水管）。管井常用的滤水管适应地层如表6-3所示。

表6-3 管井常用的滤水管适应地层

含水层岩性特征	适用的滤水管结构形式
稳定的基岩	不用滤水管
坍塌掉块的基岩	骨架滤水管
卵石及砾石层	缠丝或骨架滤水管
粗砂及细砾石层	缠丝或包网滤水管
中细砂层	包网滤水管
粉细砂层	笼状、筐状或包网滤水管

2. 滤水管长度确定

揭露整个含水层厚度的井称为完整井，揭露部分含水层厚度的井为非完整井。在相同井径及抽水降深条件下，前者的出水量要大于后者。因此，在管井设计中，对于不太厚的含水层（通常小于30m），一般采用完整井形式；而对于巨厚含水层，采用非完整井形式。

当滤水管的长度等于含水层厚度一半时，管井出水量等于滤水管长度与含水层厚度相等时的90%。据此将滤水器长度等于含水层厚度一半时滤水管长度称为滤水管"有效长度"。大于此长度，不但会增加的水量也有限，对管井寿命也存在潜在危险；小于此长度，则严重影响管井的出水量，与最大限度汲取地下水的宗旨不符。

滤水管长度为30m时，绝大多数井的出水量都能达到其最大出水量的80%以上。因此，考虑到管井使用寿命，确保井管安全的情况下（因为滤水管的强度相对较低，太多了容易出现滤水管拉断、压瘪等现象），同时也为了最大限度汲取地下水，滤水管长度在含水层厚度不足30m时，以含水层的最大厚度为限；大于30m时，以30m为宜。

（四）增大开采降深

一般而言，管井降深越大，出水量越大。抽水试验曲线研究也显示：潜水含水层降深与流量的曲线成抛物线型，在试验的前期，降深越大，流量越大，但随着抽水时间的延续，降深增加幅度远远大于流量增加幅度，最后降深与流量处于一个相对稳定状态；承压含水层降深与流量曲线基本上是直线，降深越大，流量越大。但是，该曲线的表现形式也不是绝对的，在潜水含水层中，当含水层富水性很强，补给充沛时，降深与流量曲线也可以是直线；相反，若承压含水层富水性很弱，补给条件差，或当降深很大时，其降深与流量曲线也可呈抛物线的形式。因此，在以降深作为增加管井出水量的措施时，要注意以下几个方面的问题。

1)降深增加应有一定的限度,并且要根据不同的含水层性质来确定,切不可盲目增加,进行破坏性开采。

2)降深增加要依靠选择合理抽水设备来完成,因而选择较大扬程的抽水设备对增加管井出水量至关重要。

(五)辐射井

辐射井是一种在大口井四周井壁上插入滤水管(辐射管)的水井,如图6-6所示。由于插入井壁的滤水管是以大口井为中心,向四周呈放射线分布,因而就叫作辐射井。

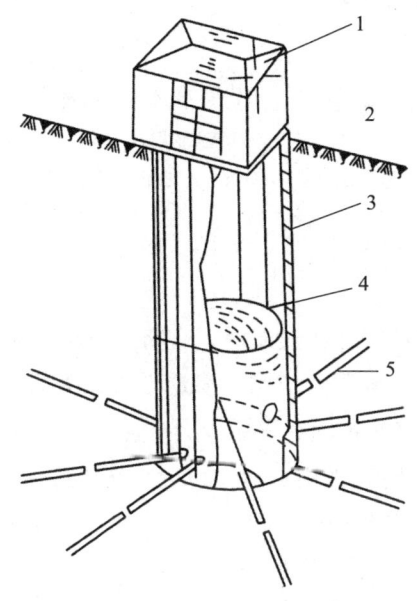

图6-6 辐射井
1—机房;2—地面线;3—井筒;4—静潜水面;5—辐射管

辐射管位于井的静止水位以下。辐射管不但可以增加大口井吸水面积,而且还可以增加地下水在含水层中的水流速度,同时它还避免了井壁出水位置堵塞和难于清洗的诟病,因而它对增加井的出水量有着得天独厚的优势,目前在一些农村有着广泛的应用。

1. 位置的选择

1)在河流岸边取河床渗透水时,应选在河床稳定、水质较好、流速较大、有一定冲刷的直线段和含水层较厚、渗透系数较大地段。主要有以下三种情况。

第一种是以汲取河床渗透水为主时,集水井设在岸边滩地,辐射管伸入河床下,如图6-7a、图6-7b所示。

第二种是同时汲取河床渗透水和岸边地下水时,集水井设在岸边,部分辐射管伸入河床下，部分设在岸边，如图 6-7c 所示。

第三种是主要汲取岸边地下水时，集水井和辐射井均设在岸边，如图 6-7d 所示。

2）远离河、湖时，应选在地下水位较浅、渗透系数较大、地下水补给充沛的地方，迎地下水流方向辐射管长度应比背地下水流方向的长点，如图 6-7e 所示。

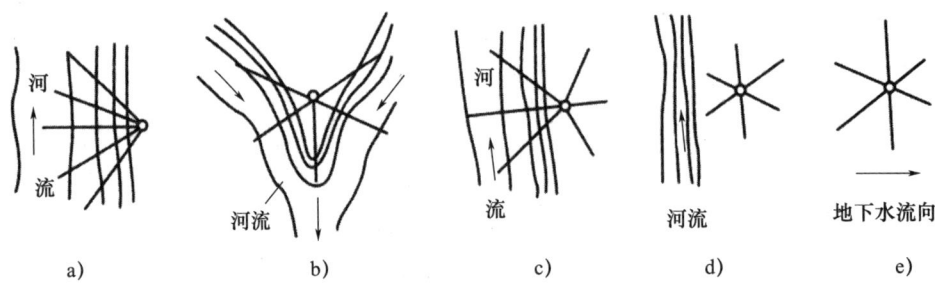

图 6-7 辐射井平面布置示意

a）宽幅浅滩河流岸边辐射井布置；b）交叉河流辐射井布置；c）窄幅河流岸边辐射井布置；
d）深河流岸边辐射井布置；e）地下水富集区辐射井布置

2. 辐射管

（1）布设

1）当含水层较薄或汲取河床渗透水时，宜布置成单层。

2）当含水层厚度较大、地下水丰富、渗透系数较大时，可布置成多层。一般情况下，辐射管直径选用 100~150mm 时，采用 2 层布管，层距为 1.5~3.0m，每层 3~8 根；辐射管直径选用 50~75mm 时，采用 4~6 层布管，层距为 0.5~1.2m，每层 6~10 根。

3）当含水层较厚，但不渗水夹层较多时，可将辐射管布设成倾斜状。

4）辐射管距井底距离一般不小于 2m。

（2）结构

辐射管多采用直径 75~150mm 的钢管制作。管上进水孔一般采用圆形和条形。采用圆形时，孔径一般为 6~12mm；采用条形时，孔宽一般为 2~9mm，长为 40~140mm，孔距为 25~30mm。辐射管的孔隙率一般为 15%~20%。

在细粉层中也可以用竹管代替钢管，其结构形式与钢管类似。

（3）长度

当辐射管管径为 100~250mm 时，管长一般为 10~30m；管径为 50~70mm 时，管长一般不超过 10m。

（4）施工方法

1）人工锤打法。用 12~18lb（1lb≈0.45kg）手锤将辐射管打入含水层中。

2）游锤顶进法。用 100~280kg 撞锤将辐射管打入含水层中。

3）千斤顶顶进法。用 20~80t 油压或螺旋千斤顶将辐射管顶入含水层中。

4）水射法。用压力水冲孔，用拉链起重器或其他方法将辐射管打入含水层中。

3. 适用地层

一般情况下，它适用于第四系松散层中，含水层为中砂、粗砂和含砾石的砂层中。但在贫水区的黄土、亚砂土和细粉砂中也可以用此种办法来增加管井出水量。

（六）斜井、水平井技术

坎儿井是古代劳动人民成功利用水平井、斜井技术的范例，如图6-8所示。坎儿井广泛分布于新疆吐鲁番地区，是由竖井、地下渠道、地面渠道和"涝坝"（小型蓄水池）四部分组成。吐鲁番北部博格达山和西部的喀拉乌成山，在春夏时节有大量积雪和雨水流下山谷，潜入戈壁滩下，成为坎儿井水的补给源；地下渠道为井的径流通道。

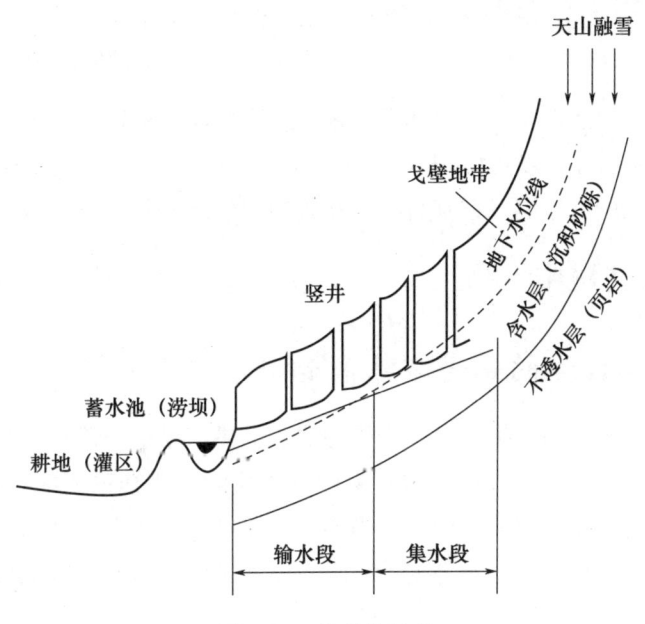

图6-8　坎儿井示意

在石油生产中，普遍运用造斜技术，在同一口井中施工数个不同方向的斜井，有时将几个直井用水平井相连接，以增加石油的产量。众所周知，石油是以水为载体的。因此，可以想象，在水井施工中，为了获得足够多的水量，也可以在一口井的含水层中，施工若干不同方向的斜井，来扩大管井对含水层的利用程度，扩大其影响半径，从而让更远的地下水流向主井，实现增加管井出水量的目的。普通斜井如图6-9a所示。

由于管井施工多为满足生活或生产用水，其地点要求有一定的局限性。有时为了获得更大的出水量，不得不将井钻很远，这在无形中增加了输水管长度，同时也给维护和管理带来了不便。如果运用斜井或水平井技术，可以将主井打在距离用水对象较近用水的地方，用斜井或水平井技术将远处含水层的水引回来，这样不但减少地面管线的成本，还能增加管井的出水量。连接导水断层带的斜井如图6-9b所示。

可以想象，如果能用斜井或水平井技术，在主井周围找到导水断层带、裂隙带或是溶洞，则管井的出水量将会成倍增加。连接溶洞的斜井如图6-9c所示。

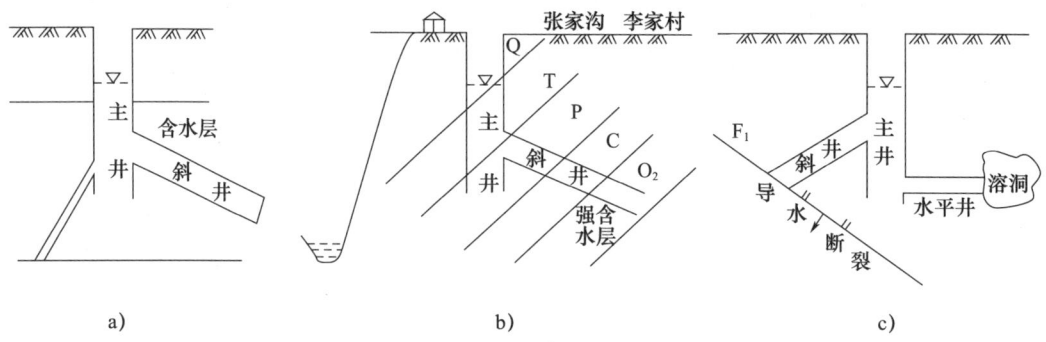

图6-9 利用斜井、水平井技术取水示意
a) 普通斜井；b) 连接导水断层带的斜井；c) 连接溶洞的斜井

与辐射井技术的区别是：该技术是用钻机借助造斜技术完成的，而辐射井多是人工完成的；它的辐射管长度可以很长，达几百米，而不是几米到几十米；它的适应性很广，可以适用于所有地层，在基岩特别在碳酸岩地区有着意想不到的效果。

二、施工过程中

(一) 选择合适的钻进方法和钻井液工艺

供水水文地质规范明确指出：基岩段用清水钻进；松散层段可根据含水层的特性，采用清水或泥浆钻进；在钻进有供水意义的含水层时，严禁采用向孔内投放黏土块代替泥浆；下滤水管和填滤料前，应将孔内的稠泥浆换为稀泥浆；抽水孔必须及时洗孔。所有这些都是为了保护含水层，避免它的孔隙、裂隙被泥浆颗粒所充填，从而影响含水层的出水量。

1. 使用回转钻进工艺

不同的钻进方法对井出水量的影响是巨大的。如在陕西省石川河中上游地区，含水层多为河流冲积形成的砂砾石及中粗砂层。20世纪70年代，该区多用简易冲击钻工艺进行打井，井的深度也多在100m以内。在打井时，为了保护井壁，大量向井内投放黏土块，有时一个井的黏土用量达5t之多，而且洗井多用7m^3空压机。有的为了省事，根本就不洗井，直接用水泵抽水代替洗井。这些做法多数都会造成管井水处理下降。

20世纪90年代后，由于持续干旱，再加上地下水位下降。该地区出现新的一轮打井高潮。出现了同样的地区，同样的地层，同样的钻机，不同的钻进方法和不同的成井工艺所施工的水井的出水量相差悬殊的情况。如某地用SPC-300型回转钻机，采用泥浆正循环三牙轮钻头钻成一眼200m深的水井，其出水量是100m^3/h。而在500m之外用机械式冲击钻井工艺钻了一眼220m水井，其出水量仅为60m^3/h。通过对两口井的测井曲线分析，发现它们的含水层层位、岩性和厚度基本相同。这说明钻进方法对出水量的影响程度很大。因此，在水井施工中，应大力推广使用回转钻进工艺。

2. 使用清水或无固相钻井液钻进

在基岩段钻进时，应尽量使用清水钻进，若遇到漏失层，在水源充足的情况下，可采用顶漏钻进的方法；若水源不足，或孔内有复杂情况，不得不用钻井液时，也要尽可能地用无固相钻井液，以减少对含水层堵漏，影响井的出水量。在遇到含水层时，也要尽量调整钻井液的性能，以减少对含水层出水量的影响。

对孔内出现复杂情况，要求对含水层段进行堵漏时，也应选择那些容易洗开的暂时性堵漏材料。在将孔内情况处理完后，在不影响其效果的前提下，要及时对堵漏段进行消除，以免时间长了，泥皮板结，以后不容易进行清洗。

（二）酸化与二氧化碳联合洗井

不同的洗井方法会有截然不同的效果。因而，在选择洗井方法时，一定要针对水井揭露地层的岩性、钻进过程中的钻井液使用情况选择合适的洗井方法。

酸化与二氧化碳联合洗井方法就是针对碳酸岩地层的有效洗井方法，在增加管井出水量方面有很多成功案例。

（三）大泵量强烈抽水洗井

与泵洗井不同的是，此时选择的泵的流量和抽水的强度更大，因而，它不但可以起到普通的洗井效果，而且可以达到增加管井出水量的目的。

该方法比较适用于裂隙和岩溶发育的基岩地区，在裂隙或溶洞被黏土类物质和碎石块堵塞地段的作用尤为明显。

为防止抽水过程中的井壁坍塌，可以在这类井中下骨架式滤水管。在用大泵量进行强烈抽水洗井时，可以将裂隙或溶洞的充填物质随水流一起抽出来，扩大和沟通含水层的空隙，使含水层的水流更畅快，从而达到增加管井出水量的目的。

（四）井内爆破

该方法一般多用于钻井过程中事故的处理。在增加水井出水量方面的使用仍不普遍，效果也相差较大。

1. 原理及作用

井内爆破是炸药装在防水的爆破筒中，用铁丝或钢丝绳送到井内预定位置。然后启动爆破电源，利用炸药爆破产生的巨大振动和高压气体，猛烈撞击井壁，形成井内水柱高距离回弹和井内水体的强大压力。一方面可以使岩石中的泥砂和岩粉被带出来，另一方面又可使岩石产生新的裂隙或使原来的裂隙扩大，从而起到疏通含水层孔隙、裂隙，增加井的影响半径，减少水流进入水井时阻力，达到增加水井出水量的目的。基岩爆破和爆破器如图6-10、图6-11所示。

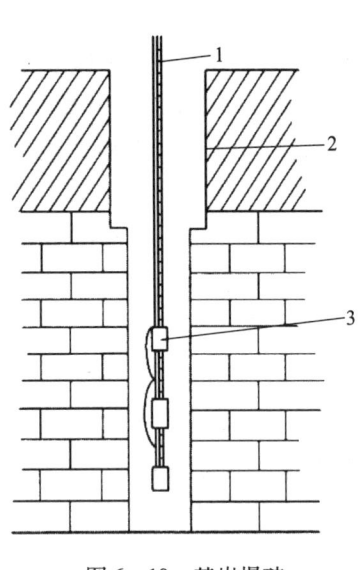
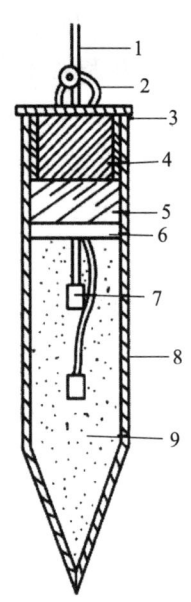

图 6-10 基岩爆破
1—绳；2—井管；3—爆破筒

图 6-11 爆破器
1—电线；2—提环；3—压盖；4—沥青；5—黏土；
6—纸板；7—电雷管；8—爆破筒

井内爆破对增加井的出水量主要有以下三个方面的作用。

1）扩大井径，增加出水面积。由于爆破使井壁破碎，起到了扩大井径的作用，因而大大增加了出水面积。

2）冲开裂隙。岩石的裂隙常被泥砂充填，或在钻井过程中被岩粉充填。井内爆破后产生的高压气体向四周猛烈挤压，使井中的水体和井壁受到强大压力，迫使井内水体沿裂隙扩散并产生上涌，此时，井内形成短时间真空，接着水体回弹，将裂隙中大量的泥砂和岩粉带出，使裂隙中的空隙进一步扩大。裂隙在这样一冲一回的作用下，就逐渐被冲开了。

3）沟通裂隙。岩石中裂隙多呈脉状分布。由于在爆破期间产生了新的裂隙，使井壁附近裂隙相互沟通，从而增加了井的补给半径，其出水量也就提高了。

2. 适宜地层

适用于爆破的岩石。一是质硬性脆的岩石，如花岗岩、石英岩、坚硬的砂岩、石灰岩等。黏土岩、页岩、泥灰岩等软岩是不适合的。二是在断层或断层带附近的井，这是由于断层所形成的破碎带多被泥质充填，给地下水的流动带来了困难，爆破所产生的振动和水体将会冲开裂隙，带走其中的泥质，使裂隙沟通，从而增加井的出水量。

同时，岩石中裂隙发育也是适宜地层所必备的条件。如果岩石质硬性脆，但其中的裂隙不发育或根本就找不到裂隙，那也达不到预期效果。这就要求在爆破前，一定要对岩心进行认真鉴定，找出那些裂隙发育好的地段进行爆破。如果是老井，没有岩心资料，可以通过井内透视来分析其裂隙发育情况，切不可盲目爆破。

3. 爆破位置

在爆破前，一定要查清井内含水层与隔水层岩性、裂隙或岩溶发育情况，拟爆破岩石的强度，同时还应收集相邻地区，类似岩石的爆破参数及效果，必要时要进行井内的透视，然后对这些情况进行综合分析，最后确定其爆破深度、方式和炸药用量等。在具体确定爆破位置时，还要注意以下两点。

1）选择在预计下泵位置以下。因为爆破后的地段，在抽水后容易引起掉块，卡住泵管、泵头，如处理不当，有可能造成井或泵的报废。

2）对于厚度较大的坚硬岩石，可分段进行爆破，切不可盲目加大药量，以免造成井壁掉块或坍塌事故。

4. 爆破器材选定

在井内水下爆破的主要器材有炸药包、雷管、电缆和起爆器（或电源）等。

（1）炸药包

炸药包由药包和电雷管组成。药包用白铁皮或黑铁皮制成筒状，内装炸药。在井浅时也可以用塑料薄膜包装成筒状，外面涂上黄油。炸药量的确定要根据岩性和炸药性质而定，一般采用式（6-3）计算：

$$W = \frac{8.3R^3}{KabC} \tag{6-3}$$

式中，W 为需用的炸药量（kg）；R 为最大破坏半径，一般水井可选 0.5~1.5m；K 为炸药爆力系数，硝酸甘油取 1.5，硝铵炸药取 0.8~1.2；a 为爆破器外皮系数，一般材料取 1；b 为岩石抗破坏能力系数，花岗岩取 0.3，石灰岩取 0.5，砂岩取 0.8；C 为炸药包与井径差系数，可按表 6-4 查得。

表 6-4 炸药包与井径差系数关系

炸药包与井径差/mm	0	25	50	75	100	125	150	175	200	250	300
系数	1	0.95	0.85	0.75	0.65	0.55	0.45	0.40	0.35	0.30	0.25

在石灰岩地区，炸药包的包装药量为 10kg、20kg、50kg、100kg，个别地区个别孔用到了 200~300kg。砂岩地区的用量为 3kg、10kg、20kg，有时在富水带也用到了 50~200kg。

药包一般安放在可能的富水层段。大药包每隔 5~15m 放一个，中药包每隔 7~10m 放一个，小药包每隔 3~5m 放一个。为避免伤害井管，药包距最下一节井管的管靴至少 10~15m。

（2）雷管

雷管是用来起爆炸药包的。井下爆破常采用 6 号或 8 号电雷管，后者比前者装药量多，因而起爆力大。

5. 爆破前后井的处理

爆破处理前,应先将井下清洗干净,用与药包同样大小的空筒放入井内预定位置,经测量无误后再放入炸药包。

井内爆破后,往往会产生岩石碎块,这些碎块一方面造成井壁的粗糙,另一方面会掉落到井底,将含水层埋住。因此,在爆破完成后,一定要在正式下泵前对井内岩块进行打捞,对井壁进行修整,以免影响爆破效果。

6. 操作注意事项

经验证明,30kg 以上的炸药在水下爆破时,井内水柱要冲出井口,100kg 以上的炸药,水柱有时要达 10m 以上。因此,在实施爆破作业时,一定要请专业人员进行,并严格按照操作规程执行,确保人员机具及附近建筑物安全。

(五) 利用辅助钻孔填砾

如图 6-12 所示,这种井型可称为厚砾层填砾井,俗称"大肚子井"。它适用于松散承压含水层的渗透性能较差,而且静止水位又不太大的地区;以及采用单井的出水量偏小,开挖大口井及辐射井时,又超越了可能的施工深度的地区。因此,从技术、经济效益综合来看,利用辅助钻孔填砾的施工方法,无疑对增加管井出水量是一种最为理想的方法。

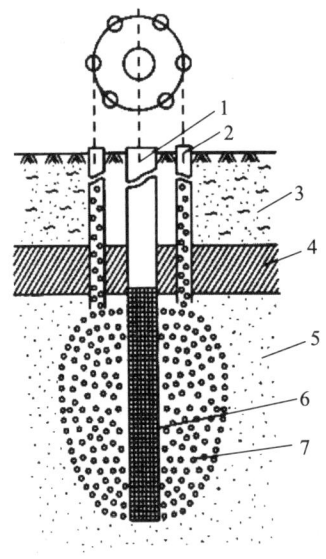

图 6-12 厚砾层填砾井结构示意
1—主孔;2—辅助孔;3—上部含水层;4—隔水层;5—取水层;6—滤水管;7—砾石

这种井的原理是:首先,从主井抽水、抽砂,在钻孔周围形成孔洞;其次,通过辅助井充填砾石,从而达到扩大主井吸水范围,增加出水量的目的。从平面上看,是以主井为中心,以 0.5~1.0m 为半径布置 3~8 个辅助钻孔的井群抽水形式。厚砾井不仅能增加管井的出水量，而且其使用寿命也比较长。

三、使用过程中

观测管井在使用过程中因水位、水量、水质、抽水机械及管井外围所填砾石的变化，而采取相应的技术措施，对于稳定和增加管井出水量至关重要。这是因为，随着抽水时间的延续，管井周围的影响范围会随着含水层中孔隙、裂隙和溶洞的进一步疏通而呈现出扩大的趋势，从而可以将更远、更大范围的地下水吸取过来，使管井出水量保持稳定甚至增加。

因此，为了使管井在使用过程中保持出水量的稳定甚至增加，应从以下几个方面着手。

1）井管外围的填砾石层会随着抽水进行而产生压实下沉现象。如果下降不是很多，且在填砾的高度明显高于下沉量，这时可以不进行砾石的补充；反之，就应适当补充砾石，以免含水层被堵塞，影响管井出水量和水质。

2）观测管井水位和水量变化情况，并根据抽水机械最大扬程适当将泵下深，以增加抽水降深，达到增加管井出水量的目的。

3）定期对滤水管进行清理，以免杂质、水垢等堵塞滤水管进水口，影响其孔隙率，从而使管井的出水量降低。必要时，可进行酸化和二氧化碳洗井处理。

4）井底沉淀物如果达到一定的量，会堵塞含水层，有时甚至会将抽水机械埋住，进而影响管井出水量，并对抽水机械构成威胁，因此使用过程中，要定期进行测量、清理。

5）抽水机械及泵管要定期检查，以防在关键时候损坏，影响工作效益。现在大多数管井都用潜水泵。潜水泵用的时间长了，其叶轮会磨损，泵的间隙也会变小，从而使管井出水量减少，因而要定期检修，及时更换、调整。泵管用的时间长了，也会出现砂眼变大、连接处密封漏水等情况，致使管井出水量减少，也应及时检查、处理。

参 考 文 献

[1] 樊小舟. 水文地质钻探与水井成井技术[M]. 徐州：中国矿业大学出版社，2015.

[2] 刘春华，张联洲，武佳枚，等. 水井钻井技术与成井工艺[M]. 郑州：黄河水利出版社，2016.

[3] 刘志国. 水文水井钻探工程技术[M]. 郑州：黄河水利出版社，2008.

[4] 许刘万. 水文水井多工艺钻探技术的发展与应用[R]. 北京：中国地质科学院勘探技术研究所，2015.

[5] 中国冶金建设协会. 管井技术规范[S]. 北京：中国计划出版社，2015.

[6] 武毅，张治辉，刘伟，等. 地下水开发利用新技术[M]. 北京：中国水利水电出版社，2011.

[7] 陈南祥. 工程地质及水文地质[M]. 北京：中国水利水电出版社，2012.

[8] 中国水文地质调查局. 水文地质手册[M]. 北京：地质出版社，2012.

[9] 路学忠. 供水井修复工艺技术研究与应用[M]. 宁夏：宁夏人民出版社，2019.

[10] 龙芝辉，张锦宏. 钻井工艺原理[M]. 北京：石油工业出版社，2019.

[11] 安永会，张二勇. 找水打井典型案例汇编[M]. 北京：科学出版社，2019.

[12] 张人权，梁杏，靳孟贵，等. 水文地质学基础[M]. 北京：地质出版社，2018.

[13] 高正夏，龚友平，杨光中. 钻探与掘探[M]. 北京：地质出版社，2013.

[14] 谷凤贤，刘桂和，周金葵. 钻井作业[M]. 北京：石油工业出版社，2015.

[15] 卢予北. 钻探新技术研究与实践[M]. 郑州：黄河水利出版社，2008.

[16] 刘建强. 机井修复洗井增水综合技术[R]. 济南：山东省水利科学研究院，2004.

[17] 胡郁乐，张绍和. 钻探事故预防与处理知识问答[M]. 长沙：中南大学出版社，2010.

[18] 王年友. 岩芯钻探孔内事故处理工具手册[M]. 长沙：中南大学出版社. 2011.

[19] 许刘万. 中国水文水井钻探技术及装备应用现状[J]. 探矿工程：岩土钻掘工程，2007（1）：33-38，43.

[20] 马德坤. 牙轮钻头工作力学[M]. 北京：石油工业出版社，2009.

[21] 李世忠. 钻探工艺学[M]. 北京：地质出版社. 1989.

[22] 杨成田. 专门水文地质学[M]. 北京：地质出版社，1981.

[23] 马植侃，汪滨，刘建明. 钻探工程学[M]. 徐州：中国矿业大学出版社，1998.

[24] 中华人民共和国住房和城乡建设部. 供水水文地质钻探与管井施工操作规程[S]. 北京：中国建筑工业出版社，2013.

[25] 袁新民. 潜孔锤钻进工艺及技术问题探讨[J]. 中国煤田地质，2007（12）：76-78.

[26] 杨富春. 空气潜孔锤在大口径水文水井钻探中的应用[J]. 西部探矿工程，2009（6）：48-50.

[27] 郑继天，李炳平，叶成明，等.《水文水井地质钻探规程》的修订[C]//中国地质学会探矿工程专业委员会：第十六届全国探矿工程（岩土钻掘工程）技术学术交流年会论文集. 北京：地质出版社，2011：25-29.

[28] 孟江，余立明，靳双喜．空气潜孔锤钻进技术在河南地质勘探中的应用发展与成效[C]//河南省地质学会，河南省地质调查院，河南省国土资源科学研究院．河南地球科学通报：2011 年卷（下册）．河南：河南人民出版社，2011：111-114．

[29] 郑继天，李小杰，关晓琳．水文地质钻探冲洗液的选用[J]．探矿工程（岩土钻掘工程），2016，43（10）：242-244．

[30] 甘永和，郭世超．沙漠地区小口径水井钻探技术研究应用[C]//中国石油学会石油工程专业委员会地面工程工作部石油天然气勘察技术中心站．石油天然气勘察技术中心站第二十八次技术交流研讨会论文集．[出版者不详]，2020：231-235．

[31] 严君凤．潜孔锤跟管钻进技术在水文地质钻探中的应用[C]//中国地质学会．第二十届全国探矿工程（岩土钻掘工程）学术交流年会论文集．北京：地质出版社，2019：204-208．

[32] 刘建宇，黄伟，高博，王刚．新型滤水套管技术在东宁地区水文地质钻探中应用[J]．吉林地质，2021，40（03）：54-59．

[33] 李孔荣．浅谈水文地质钻探事故处理[J]．吉林地质，2015，34（03）：120-122．

[34] 张金昌．我国水文水井钻机发展综述[C]//中国地质学会．第十三届全国探矿工程（岩土钻掘工程）学术研讨会论文专辑．北京：地质出版社，2005：29-33．